木材复合材料力学行为机理研究

王 巍 著

黑龙江省留学归国人员科学基金资助项目（项目编号：LC201407）
中央高校基本科研业务费专项资金项目资助（项目编号：2572015CB06）

科学出版社
北 京

内 容 简 介

本书论述了木材的宏观、微观构造及其力学性质，根据其天然的早晚材与过渡材的年轮结构运用复合材料层合板理论进行力学分析，明确木材宏观力学属性。同时对木材微观结构进行通用单胞模型分析，确定其微观生长轮轴在向荷载作用下的层间刚度。基于复合材料细观结构周期性假设，进一步构建木纤维单胞模型细观结构几何模型，进行强度失效微观力学分析，预测木材细观力学有效弹性模量，从而运用 ANSYS 进行木材宏观分层失效仿真计算，获得木材纤维增强复合材料结构的宏观、细观一体化分析方法。该方法在木材结构分析中能够在获得宏观应力、应变场的同时，获得细观应力、应变场，可用于复杂细观结构特征的复合材料结构分析，也能用于涉及材料非线性的复合材料结构分析。

本书可作为林业工程、管理科学与工程等相关专业的研究生、技术人员与管理者的参考书，也可供相关从业人员学习与参考。

图书在版编目(CIP)数据

木材复合材料力学行为机理研究/王巍著. —北京：科学出版社，2023.3
ISBN 978-7-03-058813-5

Ⅰ. ①木… Ⅱ. ①王… Ⅲ. ①木材-材料力学-研究 Ⅳ. ①S230

中国版本图书馆 CIP 数据核字(2018)第 004112 号

责任编辑：任锋娟　袁星星 / 责任校对：王万红
责任印制：吕春珉 / 封面设计：东方人华平面设计部

科学出版社 出版
北京东黄城根北街 16 号
邮政编码：100717
http://www.sciencep.com

北京中科印刷有限公司 印刷
科学出版社发行　各地新华书店经销
*

2023 年 3 月第 一 版　　开本：B5（720×1000）
2023 年 3 月第一次印刷　　印张：14 3/4
字数：295 000

定价：148.00 元
（如有印装质量问题，我社负责调换〈中科〉）
销售部电话 010-62136230　编辑部电话 010-62135763-2015（BL02）

版权所有，侵权必究

前　言

木材是吸收太阳能、水分、二氧化碳和来自土壤中的养分而生长的一种可再生资源，利用后可被菌类分解而再次进入自然界物质循环，具有以低负荷进行长期性解体——再生循环的"自然环境调和性"，符合"和谐社会"的要求。因为木材具有天然花纹，易加工涂饰，装饰效果好，无毒无放射性，导热系数小，不易导电、耐久性好，属于保温绝热材料范畴等诸多优点，它是人们生活中主要用材，也是制作、车、船和各种生产生活用具的主要原材料，特别是作为建筑用材，它自重较小，具有弹性和韧性，抗震、抗冲击性能好，在荷载作用下具有较高的承载力，因而较其他材料更具有明显的优势，在农业、工业、建筑业和日常生活等领域中大面积应用。如今人类在能源和工业原料等方面已经进入多元化时代，但是木质材料仍然是特别重要的结构用材，同时事物具有两面性，木材也存在一些天然缺陷，木节、斜纹理以及因生长应力或自然损伤而形成的缺陷，使其在使用过程中容易发生形变、干裂、翘曲等，这些问题都会不同程度地影响木材的使用。

随着经济的迅速发展，各行各业对木材及木制品的需求持续增加，所以木材及木质复合材料的发展已成为木材科学发展的重点，现代工业及高技术领域对优质、高性能木材及木质复合材料的要求不断提高，研究木材微观或细观层次上的构造与宏观强韧功能的相互关系势在必行。进一步讲，木材宏观的力学行为与木材细胞的形态、细胞的力学性质、细胞之间的连接方式以及细胞构成组织的结构密切相关，通过木材微观结构的信息来寻找木材宏观的有效性能，得到有效力学性能与微结构的关系对于木材及其木质复合材料的发展起到促进作用。

本书有幸得到"黑龙江省留学归国人员科学基金资助项目（项目编号：LC201407）"资助，作者带领研究团队开展了木材微观结构与细胞壁弹性常数关系、木材强度失效微观力学分析、木材层合结构强度分析、木质复合材料力学性能分析、复合材料参数化随机细观单胞模型与木材宏微观失效关系的研究，探明木材受荷后内部微细结构的变化，建立其与宏观力学响应之间的联系，并由此获得新的木材构造与其强韧功能相互关系的认识，对研发能够克服木材缺点、具有特殊强韧性能的新型木质复合材料具有一定的借鉴意义。

全书由王巍撰写，在撰写的过程中，得到了东北林业大学研究生宋宝辉、张永智、党甄甄、程玉龙、李新宁、王云婷、杨俊、孙理越、武明帅、李兴等同学，以及项目组全体同仁的大力支持与帮助，在此一并表达衷心的感谢。

由于作者水平有限，书中难免存在不足之处，敬请广大读者批评指正。

王 巍

2018 年 1 月于哈尔滨

目　　录

第1章　木材力学性质与性能 ·· 1

1.1　木材力学基本理论 ··· 1
　　1.1.1　木材的应力与应变 ··· 1
　　1.1.2　木材的弹性与塑性 ··· 3
　　1.1.3　木材的黏弹性 ·· 4
1.2　木材宏观力学性质 ··· 9
　　1.2.1　木材宏观结构 ·· 9
　　1.2.2　木材宏观力学分析 ··· 14
1.3　木材微观力学性质 ··· 30
　　1.3.1　木材微观结构 ·· 31
　　1.3.2　木材微观力学分析 ··· 33
1.4　本章小结 ··· 53

第2章　木材复合材料力学行为研究 ··· 54

2.1　木质复合材料 ··· 54
　　2.1.1　木材复合材料属性 ··· 54
　　2.1.2　木质复合材料力学性能分析方法 ··· 55
2.2　木材复合材料弹性力学 ··· 56
　　2.2.1　木材的正交原理 ·· 56
　　2.2.2　木材的弹性系数 ·· 58
2.3　单向与多向复合材料力学分析 ·· 59
　　2.3.1　单向复合材料分析 ··· 59
　　2.3.2　多向复合材料力学分析 ··· 70
2.4　木材复合材料应力与应变分析 ·· 74
　　2.4.1　正交各向异性材料的应力-应变关系 ·· 74
　　2.4.2　正交各向异性材料的工程弹性系数 ·· 75
　　2.4.3　复合材料单层板主轴方向的应力-应变关系 ··· 78
　　2.4.4　复合材料单层板偏轴方向的应力-应变关系 ··· 80
2.5　本章小结 ··· 85

第3章 木材复合材料层合板理论 ·········· 86

3.1 层合板刚度分析 ·········· 86
3.1.1 层合板的概念 ·········· 86
3.1.2 层合板的标记 ·········· 86
3.1.3 经典层合板理论 ·········· 87
3.1.4 层合板的刚度基本假设 ·········· 94
3.1.5 对称层合板的刚度分析 ·········· 96
3.1.6 典型非对称层合板的刚度 ·········· 99

3.2 层合板的应力分析 ·········· 101
3.2.1 层合板的应变与应力 ·········· 101
3.2.2 层间应力与分层破坏 ·········· 103

3.3 层合板的强度分析 ·········· 104
3.3.1 层合板的应力与强度分析 ·········· 104
3.3.2 层合板最终破坏强度 ·········· 106

3.4 层合板的弹性分析 ·········· 107
3.4.1 正交各向异性材料单层材料刚度 ·········· 107
3.4.2 木材弯曲对结构刚度的影响 ·········· 110
3.4.3 木材生长轮层间结构刚度 ·········· 112
3.4.4 木材层合板结构强度分析 ·········· 114
3.4.5 层合板的工程弹性常数 ·········· 114

3.5 本章小结 ·········· 118

第4章 通用单胞模型及有限元方法 ·········· 119

4.1 通用单胞模型 ·········· 119
4.1.1 GMC 的基本理论 ·········· 119
4.1.2 二维 GMC ·········· 124
4.1.3 三维 GMC ·········· 132
4.1.4 弱界面黏合 GMC ·········· 137
4.1.5 复合材料参数化随机细观单胞模型 ·········· 142

4.2 有限元方法 ·········· 151
4.2.1 有限元法理论基础 ·········· 151
4.2.2 有限元法计算步骤 ·········· 154
4.2.3 平面结构问题的有限单元法 ·········· 155
4.2.4 等参元 ·········· 162
4.2.5 空间问题的有限单元法 ·········· 167

  4.2.6 轴对称旋转单元有限元方法 ················ 177
 4.3 本章小结 ················ 181

第5章 木材复合材料宏细观力学行为研究 ················ 182
 5.1 基于复合材料理论的木材宏观结构建模 ················ 182
  5.1.1 单层生长轮单元的模型 ················ 182
  5.1.2 单层生长轮模型单元的选取 ················ 183
  5.1.3 生长轮实体模型的网格划分 ················ 186
  5.1.4 生长轮轴向荷载作用下的层间刚度 ················ 187
 5.2 木材纤维增强单元细观结构建模 ················ 192
  5.2.1 纤维增强单元本构方程和边界条件的建立 ················ 193
  5.2.2 代表体积单元几何模型的有限元计算 ················ 194
 5.3 木材细观力学有效弹性模量的有限元预测 ················ 198
  5.3.1 木纤维的边界形变约束条件的确定 ················ 200
  5.3.2 木纤维 RVE 细观结构几何模型 ················ 201
  5.3.3 木纤维 RVE 细观结构有限元模型仿真 ················ 203
  5.3.4 木纤维 RVE 增强单元缺陷问题 ················ 206
 5.4 木材宏观结构分层失效机理模型 ················ 208
  5.4.1 层合结构层间线性黏弹本构方程 ················ 209
  5.4.2 层合结构黏弹性有限元控制方程 ················ 210
  5.4.3 分层失效仿真计算 ················ 211
  5.4.4 木材宏观结构强度失效 ················ 215
  5.4.5 木材宏观层间分层失效修正模型 ················ 217
 5.5 本章小结 ················ 219

参考文献 ················ 220

第1章 木材力学性质与性能

木材的力学性质是指木材抵抗外力作用的能力,主要分为弹性、塑性、蠕变、应力松弛、抗剪强度、冲击韧性、抗劈力、抗扭强度、抗拉强度、抗压强度、抗弯强度、抗弯弹性模量、硬度和耐磨性等,其中抗剪强度、抗压强度、抗弯强度和抗弯弹性模量及硬度等较为重要。

木材是一种生物质材料,其构造导致木材的各向异性,因此木材的力学性能也是各向异性的,这与各向同性的金属材料和人工合成材料有一定的区别。例如,木材强度按照外力作用在木材纹理的方向,有顺纹强度与横纹强度之分;而横纹强度视外力作用于年轮的方向,又有弦向强度与径向强度之别。

1.1 木材力学基本理论

1.1.1 木材的应力与应变

1. 应力

物体受到外因(力、温度、湿度等)作用而产生形变时,物体各部分间产生相互作用的内力,其单位面积上的内力称为应力,用σ表示,单位为 MPa(或 N/mm^2),其计算公式如式(1-1)所示:

$$\sigma = \frac{F}{A} \tag{1-1}$$

式中,F——施加在物体上的外力,N;

A——物体受力面积,mm^2 或 cm^2。

当物体处于平衡状态时,内力和外力在相反方向上相等。当外力的大小超过物体可承受的力时,物体失去平衡,尺寸和形状发生改变甚至破坏。根据物体的形变和物体受力引起的形变,应力分为三种基本类型:拉应力、压应力和剪应力,如图 1-1 所示。

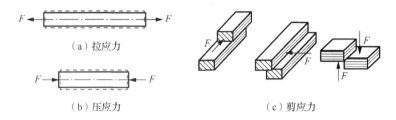

图 1-1 应力示意图

（1）拉应力：一对大小相等、方向相反的外力沿着木材轴线作用，引起木材拉伸形变，此时垂直于木材截面的应力称为拉应力。

（2）压应力：一对大小相等、方向相反的外力，沿着木材轴线作用，引起木材压缩形变，此时垂直于木材截面的应力称为压应力。

（3）剪应力：两个大小相等、方向相反且作用在两条接近平行的直线上的外力作用于木材，促使木材一部分相对于另一部分发生错动的剪切现象，此时与剪切面相切的应力称为剪应力。

2. 应变

物体受外力作用后所发生的几何形状和尺寸变化称为形变。有一定的外力就产生一定的形变。物体单位长度上的形变称为应变，用 ε 表示，其计算公式如式（1-2）所示：

$$\varepsilon = \frac{\Delta L}{L} \tag{1-2}$$

式中，L——物体原来的长度，mm 或 cm；

ΔL——物体受外力作用后物体长度的变化量，mm 或 cm。

应变与荷重有密切的关系，如应力一样，也可依荷重性质分为拉应变、压应变和剪应变。

（1）拉应变：弹性体受拉荷重作用时产生的形变量称为拉应变。设 l_0 荷重前的长度，l_f 为荷重后的长度，s_t 为受拉荷重之后的形变量，则拉应变 ε_t 计算公式如式（1-3）所示：

$$\varepsilon_t = \frac{l_f - l_0}{l_0} = \frac{s_t}{l_0} \tag{1-3}$$

（2）压应变：弹性体受压荷重作用时产生的形变量称为压应变。设 l_0 为未荷重前的长度，l_f 为荷重后的长度，s_c 为受荷重压缩之后的形变量，则压应变 ε_c 计算公式如式（1-4）所示：

$$\varepsilon_c = \frac{l_0 - l_f}{l_0} = \frac{s_c}{l_0} \tag{1-4}$$

（3）剪应变：弹性体受剪荷重（剪切力）作用时产生的形变量称为剪应变。形变前彼此垂直的两条直线，形变后其夹角偏离直角的量称为剪应变角ψ，其正切值则为剪应变γ，计算公式如式（1-5）所示：

$$\gamma = \tan\psi \tag{1-5}$$

3．木材应力与应变关系

木材的应力和应变随外力的作用同时产生，它们之间的关系可用坐标图来表示，应力改变，应变随之改变，如图1-2所示。

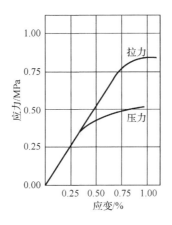

图1-2　木材应力与应变的关系

木材受力后，开始时应力和应变的关系成正比；超过一定界限时，这种关系就不呈线性关系，而呈非线性关系。

受力到达一定界限后，木材开始遭受破坏，应力和应变之间的线性关系被破坏时的应力称为比例极限。能恢复物体原来形状和尺寸的最大应力称为弹性限度。

1.1.2　木材的弹性与塑性

弹性体荷重时产生的形变往往会随着荷重的解除而消失，使弹性体恢复到完全或局部原始状态，这种性质就叫作弹性，弹性可因材料的不同分为完全弹性、非完全弹性和塑性。

（1）完全弹性：无论弹性体的荷重大小，只要未被破坏，产生的形变均能随着荷重的解除而完全消失的性质称为完全弹性，具有完全弹性的物体称为完全弹性体。

（2）非完全弹性：弹性体荷重不大时，产生的形变均能随荷重的解除而完全消失，当荷重增加到一定值时，产生的形变不能随着荷重的解除而完全消失的性质称为非完全弹性，具有非完全弹性的物体称为非完全弹性体，如木材、钢等。

（3）塑性：物体在荷重时产生的形变，不能随着荷重的解除而消失，缺少恢复能力与保持形变的性质称为塑性，具有塑性的物体称为塑性体。

弹性体荷重时产生的形变如随荷重的解除而迅速消失，使弹性体恢复原形，此种现象称为弹性恢复；如形变缓慢消失，使弹性体逐渐恢复原形，此种性质称为渐缓弹性，此种现象称为渐缓恢复。

作用于木材的外力不超过比例极限而产生形变时，当外力解除后，能恢复原来形状和尺寸的性能，称为木材的弹性。反之，在比例极限以上时，外力消除，形变却不再恢复，这种形变称为木材的塑形变。木材的塑形变是由微纤维中的过度应力引起的，共价键断裂，细胞壁层形变，细胞之间产生永久性微裂纹，木材损坏。一旦木材发生塑性形变，纤维素的结构就会被破坏。

1.1.3 木材的黏弹性

作为一种非均质的、各向异性的天然高分子材料，木材的黏弹性直接影响了其各种力学性质。

完全弹性体的弹性服从胡克定律，即应力与应变成正比例，比例系数为弹性模量，应力、应变的响应是瞬间的；理想黏性体的黏性服从牛顿定律，即应力与应变速率成正比，比例系数为黏度。黏弹性材料的力学行为既不服从胡克定律，也不服从牛顿定律，而是介于两者之间，即应力同时依赖于应变与应变速率。木材作为一种黏弹性材料，因其测定的方法不同可分为静态黏弹性及动态黏弹性。其中，静态黏弹性包括蠕变和应力松弛，动态黏弹性表现为滞后现象和力学损耗。

1. 静态黏弹性

1）蠕变

在一定温度和较小的恒定外力（张力、压力或扭转力等）作用下，材料的形变逐渐增加。蠕变现象如图1-3所示。

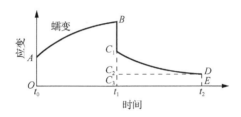

图 1-3 木材蠕变现象

从分子变化和运动来看，蠕变过程包括普弹形变、高弹形变、黏性流动三种形变。

木材在 t_0 时刻受力，分子链内部键长和键角立刻发生变化，瞬间产生形变 OA，这种形变量很小，称为普弹形变，用 ε_1 表示，普弹形变计算公式如式（1-6）所示：

$$\varepsilon_1 = \frac{\sigma}{E_1} \tag{1-6}$$

式中，E_1——普弹形变模量。

普弹形变又称为瞬时弹性形变，它服从胡克定律，在外力消除时立刻完全恢复。

随着时间的延长，木材进一步发生形变，即产生蠕变 AB；在 t_1 时刻撤掉外力后木材立刻产生一个瞬间的弹性恢复 BC_1，至时间 t_2 产生缓慢的蠕变恢复 C_1D。C_1D 是由纤维分子链通过链运动逐渐卷曲或伸展造成的，称为高弹形变或者黏弹性形变，这种形变也是可逆的。与普弹形变相比，高弹形变具有时间滞后性，且形变量要大得多，并与时间成指数关系，其计算公式如式（1-7）所示：

$$\varepsilon_2 = \frac{\sigma}{E_2}\left(1 - e^{-t/\tau}\right) \tag{1-7}$$

式中，ε_2——高弹应变；

t——松弛时间或标准延迟时间，与链运动的黏度 η_2 和高弹模量 E_2 有关，即 $t = \eta_2 / E_2$；

τ——应力变为初始应力 $1/e$ 处的时间。

当撤掉外力时，高弹形变逐渐恢复。

在 t_2 时刻剩余的形变 DE 可以看作荷载撤除后残留的永久形变，它是由线性的纤维素分子链之间相对滑移而引起的黏性流动，称为塑性形变，用 ε_3 表示，其计算公式如式（1-8）所示：

$$\varepsilon_3 = \frac{\sigma}{\eta_3} t \tag{1-8}$$

式中，η_3——本体黏度。

把外力去掉后，黏性流动不可恢复，因此，普弹形变 ε_1 和高弹形变 ε_2 又称为可逆形变，塑性形变 ε_3 称为不可逆形变。

综上所述，木材在受到外力作用时会发生以上三种形变，其应变总量如式（1-9）所示：

$$\varepsilon(t) = \varepsilon_1 + \varepsilon_2 + \varepsilon_3 = \frac{\sigma}{E_1} + \frac{\sigma}{E_2}\left(1 - e^{-t/\tau}\right) + \frac{\sigma}{\eta_3}t \tag{1-9}$$

蠕变现象关键在于外力的大小和温度的高低。外力过小，温度过低时，蠕变很小而且很慢，不易在短时间内被察觉；外力太大，温度太高时，形变发生得很快，也不易察觉到蠕变现象；一般在外力作用适当的情况下，在略高于高聚物玻璃化转变温度的区域内，链段此时缓慢地运动，可以出现较显著的蠕变现象。

2）应力松弛

在温度和形变恒定的情况下，材料内部的应力随时间推移逐渐衰减。松弛现象因树种和压力而异。试验表明，木材松弛系数与木材密度成反比，松软木材的应力松弛系数远大于硬质木材；木材松弛系数随着含水量的增加而增大，湿材料的松弛系数很大。应力松弛现象如图 1-4 所示。

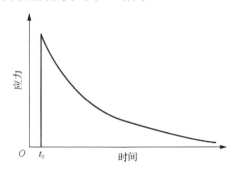

图 1-4　木材应力松弛现象

在松弛过程中，应力 σ 与时间 t 呈现指数相关，如式（1-10）所示：

$$\sigma = \sigma_0 e^{-t/\tau} \tag{1-10}$$

式中，σ_0——初始应力；

t——松弛时间。

当 $t = \tau$ 时，有 $\sigma = \sigma_0/e$，说明 τ 表示了应力减为初始应力 $1/e$ 处的时间，它是材料的固有特性时间。

应力松弛和蠕变是一个问题的两个方向。产生蠕变的材料必定发生松弛，并且可以完成相反的过程。两者主要区别如下：蠕变中应力是恒定的，应变大小随时间推移而增加；而在松弛中，应变是恒定的，应力大小随时间推移而减小。此外，木材的蠕变和应力松弛不仅受到含水率高低的影响，还与温度密不可分。由于这两者反映了聚合物材料内部分子运动的信息，因此蠕变和应力松弛对温度的依赖性可用于研究聚合物链段的运动。这种现象的根本原因是，木材是一种既具有弹性又具有塑性的材料。

2. 动态黏弹性

1）滞后现象

黏弹性材料的力学性质响应取决于时间，应变响应的周期性变化滞后于应力，即同频而不同相位，这种现象被称为滞后现象。

对木材加载一个正弦交变应力，如式（1-11）所示：

$$\sigma(t) = \sigma_0 \sin\omega t \tag{1-11}$$

式中，σ_0——应力振幅；

ω——角频率，rad/s；

t——时间，s。

试样在正弦交变应力作用下的应变随木材的性质不同而发生改变。对于理想弹性体，因为瞬时的应变对应力的响应，所以对正弦交变应力的应变响应必定是与应力同相位的正弦函数；对于理想黏性体，应变响应慢于应力 90°；对于黏弹性材料，应变会滞后于应力一个相位角 δ（0°<δ<90°）。

2）力学损耗

黏弹性材料的应变响应比应力变化慢，发生滞后现象。同时，应力在每次循环变化期间做功，称为力学损耗或内耗。黏弹性高聚物材料在正弦应力或正弦应变作用下的应力-应变曲线达到平衡后，形成一个稳定的滞后圈。对滞后圈面积进行积分计算，可得一个循环周期内单位体积损耗的能量 ΔW，计算公式如式（1-12）所示：

$$\Delta W = \pi E'' \varepsilon_0^2 \tag{1-12}$$

单位体积损耗能量表明了每一循环周期的能量损失与损耗模量和应变幅度的平方成正比。

将每个循环中的损耗能量 ΔW 与最大储能 W 的比值定义为力学损耗，计算公式如式（1-13）所示：

$$\tau = \frac{\Delta W}{W} = 2\pi \tan\delta \tag{1-13}$$

若以损耗角正切或损耗因子 $\tan\delta$ 表征，则如式（1-14）所示：

$$\tan\delta = \frac{E''}{E'} \tag{1-14}$$

式中，E'——储存模量，表示由于弹性形变引起的材料在形变过程所储存的能量；

E''——损耗模量，表示材料在形变期间的黏性形变以热量的形式损失的能量。

需要指出的是，不同的动态力学实验方法定义的物理量不同，力学损耗的表征方式也不同，例如，在扭摆自由振动方法的动态力学实验中，对数损失Δ用于表示力学损耗。

3）动态弹性模量

在复平面内，应力由两部分构成，一部分是与应变同相位，幅值为$\sigma_0\cos\delta$，是弹性形变的动力，用字母σ'表示；另一部分是与应变相差90°角，幅值为$\sigma_0\sin\delta$，用来克服摩擦阻力，用字母σ''表示，如图1-5所示。

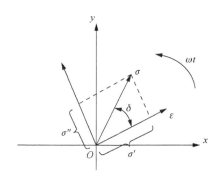

图1-5 复平面内应变对应力的响应

定义E'为同相位的应力与应变振幅的比值，如式（1-15）所示；E''为相差90°角的应力与应变振幅的比值，如式（1-16）所示：

$$E' = \frac{\sigma_0}{\varepsilon_0}\cos\delta \tag{1-15}$$

$$E'' = \frac{\sigma_0}{\varepsilon_0}\sin\delta \tag{1-16}$$

一般而言，动态弹性模量计算公式如式（1-17）所示：

$$E' = |E^*| = \sqrt{E'^2 + E''^2} \tag{1-17}$$

但是由于通常情况下$E'' \ll E'$，因而往往直接用储存模量E'来表示动态弹性模量。复数模量E^*与外力作用的频率和温度有关，当温度一定而考察E'和E''随频率变化的情况时,可以得到 E' 和 E'' 的频率谱;另外,当频率一定而考察 E' 和 E'' 随温度变化的情况时,可以得到 E' 和 E'' 的温度谱。频率谱和温度谱统称为力学谱图。对于木材而言,动态弹性模量还受到含水率的影响。图 1-6 为扁柏顺纹方向动态弹性模量与含水率的关系。

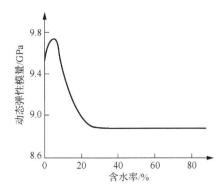

图 1-6　扁柏顺纹方向动态弹性模量与含水率的关系

如图 1-6 所示,在含水率为 5%左右时,动态弹性模量出现最大值,当含水率进一步由 5%增加至纤维饱和点附近时,动态弹性模量则有所下降。木材的动态弹性模量在含水率 5%左右出现的极值可以认为是由吸着水的两种形式造成的:在含水率 5%以下对应于单分子吸着水,它们直接与木材实质上的游离羟基形成较为牢固的氢键,因而随着这部分水含量的增加,动态弹性模量有所增大;当含水率在 5%以上时,单分子吸着水逐渐饱和,而多分子吸着水开始形成,它们吸着在单分子吸着水上,因而木材对它们的束缚较弱,并且随含水率的增加二者之间的相互作用越来越小。因此,随着多分子吸着水含量的增加,动态弹性模量逐渐下降。

1.2　木材宏观力学性质

1.2.1　木材宏观结构

对木材宏观结构的研究是为了揭示树种之间木结构的共性和不同,以便深入了解木材的性质。通过了解木材的力学性质变化规律,可以进一步识别木材,改善木材并合理地加工和使用木材。在现实生产中,每种木材都具有一定的结构特征和性质。只有了解木结构才能区分不同树种的木材,以达到各种不同的目的。因此,研究木材的宏观结构对于合理利用木材,提高木材利用率和节约木材具有重要意义。

1. 树干及木材组织

树木由树干、树根和树冠组成。树干有四个主要部分：树皮、形成层、木质部和髓。

(1) 树木形成层以外的组织统称为树皮。老树干的树皮由多层周皮和周皮以外的一切死组织以及次生韧皮部所组成。树皮外侧的一切死组织称为外树皮，而内侧活组织即次生韧皮部称为内树皮。树皮的颜色、形状、厚度和气味可作为识别原木的重要基础。

(2) 形成层是指韧皮部和木质部之间的一层分生组织，向外分裂产生次生韧皮部，即内树皮，向内分裂产生次生木质部，即形成木材。

(3) 木质部是指形成层与髓质之间的部分。它是树干的主要部分，也是最有利用价值的部分。木质部可分为初生木质部和次生木质部。初生木质部在髓心外沿的极小范围，对于木材利用并不重要。次生木质部占树干体积的大部分，是木材使用中最重要的部分。

(4) 髓位于树干的中心，被木质部包围，由柔软的薄壁组织细胞组成。髓的位置一般在躯干的中心，所以它也被称为髓心。有时受环境条件影响，核心偏离中心并移动到一侧形成偏心。偏心率是应力木的重要指标。髓不属于木质部，在木材利用上被视为缺陷。但由于不同树种髓的大小、结构和形状都不一样，这有助于木材识别。一些髓质腔内充满了柔软的薄壁细胞，称为实心髓，如漆树、香椿等；有些髓是大而空心的，故称之为空心髓，如泡桐、山桐子等；有的在纵剖面上呈分格状，如核桃楸、虎皮楠等。髓的颜色一般为褐色或浅褐色，但也有白色的，如七叶树、鹅掌楸等；有红色的，如血桐、细叶香桂等；还有黑色的，如虎皮楠、黑壳楠等。

从木材组织学的角度来看，木材由许多不同形状和功能的细胞组成。这些细胞主要是管胞、导管、木纤维、薄壁组织和木射线。从植物学的角度来看，构成木材的各种细胞可以根据其功能概括为三种类型：输导组织、机械组织和储存组织。

(1) 输导组织是由多种细胞组织（导管、筛管）形成的复合组织，主要在树的生命期间执行输送水或树液的功能，如早期块茎中的管道。

(2) 机械组织是一种细胞组织，它在树木的生命周期中起支撑树木的作用，使树木牢固地站立在地面上并收紧树枝而不会下垂，如软木中的晚材管胞和硬木中的木纤维。

(3) 储存组织是在树木的生命期间储存和分配营养物质的细胞，如软木和硬木中的薄壁组织和木射线。

上述各种组织在各种类型的木材中表现出显著差异。木材表面各种组织的性能是木材宏观结构的主要部分和基本内容，也是视觉识别的重要依据。

2. 木材宏观结构主要特征

木材的宏观结构特征可以用肉眼观察或借助 10 倍放大镜观察到的木材结构特征。一般情况下使用木材的切面进行观察。木材的三个切面分别为横切面、径切面和弦切面，如图 1-7 所示。三个切面在各个方向上的构造是各有差异的，为全面了解木材构造，一般需要对它们进行分析。

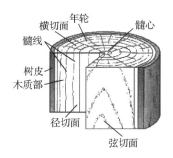

图 1-7　木材的三个切面

横切面是与树干主轴或木材纹理相垂直的切面。在这个切面上，可以观察到木材的年轮，心材和边材，早材和晚材，木射线，各种纵向细胞和组织等。横切面较全面地反映了细胞间的相互联系，是识别木材最重要的切面；径切面是与树干主轴或木材纹理方向（通过髓心）相平行的切面；弦切面是与树干主轴或木材纹理方向（不通过髓心）平行并与木射线垂直的切面。

木材的宏观结构主要特征包括管孔、木射线和薄壁组织、心材和边材、年轮（生长轮）、树脂道，这些比较稳定而且有规律性的特征是识别木材的关键依据。

1）边材和心材

木质部是髓心和树皮之间的部分，是木材的主要部分。边材是木质部的外环部分，靠近树皮并且颜色较浅。心材是髓心和边材之间较暗的木质部。边材含水量高，易干，易湿，易翘曲形变，耐腐蚀性差；心材材料坚硬，密度高，渗透性低，耐久性和耐腐蚀性高于边材。

心材与边材明显不同的树种在针叶林中称为心材树种，如红豆杉、赤松、马尾松、落叶松等［图 1-8（a）］。由心材向边材过渡，有的树种为急变，如紫杉、黄连木等；有的树种为缓变，如核桃木、华山松等。一些树种的木材，其心材和边材的颜色没有明显的差异，则称边材树种，如冷杉、云杉、铁杉、杨木、桦木、椴木及鹅耳枥等［图 1-8（b）］。

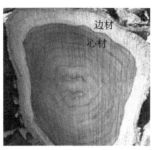

(a）心材树种　　　　　　　（b）边材树种

图 1-8　心材与边材

在边材种类中，应注意区分各种假心材，如苹果木和桃花心木等古树，树的中央部分通常有类似心材的棕色假心材。又如云杉、桦树和白杨，假心材在横截面和纵截面上都呈现不规则分布和不均匀的色调，因此不难判断其是真是假。心材是否真实，心材和边材的颜色是识别木材的特征之一。

2）年轮

年轮也称为生长轮，是因树木生长过程中气候明显变化形成的轮状结构。它也是在生长周期中形成层的次生木质部，如图 1-9 所示。在温带和寒冷地区生长一年的一层木材被称为年轮。在热带或南亚热带地区，树木生长季节仅与雨季和旱季的交替有关，热带木材在一年内有一个以上的生长期，多数树种连续生长量的开始或末尾没有界限，所以多数热带树种没有明显的生长轮。

图 1-9　年轮（生长轮）

在生长季节，由于气候变化，如细菌破坏、霜冻、火灾或干旱，树木生长暂时中断生长。如果灾难不严重，树木将在短时间内恢复生长。

年轮在不同的切面上呈现出不同的形状。在横切面上，多数树种呈同心圆状的年轮线,为圆形封闭线条,如杉木、红松等;少数树种的年轮线为不规则的波浪状,如红豆杉和榆木等。年轮在径切面上表现为平行的条状,在弦切面上则呈V形或抛物线形的花纹。年轮是树木整个生命过程的反映,年轮的研究在林业生产、材质评估利用和古气候分析等方面有重要的价值。

3) 早材和晚材

早材也叫作春材,是指温带和寒带树木在一年的早期,或热带树木在雨季形成的木材。由于环境温度高、水分足、细胞分裂速度快、细胞壁薄、形体较大,早材的材质较松软,材色浅。晚材也叫作夏材,是指在温带和寒带的秋季,或热带的旱季形成的木材。由于树木的营养物质流动缓慢,形成层细胞的活动逐渐减弱,细胞分裂速度变慢并逐渐停止,形成的细胞腔小而壁厚,晚材的组织较致密,材色深。晚材在一个年轮中所占的比例称为晚材率,晚材率的大小可以作为衡量树木强度和材质材性的重要标志,其计算公式如式(1-18)所示:

$$p = \frac{b}{a} \times 100\% \tag{1-18}$$

式中,p——晚材率;

a——一个生长轮的宽度;

b——晚材在一个生长轮中所占的宽度。

晚材率在横切面的直径方向,自髓心向外逐渐增加,但到达最大限度后便开始降低。从大多数树种分析可得,生长轮越靠近树皮,晚材率越小。

4) 管孔

绝大多数阔叶树材由无数中空的管状细胞组成输导组织,即导管。导管在横切面上宏观下可见或略可见,呈孔穴状,称为管孔。导管在纵切面上呈沟槽状,称为导管线或导管槽。

具有导管的阔叶材称为孔材,不具有导管的针叶材称为无孔材。管孔的有无是区别阔叶树材和针叶树材的重要依据。但阔叶树材中也有不具有导管的树种,如水青树属和昆兰树属的树种;针叶材中也有具有导管的树种,如黄麻属、百岁兰属、买麻藤属的树种。

5) 轴向薄壁组织

在木材的横切面上可看到一些和周围相比颜色较浅的组织,如用水湿润后则更清楚(导管经水湿后则模糊),这样的组织被称轴向薄壁组织。薄壁组织由活性细胞组成,可以储存能量,起到仓库作用。针叶树材薄壁组织不发达,肉眼或10倍放大镜下不可见;阔叶树材的多数树种薄壁组织较发达,肉眼可见或10倍放大镜下明显,并且分布有一定的规律和形式,是木材识别的重要特征之一。

6）木射线

在横切面上，可以看见许多颜色浅的细条纹从树干中心呈辐射状或断续地穿过生长轮轮向树皮，这些辐射状的条纹称作木射线。木射线在树木生长中起横向输送和贮存养料的作用。木射线是薄壁组织，它的细胞壁很薄、质软，与周围细胞的结合力弱，是木材中较脆弱且强度低的地方。木材在干燥时易沿髓线开裂。

初生木射线是指髓射线起源于初生组织，后来由形成层再向外延伸，它从髓心穿过生长轮直达内树皮。次生木射线是起源于形成层的木射线，达不到髓心。木材中的射线大部分属于次生木射线。

7）胞间道

胞间道是分泌细胞环绕而形成的细长形的细胞间隙。按方向分，胞间道有轴向胞间道和径向胞间道（在木射线内）两种。有的树种只有一种胞间道，有的树种则有两种胞间道。按针叶、阔叶树种分，胞间道有树脂道和树胶道两种。

树脂道和树胶道在木材识别方面均具有一定意义。此外，树胶道还是某些阔叶树材内充满树胶的细胞间隙，对于识别某些阔叶树材具有重要意义。

1.2.2 木材宏观力学分析

1. 木材宏观力学研究进展

木材力学是木材科学研究的重要方向之一，有关其研究最早开始于欧洲。随着木材及木质复合材料在工程上的广泛应用，木材可以被视为天然复合材料，木材力学的研究内容逐步深化，研究方法和试验方法越来越先进和完善。

1）木材天然复合材料属性研究

在广义上，复合材料是具有不同物理或化学性质的两种或更多种组分的组合。

就木材而言，可以将木材看作一种天然的复合材料，这是由于木材可以同时存在早材、过渡材和晚材等不同物理特性的成分。早材是在生长轮中，在生长季节早期形成的材质疏松轻软，细胞腔较大，细胞壁薄，木材颜色较浅的部分。晚材是在生长轮中，在生长季节晚期形成，材质硬，细胞腔较小，胞壁较厚，木材颜色较深。过渡材则是介于早材和晚材之间的部分。早材和晚材在颜色上有明显的区别。晚材颜色较深，年轮更为鲜明。

本书创新性地提出了"木材是一种天然的具有纤维增强特性的复合材料"。在宏观结构上，木材可看作由不同的生长轮层合而成，是天然的复合材；从微观上看，木材是典型的纤维增强材料，纤维增强复合材料具有各向异性，其性能不仅与复合结构有关，而且还与方向有关，因此从微观力学研究木材的强度时，只有在考虑其方向以后才有计算的价值。

2）速生工业用材力学性质研究

20世纪90年代以来，国内关于速生工业用材的力学性质方面的研究已取得较多成果。

鲍甫成、江泽慧等（1998）著的《中国主要人工林树种木材性质》是对主要种植木材性质的综合系统研究和总结。此外，它对十多种木材的力学性质进行了深入研究，为人工林的育种、集约化管理和定向栽培技术提供了科学依据，还为木材加工研究、工艺优化和新技术的有效利用提供了科学指导。

林金国、许春锦等（1999）对格氏栲人工林和天然林木材物理力学性质的测定和比较分析结果表明，两者的顺纹抗压强度、抗弯强度和端面硬度、密度、干缩性均属中等，前者的木材除抗弯弹性模量、抗劈力和冲击韧性小于后者外，其余指标均稍大于天然林。

林金国、郑郁善等（2000）通过对突脉青冈木材物理力学性质进行测定和分析，研究发现，突脉青冈木材的密度和综合强度属中等水平、干缩性小，与同属其他树种木材有着比较大的差异，所以该木材的用处也比较广泛。

钟景兵、李英键（1997）对酸枣木材的物理力学性质进行试验研究，结果显示，酸枣木材干缩性较小，强度中等，尺寸稳定，较易加工，质量系数高。

王传贵、柯曙华、杨强（1997）测试黄山松木材的物理力学性质，结果显示，黄山松木材的主要物理力学性质属中等，一些指标优于同类树种马尾松等，幼龄材与成熟材材质差别明显，此外木材允许应力优于红松、落叶松等木材，完全可用作建筑材料。

李大纲（2001）探究了杨树新无性系的力学性质，结果表明，杨木新无性系的物理力学性质等主要指标均属于小至更小级，无性系间物理力学性质差异明显，由此可用木材物理力学性质因子选育优良无性系。

3）木材物理力学性能变异的研究

木材物理力学性能变异主要研究同一树种不同家系的木材、不同生长条件的木材力学性能变异以及株内变异。徐曼琼等（2001）深入研究10年生速生材火炬松的28个家系间木材的抗弯弹性模量（MOE）和抗弯强度（MOR）的变异规律，结果表明，28个家系的MOE、MOR的个体变异大部分大于家系间的变异，得出火炬松材质改良在家系基础上进行个性改良效果会更好，同时从28个家系中筛选出了三个家系为优树家系。

王淑娟等（2001）对五种白桦木材的弦向、径向体积、全干干燥性变异进行了研究测试，据此进一步选定纵向干缩率小、干缩差异小、尺寸稳定性好的优良树种。林金国、陈慈禄等（1999）对不同产区杉木人工林木材力学性质的测定和分析结果表明，杉木人工林木材力学性质的产区间效应大于产区内效应，产区间木材力学性质差异极显著,产区内除端面硬度和径面硬度外的其他力学强度指标差异不显著，即一般产区杉木人工林木材各项力学强度较中心产区和边缘产区的稍高，中心产区和边缘产区的杉木人工林木材各项力学强度相近。

骆秀琴等（1997）对 15 株杉木进行株内不同高度和圆周不同方向上木材的抗弯强度、抗弯弹性模量、顺纹抗压强度和木材密度的差异分析，并对木材密度的径向变异模式和木材力学性质与木材密度的相关关系进行了检测和分析。主要结果是：抗弯强度和抗弯弹性模量在株内不同的高度上差异特别显著，顺纹抗压强度和木材密度未表现出显著差异，在圆周不同方位上，三项力学性质和木材密度均为南北向高于东西向，差异不显著。

王宏棣、王子奇、王春明（2000）研究了作为我国发展速生丰产林主要树种之一的幼龄落叶松材的力学性能指标和材料特性变异规律，并与成熟材进行比较，为合理利用幼龄落叶松作为结构用材提供了基本理论依据。

4）木材黏弹性行为研究

黏弹性的研究主要集中在蠕变方面。关于木材蠕变方面的研究，日本及欧洲一些国家早在 20 世纪 50 年代就开始了。当时由于理论的限制，在研究中多用图表或回归来描述，因此，在使用和研究上都很不方便。20 世纪 60 年代黏弹性理论问世以后，有些学者开始研究利用黏弹性模型来揭示蠕变特性。随后，日本学者掠代等提出根据蠕变及蠕变恢复的实测结果，进行确定模型元件数和元件常数。日本学者松上等提出可以根据短时间内测得的蠕变结果来确定蠕变常数，这就节约了大量的测试时间。

张斌等（1987）研究了根据短时间的木材弯曲蠕变试验曲线来确定流变模型元件数和元件常数方案，对红松试件三点弯曲蠕变试验的研究结果表明，木材的弯曲蠕变黏弹性模型法来研究是行之有效的，并指出，弯曲蠕变试验应用六个元件模型为宜，木材抵抗蠕变的能力除了和开尔文体平衡柔度有关外，还和马克思维尔体的黏性系数有关。

戴澄月、梁北红（1987）进行了长期荷载下木材黏弹性质研究，并指出，红松和落叶松木材的蠕变与时间和环境条件（温度和相对湿度）密切相关，落叶松木材的抗弯强度虽然高于红松，但由于其材质差，加载阶段其黏弹性和弹性分量较高，因而导致较大的不可逆形变。

李静辉等（1992）研究了受剪薄木板在变载下的挠度问题，通过蠕变试验资料的计算，预测木材在变载作用下，黏弹性应变的变化规律，研究中采取了广义开尔文体模型，并指出用数值计算方法可以估算木材的线性黏弹性，其精确性主要取决于匹配的两个试验试件之间蠕变模型常数的差别，同时指出蠕变研究不仅是物性理论基础的研究范围，而且对木材加工以及结构材料的耐久性也是非常重要的。

吉原浩（2001）采用应变仪和万能实验机对木材受压过程中由弹性形变转化

为塑性形变的应力变化进行测试，研究了木材弹性形变—塑性形变过程中的应力变化关系。

Shen Y H 等（1997）研究了自然环境条件下结构成材的蠕变性能，采用花旗松 20 根施以恒定荷载做弯曲实验，每天测定各梁的挠度，以及温度和湿度的波动起伏，分析了结构成材的长期蠕变性能，结果表明，梁的刚性对其蠕变形变的大小影响显著，蠕变形变与空气温度的波动起伏紧密相关，并建立了一个相应的 4 元件模型。Hanhijarivi 等（1998）研究了木材黏弹性与含水率之间的关系，并指出高含水率会使木材蠕变加速。

5）木材力学性能测试方法研究

对木材力学性质的测试目前主要是按照《木材物理力学性质试验方法》（GB/T 1928—1991）进行，研究人员针对试件尺寸变化、跨高比变化对测试结果做了大量的试验研究。

刘元（2000）从理论上研究了试样尺寸对木材物理力学性质的影响及其原理，并对不同木材性质做了定量分析，结果表明，木材性质不同程度地受试样尺寸影响，其中抗拉强度受影响最大，抗压强度最小，在对木材力学性质测试时一般应考虑试样尺寸的影响。柯病凡、江泽慧等（1998）研究杉木不同尺寸的试件的物理力学性质，采用大试件和小试件进行抗弯性能试验，其结果表明，不管是速生杉木还是非速生杉木，大小两种试件的 MOR 和 MOE 都在 0.05 显著性水平下存在显著差异，且大试件杉木的 MOR 和 MOE 仅是小试件杉木的 80%～90%。徐曼琼、鹿振友（2003）着重讨论了不同跨度时火炬松木材在抗弯试验过程中剪切应力对 MOE 的影响规律，结果表明，l/h 稍微减小时（国家标准中抗弯试验要求 $l/h=12$），按国家标准测试得到的 MOE 会迅速降低。这种影响在 $l/h=6\sim12$ 时最为明显。徐曼琼等（2004）利用数字散斑相关方法（DSCM）测试木材及木质单板弹性常数，并且测试木材三点弯曲试件原始裂纹尖端附近处的位移分布，均得到满意的结果。

2. 木材的力学强度

1）抗拉强度

外力作用于木材，使其发生拉伸形变，木材这种抵抗拉伸形变的最大能力，称为抗拉强度。木材受拉力作用时产生的拉应力，根据其作用于木材纹理方向的不同，可分为顺纹抗拉强度和横纹抗拉强度。

（1）顺纹抗拉强度。木材沿纵轴方向承受拉伸荷重，在因拉伸而破坏之前所能承受的最大抵抗力，称为顺纹抗拉强度。顺纹抗拉强度是木材的最大强度，约 2 倍于顺纹抗压强度，12～40 倍于横纹抗压强度，10～17 倍于顺纹剪切强度。

木材的顺纹抗拉强度取决于木材纤维或管胞的强度、长度和方位。纤维或管胞的长度是影响顺纹抗拉强度的主要因子。纤维长度直接涉及微纤丝与纵轴的夹角

（纤丝角），纤维越长，纤丝角越小，纤维强度越大。由此可见，若两个树种的木材密度相同，则长纤维树种的木材比短纤维树种的木材具有较大的顺纹抗拉强度；反之，若两个树种的木材纤维或管胞长度相同，密度大者，顺纹抗拉强度也大。

木材的顺纹抗拉强度常用万能试验机进行测定，试验时，使用应变针精度为 1/500mm 或 1/1000mm。试材所受拉力均来自两端的夹持部分，以剪应力的方式传递到其他部分，因木材的顺纹抗拉强度较横纹抗拉强度及抗剪强度大，故须将试材设计成特殊样式。

按照《木材顺纹抗拉强度试验方法》(GB/T 1938—2009) 的规定进行测试，试样形状和尺寸如图 1-10 所示。试样的纹理必须通直，生长轮应垂直于试样有效部分的宽面，有效部分到夹持部分之间的过渡弧应平滑。针叶材树种的试样，两端固着部分用胶黏剂或螺钉固定 90mm×14mm×8mm 的硬木夹垫。测试过程中，使其两段受剪力部分面积加大，中间受拉力部分面积减少，以防止在试验过程中，当荷重达到最高顺纹抗拉强度时，试材的端部因荷重产生的压力及剪力作用而破坏。

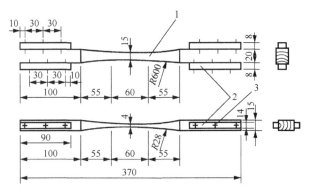

1. 试样；2. 木夹垫；3. 木螺钉。

图 1-10 木材顺纹抗拉强度试样及受力方向

试验时采用附有自动对直和拉紧夹具的试验机进行，试验以均匀速度加荷重，在 1.5～2.0min 内使试样被破坏。顺纹抗拉强度计算公式如式（1-19）所示：

$$\sigma_t = L_t / A \tag{1-19}$$

式中，L_t——最大荷重，N；

A——试样断面面积，mm^2。

木材在受顺纹拉力作用时，因受木材微观组织、木理、含水率等因素的影响，破坏的情形也不完全相同，可以分为如下几种。①纯拉力韧性破坏：木材受拉力作用时，产生的破坏面为非齐整型，且木理垂直，含水率高，质地韧性强的木材易发生此类破坏。②纯拉力脆性破坏：木材受拉力作用时，产生的破坏面为齐整平滑型，且木理垂直，含水率低，质地脆弱的木材易发生此类破坏。③剪力韧性破坏：木材受拉力作用时，产生的破坏面为非齐整型，且木理倾斜，含水率高，质地坚硬，具有交错纹理的木材易发生此类破坏。④剪力脆性破坏：木材受拉力作用时，产生的破坏面为齐整平滑型，且木理倾斜，含水率低，质地脆弱，具有交错纹理的木材易发生此类破坏。

（2）横纹抗拉强度。木材受方向与木纹成任何角度的拉力作用时所产生的最大应力，又称为横纹抗拉极限强度或横拉强度。因横纹抗拉强度与年轮的关系不同，可分为弦向抗拉强度、径向抗拉强度及斜向抗拉强度。其中，弦向抗拉强度方向与年轮平行，破坏面常沿射线发生；径向抗拉强度方向与年轮垂直，破坏面常发生在春材中；斜向抗拉强度方向与年轮斜交。

木材横纹抗拉强度也是利用万能试验机测定的，试材设计如图 1-11 所示。

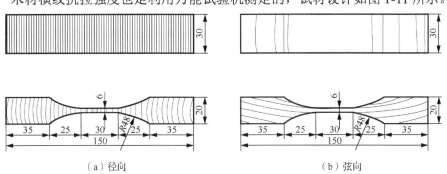

图 1-11　横纹抗拉强度试材

试验沿垂直于木材木理的方向匀速施加压力，加力速度为 1.6MPa/min，木材的横纹抗拉强度计算公式如式（1-20）所示：

$$\sigma_t = \frac{L_n}{A} \tag{1-20}$$

式中，L_n——最大荷重，N；

A——试样断面面积，mm^2。

木材横纹抗拉强度特别低，且在使用中，木材往往因干燥而发生开裂，致使木材横纹抗拉强度降低甚至完全消失。因此，在木材使用过程中要尽可能地避免产生横纹拉力。

2）抗压强度

木材抵抗挤压荷重的力量称为抗压力，木材在承受压力作用时单位面积上产生的压应力称为抗压强度。根据其方向与木材纹理方向的不同，可以分为顺纹抗压强度和横纹抗压强度。

（1）顺纹抗压强度。顺纹抗压强度是指木材沿纹理方向承受压力荷载的最大能力，主要用于诱导结构材和建筑材的榫接类似用途的容许工作应力计算和木材的选择等。木材受顺纹压力作用时，不但无逐渐压扁的现象，反而有突然压折的情况发生，这是木材作为脆性材料的主要性质之一，因此在测量顺纹抗压强度时，虽然破坏面会有倾斜现象，但仍可以根据木材发生破坏时的总荷重及横断面来测量。

木材的顺纹抗压强度利用万能试验机测定，形变是通过 1/1000～1/500mm 精度的应变针直接测得，试样采用短正方柱体。按照《木材顺纹抗压强度试验方法》（GB/T 1935—2009）的规定进行测试，试样尺寸为 20mm×20mm×30mm，长度平行于木材纹理；试验时，以匀速增加荷重，在 1.5～2.0min 内使试样破坏。压头要有球面活动支座，以调整受压面平整、均匀受力。

试样含水率为 W 时的顺纹抗压强度，其计算公式如式（1-21）所示：

$$\sigma_W = \frac{P_{\max}}{bt} \tag{1-21}$$

式中，σ_W——试样含水率为 W 时的顺纹抗压强度，MPa；

$P_{\max}$——破坏荷载，N；

b——试样宽度，mm；

t——试样厚度，mm。

试样含水率为 12%时的顺纹抗压强度，其计算公式如式（1-22）所示（试样含水率在 9%～15%范围内均适用）：

$$\sigma_{12} = \sigma_W[1 + 0.05(W - 12)] \tag{1-22}$$

式中，σ_{12}——试样含水率为 12%时的顺纹抗压强度，MPa；

W——试验时木材含水率，%。

木材受顺纹压力作用时，其纵向组织先发生长度缩短，断面增加，继而发生扭曲、分离和破坏。就微观组织而言，木材中薄壁组织、树脂道、纹孔等，均为抵抗荷重的最弱处，易发生破坏。木材的顺纹抗压强度因树种而异，同一树种在不同长度、木理、密度、含水率等不同因素影响时，其抗压强度也不尽相同。

（2）横纹抗压强度。木材受压荷重作用时，垂直于木理方向产生的抗压强度称为横纹抗压强度。横纹抗压强度与木材的硬度及横纹剪力有密切关系，硬度大、横纹剪力大的木材，其横纹抗压强度也大。横纹抗压强度因荷重分布情形的不同可分为全面荷重横纹抗压强度和局部荷重横纹抗压强度。

按照《木材横纹抗压试验方法》（GB/T 1939—2009）的规定进行测试，木材的横纹抗压强度测定同样利用万能试验机，取试样为 20mm×20mm×30mm 的短柱状体，按弦向和径向分别测试，试样放在附件的压头中心，试验以 0.8kN/min±20%的速度均匀加荷重。弦向横纹抗压试验，在试样径面上，即沿年轮切线方向施加荷载；径向横纹抗压试验，则在试样弦面上，即垂直于年轮方向施加荷载。

试样含水率为 W 时径向或弦向的横纹全部抗压比例极限应力 σ_{yW}，其计算公式如式（1-23）所示：

$$\sigma_{yW} = \frac{P}{bl} \quad (1-23)$$

式中，P——比例极限荷载，N；
　　　b——试样宽度，mm；
　　　l——试样长度，mm。

试样含水率为12%时径向或弦向的横纹全部抗压比例极限应力，其计算公式如式（1-24）所示（试样含水率在9%~15%范围内均适用）：

$$\sigma_{y12} = \sigma_{yW}\left[1 + 0.045(W - 12)\right] \quad (1-24)$$

式中，σ_{y12}——试样含水率为12%时径向或弦向的横纹全部抗压比例极限应力，MPa；
　　　W——试验时木材含水率，%。

试样含水率为 W 时径向或弦向的横纹局部抗压比例极限应力 $\sigma_{yW'}$，其计算公式如式（1-25）所示：

$$\sigma_{yW'} = \frac{P}{ab} \quad (1-25)$$

式中，P——比例极限荷载，N；
　　　a——加压钢块宽度，mm；
　　　b——试样宽度，mm。

试样含水率为12%时径向或弦向的横纹局部抗压比例极限应力，其计算公式如式（1-26）所示（试样含水率在9%~15%范围内均适用）：

$$\sigma'_{y12} = \sigma_{yW'}\left[1 + 0.045(W - 12)\right] \quad (1-26)$$

式中，σ'_{y12}——试样含水率为12%时径向或弦向的横纹局部抗压比例极限应力，MPa；
　　　W——试验时木材含水率，%。

3）抗剪强度

木材抗剪强度又称木材抗剪极限强度，是指木材在外力作用下，一部分脱离邻近部分而滑脱。木材在脱离邻近部分前的瞬间，产生在滑动面上单位面积的最大抵抗力称为抗剪强度。根据剪应力与木理方向的不同关系，可以将抗剪强度分为顺纹抗剪强度和横纹抗剪强度。

（1）顺纹抗剪强度。平行木理的抗剪强度均为顺纹抗剪强度，因其剪断面的不同，又可以分为：①径面顺纹抗剪强度，顺纹剪荷重沿径向作用时产生的抗剪强度，其剪应力的作用面为径断面，剪应力的方向为纵向；②弦面顺纹抗剪强度，顺纹剪荷重沿弦向作用时产生的抗剪强度，其剪应力的作用面为弦断面，剪应力的方向为纵向；③斜面顺纹抗剪强度，顺纹剪荷重作用与径向与弦向之间产生的抗剪强度，其剪应力的作用面为斜面，剪应力的方向为纵向，如图 1-12 所示。

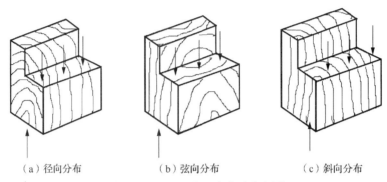

（a）径向分布　　　（b）弦向分布　　　（c）斜向分布

图 1-12　顺纹抗剪强度荷重分布图

在木材顺纹抗剪强度的计算及试验中，一般按照《木材顺纹抗剪强度试验方法》（GB 1937—2009）的规定进行测试，试样尺寸如图 1-13 所示，厚度为 20mm，分径面及弦面两种。先测试样剪切面的宽度 b 和长度 l，精确到 0.1mm，按图 1-13 把试样装在试验装置内，使压块的中心对准试机上压头的中心位置。荷载速度为 15000N/min±20%，记录破坏后的最大荷载，并立即测定含水率。

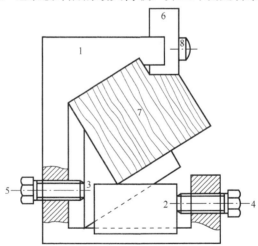

1.附件主体；2.锲块；3.L形垫片；4、5.螺杆；6.压块；7.试样；8.圆头螺钉。

图 1-13　顺纹抗剪试验装置

抗剪强度可以由计算公式如式（1-27）所示：

$$\tau_W = P_{max} \frac{\cos\theta}{bl} \tag{1-27}$$

式中，P_{max}——破坏荷载，即最大荷载，N；

θ——荷载方向与纹理之间的夹角（16°～40°）；

b——试样受剪面宽度，mm；

l——试样受剪面长度，mm。

（2）横纹抗剪强度。垂直于木理的抗剪强度均为横纹抗剪强度，因其荷重作用的方向不同（图1-14），又可分为以下几类。

① 径向横纹抗剪强度，横纹剪荷重沿垂直年轮的方向作用时产生的抗剪强度，其剪应力的作用面为横断面，剪应力的方向为径向。

② 弦向横纹抗剪强度，横纹剪荷重沿平行年轮的方向作用时产生的抗剪强度，其剪应力的作用面为横断面，剪应力的方向为弦向。

③ 斜向横纹抗剪强度，横纹剪荷重与年轮相交时产生的抗剪强度，其剪应力的作用面为横断面，剪应力的方向介于径向与弦向之间。

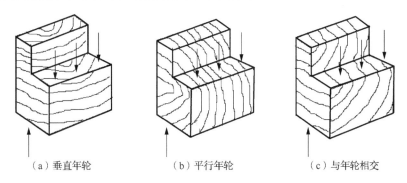

（a）垂直年轮　　　　　（b）平行年轮　　　　　（c）与年轮相交

图1-14　横纹抗剪强度荷重分布图

木材的横纹抗剪强度很大，为顺纹抗剪强度的3～4倍，故在应用和结构上，木材常常因为顺纹抗剪强度不够而破坏。因此，在木材的应用过程中，应当合理设计结构，保持木材强度。

4）抗弯强度

木材在侧方受荷重作用时，必将发生弯曲的趋势或现象，而木材内部会产生抵抗弯曲的力量，这种抵抗力称为抗弯强度。

（1）木材抗弯强度。木材抗弯强度也称为静曲强度或弯曲强度，是木材重要的力学性质之一，主要用于家具中各种柜体的横梁、建筑物的桁架、地板和桥梁等易于弯曲构件的设计。静力荷载下，木材弯曲特性主要取决于顺纹抗拉强度和顺纹抗压强度之间的差异。木材承受静力抗弯荷载时，常常因被压缩而破坏，因拉伸而产生明显的损伤。对于抗弯强度来说，控制着木材抗弯比例极限的是顺纹抗压比例极限时的应力，而不是顺纹抗拉比例极限时的应力。试验分析表明，抗弯比例极限与顺纹抗压比例极限的比值为1.72。若为最大荷载时的抗弯强度，则其与顺纹抗压强度之比，对大多数树种来说为2.0左右。

当梁承受中央荷载弯曲时，梁的形变是上凹下凸，上部纤维受压应力而缩短，下部纤维受拉应力而伸长,其间存在着一层纤维既不受压缩也不受拉伸长,这一层长度不变的纤维层称为中性层。中性层与横截面的交线称为中性轴。受压区和受拉区应力的大小与距中性轴的距离成正比,中性层的纤维承受水平方向的顺纹剪应力。由于顺纹抗拉强度是顺纹抗压强度的2～3倍,随着梁弯曲形变的增大,中性层逐渐向下位移,直到梁弯破坏为止,其应力分布如图1-15所示。

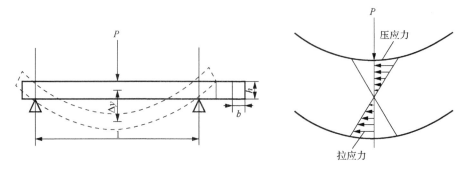

图 1-15　木材弯曲时受力与应力分布

木材抗弯强度按《木材抗弯强度试验方法》(GB/T 1936.1—2009)与《木材抗弯弹性模量测定方法》(GB/T 1936.2—2009)进行测定,试验机要求示值误差不得超过±1.0%,试验机的支座及压头端部的曲率半径为30mm。按GB/T 1936.1—2009的规定进行,试样的尺寸为20mm×20mm×30mm,跨度为240mm,试验装置如图1-16所示。

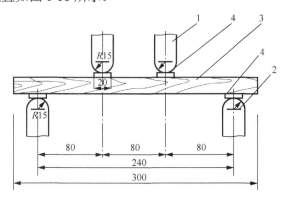

1. 试机压头；2. 试机支座；3. 试样；4. 钢垫片。

图 1-16　抗弯强度试验装置

试样含水率为12%时,抗弯强度 $\sigma_{b12} = \sigma_{bW}[1 + 0.04(W - 12)]$,则试样含水率为 W 时的抗弯强度如式(1-28)所示:

$$\sigma_{bW} = F_{\max} \frac{l}{bh^2} \tag{1-28}$$

式中，σ_{b12}——试样含水率为12%时的抗弯强度，MPa；

σ_{bW}——试样含水率为W时的抗弯强度，MPa；

F_{max}——最大弯曲应力，N；

W——试样含水率（标准为12%）；

l——试验机两支座间距离，mm；

b——试样宽度，mm；

h——试样高度，mm。

（2）木材抗弯弹性模量。木材抗弯弹性模量，又称静曲弯弹性模量，是指木材受力弯曲时，在比例极限内应力与应变之比，用于计算梁及桁架等弯曲荷载下的形变以及计算安全荷载。

木材的抗弯弹性模量代表木材的刚性或弹性，表示梁抵抗弯曲或形变的能力。梁在承受荷载时，其形变与弹性模量成反比，弹性模量大，形变小，木材刚度就大。

木材为各向异性材料，三个方向的抗弯弹性模量值不同，径向及弦向的弹性模量仅为顺纹的 1/20～1/12。就实心木梁而言，顺纹弹性模量最重要。木材抗弯弹性模量用以计算托梁、梁及桁条在荷载下的形变。

按照 GB/T 1936.2—2009 的规定进行，试样与抗弯强度的试样相同，试验装置如图 1-17 所示。

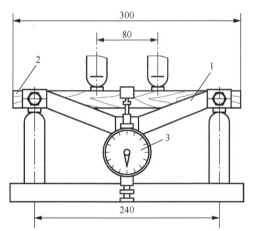

1. 百分表架；2. 试样；3. 百分表。

图 1-17 抗弯弹性模量试验装置

弹性模量计算公式如式（1-29）所示：

$$E_W = \frac{23Pl^3}{108bh^3 f} \tag{1-29}$$

式中，E_W——试样含水率为W时的抗弯弹性模量，MPa；

P——上下限荷载之差，N；

f——试验时上、下荷载间的试样形变值，mm。

5）抗劈强度

木材抗劈强度是木材力学性质之一，指木材端面在楔或斧的作用下，沿纹理劈开，木材抵抗这种裂开的能力。木材抗劈强度径向和弦向不同，绝大多数树种是弦向大于径向。

木材抗劈强度的强弱，不但影响木材的利用价值，还影响加工的方法。对于抗劈强度较弱的木材，在产品组合时或者钉钉子时，均易出现劈裂现象，应当特别注意，以防木材劈裂，影响产品品质。

木材抗劈强度的测定，往往采用万能试验机拉力法测定，使用的试材均为具有缺口的长方体，但按其缺口的不同可分为三角形缺口、圆形缺口抗劈强度试材。本书中采用圆形缺口试材，形状如图 1-18 所示。试验时将木材装置在特制的夹座中，以 0.1in/min（1in≈25.4mm）的速度增加荷重，记录木材破裂时的最大荷重，其计算公式如式（1-30）所示：

$$\sigma_{ct} = \frac{L_{\max}}{b_s} \tag{1-30}$$

式中，$L_{\max}$——木材劈裂时最大荷重，N；

b_s——试材宽度，mm。

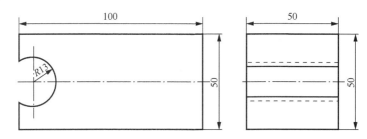

图 1-18　抗劈强度试材形状及规格

主要针叶木材的顺纹抗压强度见表 1-1。

表 1-1　针叶木材的顺纹抗压强度

树种	木材密度		抗劈强度/（kg/cm）
	基本/（g/cm³）	气干材/（g/cm³）	
红豆杉	0.670	0.725	48
云杉	0.434	0.472	39
肖楠	0.444	—	97
铁杉	0.499	0.548	84
马尾松	0.468	0.523	40
冷杉	0.343	0.382	27
柳杉	0.302	0.326	59
落叶松	0.333	0.354	90

6）硬度和耐磨性

木材硬度表示木材抵抗其他刚体压入木材的能力；耐磨性是表征木材表面抵抗摩擦、挤压、冲击和剥蚀，以及这几种因子综合使用时所产生的耐磨能力。两者同属木材的工艺性质，且有一定的内在联系，通常木材硬度高者耐磨性大，即抵抗磨损的能力大；反之，则抵抗磨损的能力小。

（1）硬度。木材抵抗其他固体压入的能力，称为木材硬度，以木材的抗凹能力来衡量。木材的硬度与切削、磨损有密切关系，硬度大的木材，不易切削，但耐磨损。木材在径向、弦向、端面（横切面）上的硬度不同，其中，端面硬度分为五个等级，见表1-2。在绝大多数情况下，端面的硬度（抗凹能力）大于弦面，弦面则大于径面。

表 1-2　端面硬度等级　　　　　　　　　　　单位：kg/cm²

级别	硬度值	树种
甚低	300 以下	如云杉、泡桐、大青杨、华山松
低	301～500	如柔毛冷杉、红杉、马尾松、铁杉
中	501～700	如侧柏、臭椿、红桦、板栗
高	701～1000	如赤桉、柠檬桉、黄连木
甚高	1000 以上	如黄檀、坡垒、高山栎

木材的硬度是木材主要力学性质之一。木材具有抵抗其他刚体压入的能力，用规定半径的钢球，在静荷载下压入木材以表示其硬度。一般采用金氏硬度法来进行测定，如图 1-19 所示。

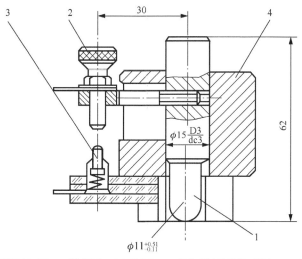

1.半圆形钢压头；2.调整螺钉（上触点）；3.具有弹簧装置的下触点；4.套筒。

图 1-19　电触型硬度试验附件

木材硬度一般采用试材锯解和试样截取，选择试样尺寸为 70mm×50mm×50mm，长度为顺纹方向，并对试样作含水率的调整，每一试样应分别在两个弦面、任一径面和任一端面上各试验一次。试样放于试验机支座上，并使试验设备的钢半球端头正对试样试验面的中心位置。然后以每分钟 3~6mm 的均匀速度将钢压头压入试样的试验面，直至压入 5.64mm 深为止，记录荷载读数，准确至 10N。对于加压试样易裂的树种，钢半球压入的深度，允许减至 2.82mm。试样含水率为 W 的木材，其硬度计算公式如式（1-31）所示：

$$H_W = KP \tag{1-31}$$

式中，H_W ——试样含水率为 W 时木材的硬度；

K ——压入试样深度为 5.64mm 或 2.82mm 时的系数，分别等于 1 或 4/3；

P ——钢半球压入试样一定深度时的荷载，N。

（2）耐磨性。木材抵抗磨损的能力称为耐磨性。木材与任何物体的摩擦，均产生磨损。例如，人在地板上行走，车辆在木桥上驰行，都会造成磨损，其变化大小以磨损部分损失的重量或体积来衡量。耐磨性是许多木制品，如梭子、轴承、地板的一项重要力学性质。导致磨损的原因很多，磨损的现象又十分复杂，所以难以制定统一的耐磨性标准试验方法。各种试验方法都是模拟某种实际磨损情况，连续反复磨损，然后以试件重量或厚度的损失来衡量。因此，耐磨性试验的结果只具有比较意义。常用的磨损机有科尔曼磨损机、泰伯磨损机和斯塔特加磨损机等。

木材的耐磨性假设不以重量或厚度损失作为磨损的平均值，而以倒数作为任意的"耐磨性 A 值"，则如式（1-32）所示：

$$A = \beta \gamma_0 + \alpha \tag{1-32}$$

式中，β、α ——取决于树种、材面等条件的常数；

γ_0 ——木材密度。

由此可见，耐磨性与其密度呈直线相关。

7）握钉力

木材的握钉力，是指木材抵抗钉子拔出的能力，其大小取决于木材与钉子间的摩擦力。当钉子垂直于木材纹理钉入时，一部分纤维被切断，一部分承受横纹挤压而弯曲。由于木材的弹性，在木材侧面形成压力，这种压力就造成抵抗钉子拔出的摩擦力。摩擦力的大小取决于木材的含水率、密度、弹性纹理方向、钉子的种类，以及钉子与木材的接触面积等。采用螺钉、倒刺钉及其他能增加与木材接触面积及摩擦力的各种类型的钉子，都能提高木材的握钉力。

木材的握钉力除了受钉子本身的因素以外，还有许多其他影响因素，如木材的密度、可劈裂性、钉入木材时木材的含水率、钉入和拔出的间隔时间内木材含水率的变化以及间隔时间的长短等。钉子本身的因素有，钉身与钉尖的形状、钉身的直径、钉身与木材接触的情况以及钉入木材的深度等。一般情况下，握钉力的经验计算公式如式（1-33）所示：

$$P = 1150\gamma^{2.5}D \qquad (1-33)$$

式中，P——垂直纹理钉入，并在相反方向拔出时，钉入木材单位深度的握钉力（式中包括安全系数6）；

γ——钉尖埋入处木材的比重，以炉干重与体积为基准；

D——钉身的直径。

式（1-33）往往需要根据不同的树种，修正其结果，使之增加或减少。

钉入湿材，含水率未发生变化时的握钉力比含水率降低后的握钉力高，因为湿材的柔韧性好，而且不易劈裂。如果钉入时是湿材，干燥后的握钉力便有所降低。

握钉力可以借改进钉身、钉尖的形状等加以提高。在木材上预先钻好直径小于钉身直径1/4左右的孔眼，再钉入木材也可以提高握钉力。垂直纹理钉入软材的握钉力比平行纹理钉入的握钉力高1/4~1/2。在硬材中它们的区别不大。

平行钉长轴的握钉力取决于：①木材的结构；②木材的比重；③螺钉与木材纹理的角度；④螺钉的规格标准。

木材顺纹理的握钉力约为横纹理握钉力的75%，但实际试验的结果是不稳定的。螺钉的握钉力即使是同一树种的木材也随不同的试件而不同。因为木材的构造是不均匀的，如早材与晚材。细而短的螺钉受木材构造的影响比长而粗的螺钉更为显著。木材由生材降到含水率7%，螺钉的握钉力可增加约50%。顺纹理螺钉的握钉力约为横纹理的2/3，这是由平行纹理的剪切强度低于横纹剪切强度而引起的。

8）木材的弯曲能力

不同树种的木材，其弯曲性能不同，即使同一树种或同一株树上不同部位的木材弯曲性能也不相同。一般说来，阔叶材的弯曲性能优于针叶材和软阔叶材，幼龄材、边材比老龄材、心材的弯曲性能好。表征任何树种木材弯曲性能的参数为h/R，计算公式如式（1-34）所示：

$$\frac{h}{R} = \frac{\varepsilon_P + \varepsilon_C}{1 - \varepsilon_C} \qquad (1-34)$$

式中，h——试件厚度；

R——曲率（弯曲用模子）半径；

ε_P ——相对拉伸形变的极限值；
ε_C ——相对压缩形变的极限值。

弯曲性能良好的树种有山毛榉（$h:R=1:2.5$）、水曲柳（$h:R=1:2$），而八果木（$h:R=1:14.3$）、红柳桉（$h:R=1:15$）弯曲性能不良，不宜作弯曲木。

弯曲时，中性面受拉区的位移程度控制着木材的弯曲能力。如果在弯曲过程中以适当方式将中性面移向受拉区，则可以充分利用木材弯曲时的顺纹压缩形变；在受拉区放置一根薄钢条使之紧贴木材而不致滑动，弯曲时便可以使中性面向受拉区位移，钢条承受着拉伸的应力，如图1-20所示。

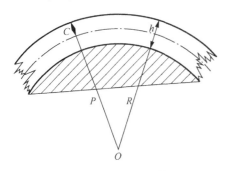

图1-20 横向弯曲的计算图式

1.3 木材微观力学性质

木材是由各种不同细胞组成的有机体，各种木材的结构根据细胞的排列和组织的组成而变化。一般情况下，对于构成木材的细胞，则必须借助显微镜来观察。在光学或常规电子显微镜下可见到的细结构或微结构被称为微观结构。

木材在较低的倍率显微镜下呈多孔状（或者呈各向异性孔穴），而在高倍率下呈现纤维增强复合材料的结构。木材孔壁的相对厚度、相对密度、壁腔等结构的不同导致木材之间的主要差异，但是大多数木材的纤维增强孔壁的组成和接合似乎都是类似的。木材的微观结构如图1-21所示。

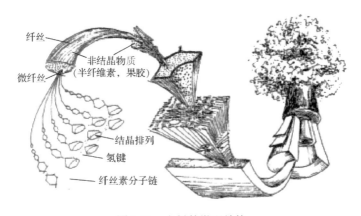

图1-21 木材的微观结构

1.3.1 木材微观结构

木材是一种多层分层生物复合材料,由许多空心细胞组成,细胞是组成木材的基本单位。实际上,树木被伐倒后去皮的原木,均为死细胞组成,它包括细胞壁和细胞腔。因此,死细胞的骨架——细胞壁的结构与木材性质的关系最为密切。木材是由许许多多的空腔细胞所构成的、实体为细胞壁的一种多层层状生物复合材料,许多具有不同功能的细胞构成木材的微型结构。在生物化学和生物物理角度,纤维素链状分子由碳、氢、氧三种基本元素构成,木材的超细结构中细胞壁可以看作由纤维素、半纤维素与木质素组成的多层复合体,木材纤维截面图如图 1-22 所示。因此,木材的微观结构由许多功能不同的细胞组成,其超细结构的木材细胞壁可视为多层复合材料。每层微纤维的上升角度不同,这对木材的力学性能有很大影响。

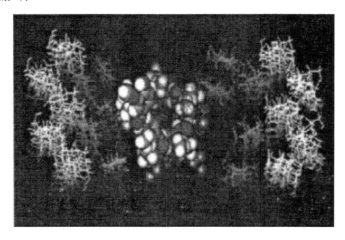

图 1-22 材纤维截面图

木材的多孔层次状结构使其损伤过程复杂。其中,薄弱的界面既能使整个树干增韧,同时也容易使低能量剥离模式受到破坏。在裂尖前方的一个较大区域中存在着垂直于平行裂纹表面的拉应力,在裂尖应力场的作用下,裂纹前端的木材会形成微裂隙损伤区,而且裂纹取向大多为顺纹。木材的 2 级细观 S_2 层的螺旋状纤维铺设结构为非对称螺旋结构,该结构层受拉会使细胞壁出现向内屈服,即在细观层面,1 级蜂窝结构和 2 级 S_2 层的螺旋状纤维结构相互耦合产生一种拉伸欧拉(Euler)屈服,因此螺旋取向的微细裂隙产生于细胞壁上。木材为多细胞材料,常出现形变局部化效应,胞体的应变软化,当木材受到面内压缩或剪切时,薄壁细胞屈曲,塌溃损伤带形变场会在早材区最先出现,并且在形变场中的纹孔和木射线周围会出现应变集中,形成破坏区。木材细胞结构如下。

1）细胞壁的一般结构

木材细胞壁是由许多不同结构和不同化学性质的层次所组成。因为木材是由许多的空腔细胞所构成，即木材的实体是细胞壁，所以对木材的微观研究，也可以说主要是对细胞壁的研究。根据细胞的发育状况，细胞壁可分为两个主要的部分，即初生壁和次生壁，如图 1-23 所示。

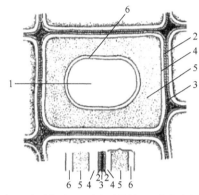

1. 细胞腔；2. 初生壁；3. 细胞间质；4. 次生壁外层；5. 次生壁中层；6. 次生壁内层。

图 1-23 细胞壁结构

（1）初生壁是形成细胞时的第一层胞壁。它很薄，由木质素、纤维素和半纤维素组成。由于其木质素含量高，因此初生壁是高度木质化的。当木材切片被染色时，胞间层与其两边初生壁的颜色大致相同，很难区分，两者合起来称为复合胞间层。

（2）次生壁是初生壁内侧附着生长而形成的一层胞壁。此层较厚，可分为外、中、内三层，为细胞壁的主要部分。次生壁主要由纤维素组成，木质素较少。因此，它的木质化程度不如初生壁高，但它具有高度各向异性的光学性质。

在各个相邻的细胞之间，存在着一层细胞间质，称胞间层，又称细胞间层。它是两个相邻细胞中间的一层，为两个细胞所共有，犹如空心砖砌的墙，砖就好比细胞，砖与砖之间的砂浆就好比胞间层，把一个个细胞黏结起来。这一层很薄，主要由木质素和果胶组成，所以，它是高度木质化的，它的光学性质是各向同性的。

2）纹孔

纹孔是木材细胞壁局部加厚时遗留下来的孔道。这种孔道是两个相邻细胞之间水分和养分的交通要道。树木各细胞之间的联系依赖纹孔。在木材工艺上如木材干燥、防腐、油漆、压缩木和纤维板生产等均依赖于纹孔对水分、药剂和胶料等的渗透，纹孔是木材细胞结构的重要部分，它的形态是木材识别的一个重要特征。因为纹孔的结构、大小、排列与形状等是多种多样的，在某种类型的细胞中保持着固定的形式,因此,可以根据纹孔的特征来区别各种不同类型的细胞。另外,细胞壁上纹孔排列的密集程度,能影响纹孔周围微细纤维排列方向改变,导致木材收缩的不均匀性及压缩强度和弯曲强度降低。

3)螺纹加厚

某些木材的细胞,其次生壁不仅很厚,同时在内壁上有螺纹加厚。螺纹加厚是紧靠次生壁内层的一种加厚组织,是次生壁最后的加厚部分。它常作逆时针旋转上升,呈螺旋状排列,常见于木材的厚壁细胞。螺纹加厚有时展至整个细胞,如红豆杉、三尖杉的管胞和榔榆、白榆的晚材导管,以及冬青属的木纤维。有时螺纹加厚仅在细胞的末端,如枫香的导管。螺纹加厚的倾斜度在各类细胞中并不一致。一般来说,细胞壁越厚,倾斜度越大。螺纹加厚及延展情况,为木材鉴别上的主要特征。被压木(应压材)中具有螺纹裂隙,是树木受压的结果,这是不正常现象,其倾斜度比螺纹加厚大。

4)锯齿状加厚和节状加厚

锯齿状加厚与节状加厚存在于松类等木材的射线管胞和射线薄壁细胞中。与螺纹加厚一样,同为类似于加强筋的棱条状加厚,所不同的是螺纹加厚的棱条走向倾斜,而锯齿状加厚与节状加厚的棱条却与细胞的长向垂直。锯齿状加厚见于硬松类的射线管胞的水平壁,节状加厚见于软松类的射线薄壁细胞的垂直壁(端壁)。当加强棱条的横断面为三角形时,连着胞壁看,在径切面上状如锯齿,称为锯齿状加厚;当加强棱条为相接两薄壁细胞所共有,并且其横断面近于圆形时,在径切面上状如念珠,称为节状加厚。

1.3.2 木材微观力学分析

木材的微观结构及其细观尺度上的物理机制影响着木材的宏观效应,因而,对木材微观结构及力学性能的研究可以揭示木材宏观性能的本质。在过去的十多年中,木材物理力学领域的越来越多的工作转向微观或细观研究。由于木材的宏观力学性质与其微观结构的变化是密切相关的,确定木材受荷载后内部微观结构的变化,以及它们与宏观力学效应之间的联系,揭示木材的微观结构的形变、损伤、破坏机理和演化规律,可以对木材的力学特性进行更好的分析,同时也对木材的应用有着十分重要的理论和实际意义。

1. 国内外研究与进展

1)国外研究与进展

1920年,为了研究木材的微结构与力学行为之间的关系,显微镜被首次使用到相关实验中。在此期间,Clark(1920)在对英国白蜡木(English ash)的力学行为研究中指出,在决定木材的力学强度的因素中,细胞壁的物理化学特征是格外重要的。

1925 年，Ruhlemann（1925）对管胞的力学性能进行了初步研究，获得了化学分离后单个管胞的断裂强度。由于当时在实验条件下难以在该领域进行研究，他的研究并未引起其他学者的关注。Klaudila（1947）对实验方法进行了改进，这一系列实验旨在研究脱木素管胞的力学性能，这项研究受到了广泛的关注。此后，许多学者开始关注管胞的力学性能的研究。

针对木材不同结构层次上的力学性能的研究，研究人员们采用了不同的方法。专家们通过损伤力学和断裂力学来研究木材的破坏过程，常用于测试木材力学性能的方法有复合理论、微观力学和有限元方法。

在细胞壁力学研究的早期，Mark（1967）和 Schinewind（1969）提出了一种木材力学模型。Mark 作为该领域最早、最系统的学者，曾出版过《管胞的细胞壁力学》一书，该书标志着木材科学和制浆造纸学科的一个交叉研究领域——管胞细胞壁力学的正式确立。研究管胞细胞壁的力学特性、断裂机理、影响因素，将木材宏观细胞力学性能的主要因子从细胞，甚至分子水平阐明。Cave（1976）把 Mark 的多层细胞壁结构模型做了进一步的改进，提出了两层的细胞壁模型，在模型中考虑了 S_2 层纤丝角和 S_2 层相对其他层的厚度关系，使计算结果接近试验结果。

在基于 Cave 的双层细胞壁模型中，Schniewind 和 Barrett（1969）提出了细胞壁多层结构模型，这项研究标志着细胞壁计算力学迈上了新的台阶。而且在后续的研究中把含水率的影响考虑进来，薄小试件的试验值与纵向弹性模量的理论计算值相接近。

Jayne（1959）是较早通过实验计算出针叶材早材管胞的纵向弹性模量和晚材管胞的纵向弹性模量以及破坏应力与比例极限的研究人员。

Tang 和 Hsu（1973）将一种复合理论的方法运用到细胞壁弹性常数和木材微结构之间关系的研究中。在该研究中，木材细胞壁被模拟成圆柱形，而且具有不同层，同时还假设了每个壁层的基质与微纤丝的含量比，从而得出 S_2 层微纤丝角和 S_3 层微纤丝角一样对木材纤维的强度有一定的影响。最大应变会随着微纤丝角的增大一起增大，而弹性模量则会明显降低。1977 年，Page（1977）在前人研究的基础上，对纤维纵向弹性模量与 S_2 层微纤丝角的关系进行了研究，在研究过程中发现单纤维力学性能的测试方法。而后，AlfdeRuvo（1984）将纤维纵向弹性模量比当作微纤丝的长径的影响因素之一，运用复合材料理论进行模型的计算，同时还运用了非连续体元素的概念。

在多层细胞壁模型的基础上，Koponen（1991）做了进一步的改进，他将射线组织引入细胞组织模型中，并在这一过程中使用到 Chou（1972）提出的数学方程，计算了纵向弹性模量和干缩系数。Hrrington 和 Booker（1998）把细胞壁层作为单向增强复合材料，通过均质化的方法，计算出了细胞壁各层弹性参数。

Gibson 和 Ashby（1982）把木材细胞看成蜂窝状模型，模型形状是由径向细胞壁和弦向细胞壁间的夹角、径向细胞壁长度和弦向细胞壁长度确定的。其中，蜂窝状模型的面内力学性质由典型的梁理论进行描述。在描述过程中，Gibson和Ashby给出了固体细胞的等价机械性能的详细计算过程。然而，该模型无法提供细胞壁每个壁层（S_1、S_2和S_3）的不同性质，且在计算时，假定细胞壁横向应力是均匀的，这与实际情况是不相符的，这是该研究方法的局限性之一。该研究方法的另一个局限性是模型采用的是二维的规则六边形蜂房结构，然而实体木材是三维的不规则六边形结构。

Thuvander（2018）对用于结构分析的模型应用复合材料理论做了进一步的研究，但该模型也仅适用于计算细胞壁的纵向和切向的刚度和收缩性能。Koponen等（1991）推导出了二维规则的六边形的蜂房结构的刚度和收缩性能。这一过程中通过采用不同的密度作为前提条件，分别计算出细胞壁在早材区和晚材区的性质，但是，完整的生长轮的平均性能无法得到。

Kahle和Woodhouse（1994）将木材生长轮的刚度分为早材、过渡材和晚材分别计算，这样生长轮就分成了三个层，每一个层具有一个固定的密度，并且构建了不规则六边形细胞结构模型。

Pitts（1991）为得到较真实的细胞形状，使用了电子显微镜，而后再利用有限元，把细胞壁模拟成薄膜，同时内压被作用于细胞壁内表面上的分布力代替，压缩荷载引起的细胞液迁移用线性增加的荷载来描述，通过ANSYS仿真模拟与试验结果相比较来验证模型，得到了细胞较为真实的三维力学模型。

Bergander和Salmen（2002）对木材化学成分与木材细胞壁弹性行为关系进行研究，并依据研究内容建立了力学模型。研究中指出，如果想求出单个细胞壁的刚度，那么就需以细胞壁层的微纤角为依据，对弹性、应变和应力可以运用层级理论得出。

木材的组织结构与其力学行为之间的关联相当复杂，木材的力学行为是它的不均质的内部结构在外力的作用下使几个层次相互作用产生的结果。为探讨木材的断裂规律和原因，以及木材微观构造与断裂的关系，Robinson（1920）、Keith（1971）、Dinwoodiec（1974）、Kucera和Barisk（1982）、Hoffmeyerr（1990）等分别用光学显微镜方法、偏光显微镜方法、透射电子显微镜方法和扫描电镜方法进行了研究。

Koran（1967）使用扫描电镜（SEM）对黑色云杉在不同温度下横纹抗拉的弦向和径向导管的断裂表面进行观察，并且引入了横穿细胞壁破坏和细胞壁内破坏两种术语。在此基础上，Cote和Hanna（1983）的研究提出，木材细胞有以下三种断裂方式：相邻细胞在胞间层的分离、细胞壁次生壁内的断裂以及横穿细胞壁的断裂。

Wilkins（1986）认为木材顺纹受压会导致细胞壁出现皱纹状折痕，也就是通常所说的滑移面，Cote和Hanna（1983）认为木材在受拉或受剪时，细胞壁会在胞壁内断裂或横穿胞壁断裂，厚细胞壁容易在胞壁内断裂，而薄细胞壁更容易横穿胞壁断裂。为了进行荷载与纹理方向成不同角度的拉伸实验，Zink 等（1994）以针叶材南方松和美国花旗松作为试样，并用扫描电子显微镜观察出三种断裂面的超微结构破坏方式，横穿胞壁断裂和胞壁内断裂则多发生在晚材区；横穿胞壁断裂形式多表现在早材区。

对于木材的微观结构检测而言，不仅要求木材表面必须做导电涂层处理，还必须真空室环境，此外还要求木材的含水率近似于零。这对于实际情况来讲，是很难达到的，因为木材固有的天然性对含水率的变化很敏感，木材力学性质也会随之而发生改变。在正常条件下进行的检测结果与在真空室所做的实验结果肯定不同，而且电子束还会引起木材结构额外的破坏，所以用扫描电镜进行检测会有一定的局限性。

为了解决扫描电镜的缺陷，多种解决办法被提出来，其中近年最引人注目的是环境扫描电子显微镜（ESEM）技术。ESEM 最大的优点在于允许改变显微镜样品室的压力、温度及气体成分。它不但保留了常规 SEM 的全部优点，而且消除了对样品室环境必须是高真空的限制。潮湿、无导电性的样品在自然状态下都可检测，无须任何预处理。

Sippola 和 Fruhmann（2002）用 ESEM 对松树在拉伸荷载作用下的断裂过程进行了原位监测，描述了断裂路径，并且确定了与材料性质渐变有关的典型的断裂机理。

Fruhmaan（2003）进行了在 ESEM 样品舱内做的平行于纹理方向的原位拉伸实验，该实验具备一些特点，试样表面不做涂层处理，试验在样品室内的含水率控制为 12%，在观察裂纹扩展的同时，记录了荷载-位移曲线。裂纹的扩展和荷载位移的同步检测在很大程度上有助于研究者理解与结构有关的木材断裂行为。

Gassan（2001）提出了用厚层管状模型代表细胞壁，将木纤维的横截面看作椭圆形的中空结构，由该模型计算木材弹性，结果发现，轴向弹性与螺旋角之间存在负相关关系，纤维的刚度与纤维素含量之间存在正相关关系。

Persson（2000）用均质化和有限元方法建立了细胞壁微纤丝模型、木材细胞的结构模型，并提出了依据微结构模型来测定木材在不同尺度上的强度和收缩性的方法。

Thuvander 等（2000）用有限元方法研究了多个生长轮范围内重复刚性的变化对其力学行为的影响。结果表明，裂纹尖端的应力明显区别于均质的等方向材料的应力场。在裂纹尖端前方的晚材层载有很大的拉应力，裂纹扩展通常都是在原裂纹面的前方形成新的裂纹面。这种裂纹扩展机制表明原裂纹面受到了刚性较大的晚材层的阻隔，使其在刚性较小的早材层停止扩展。

此外，Paley 和 Aboudi（1992）提出了通用单胞方法，建立复合材料本构关系的细观力学方法：在复合材料中选取代表性体积元，然后划分多个矩形子胞；再根据已知的宏观量来求细观量场，假设每个子胞的位移函数，在子胞边界上的应力和位移边界条件的基础上建立微观量场和宏观量场之间的关系方程，得到基本单元的应力、应变场；最后代表性体积元的宏观应力与应变之间的关系便可根据均质化方法获得。

2）国内研究与进展

随着国际上众多学者对木材微观力学的关注度提高，我国也开始有越来越多的学者致力于木材的微观力学研究。

江泽慧等（2002）为研究针叶树木材的宏观弹性行为应用到木材细胞的结构和弹性特性，并通过管胞和射线细胞模型导出了管胞和射线细胞纵向弹性模量的计算公式。同时，将线性弹性体串并联的特性与射线细胞和管胞在针叶树木材中的排列规律相结合，进而计算和预测出针叶树木材试件宏观纵向弹性模量。此外，她还研究了由木材内部结构参数确定其物理力学特征的神经网络设计与实现的方法——广义回归神经网络（GRNN）模型。该方法全面、准确地揭示出杉木微观结构参数与其物理力学特性的内在联系，并且达到理想的逼近精度，这一结果将为木材性质研究、木材性质形成机理提供科学依据及研究方法。

余雁（2003）提出了能快速评价管胞纵向力学性质的实验技术。她认为管胞纵向弹性模量可以通过测得的微切片纵向弹性模量与胞壁率的比值乘以尺寸效应的修正系数来获得，并研究了人工林杉木管胞纵向力学性能的株内变异规律，从实验和理论的角度研究了管胞细胞壁力学性质的主要影响因素，为树木木材品质的基因改良提供量化的目标和指标。

马岩（2002）采用微观力学和细胞学理论，假设横观各向同性，从而提出一种木材规则细胞主方向截面形状描述的理论方法——木材横断面六边形规则细胞数学描述理论。该研究为木材学运用数学手段深入细胞结构研究提供了一种新的数学方法。该数学模型可以应用于木材规则细胞变异后木材性质与性能的提高。

林金国等（2000）分析了人工林杉木木材的力学性质和纤维形态之间的关系，得出人工林杉木的顺纹抗压强度、抗弯强度等各项力学性能指标与纤维的长度、细胞的壁厚、胞壁率存在着显著的关系。

周兆兵（2008）运用微观力学研究技术和表面动态润湿理论对速生杨木压缩加工进行更深层次的研究，运用原子力显微镜表征杨木细胞的基本尺寸（细胞壁厚、壁长等），并在此基础上，构建细胞结构模型，利用平面解析法建立基于纳米压痕技术的数学模型，以揭示外加荷载与细胞形变间的关系。从微观水平上明确并完善关于速生杨木压缩加工技术的相关理论，为速生杨木加工利用的研究与发展探寻了一种新的方式。

侯祝强等（2003）使用计算机抽样模拟解剖结构参数，计算了人工林杉木、马尾松幼龄材和成熟材试件纵向弹性模量。他们的研究，不仅建立了关于由木材微观的层次研究木材宏观弹性的理论途径，而且提供了计算预测人工林杉木、马尾松及解剖结构类似的针叶树木材纵向弹性模量的实用方法。

王金满（1994）根据杉木的管胞长度、微纤丝角、气干密度、生长轮宽、晚材率五项特性指标的测试结果，采用最优分割法，建立了材性指标变异方程和材质早期预测方程。

王淑娟等（2001）、邵卓平等（2009）曾尝试用线弹性断裂力学的概念来研究木材的破坏机理和宏观裂缝的稳定性。邵卓平等认为，线弹性断裂力学原理对木材裂纹沿纤维方向扩展的情况是适用的。当裂纹沿纤维方向且荷载对称地作用在裂纹面上时，木材的顺纹断裂韧性可用各向同性材料断裂力学理论和方法来解决。但当木材这种各向异性材料细胞壁中产生的微裂缝区和亚临界扩展长度较大而不能忽略时，用线弹性断裂力学分析木材细胞壁中的裂缝就不合适了。

邵卓平等（2003）从杉木的宏观和微观研究了木材横纹理断裂及强度准则，研究了木材横纹断裂的性质，并阐述了木材的强度机理；运用同步辐射光源对杉木和马尾松径向、弦向切片在拉应力作用下的破坏过程进行了观察。木材在弦向拉伸荷载的作用下，容易在木射线处出现裂纹；木材在径向拉伸荷载的作用下，容易在早材和晚材分界处出现向早材部分扩展的不规则裂纹，终止在细胞壁处，并迅速蔓延至附近各处，直至全部破坏。

曹军采（2013）用先进的计算机图像分析处理技术，提取早材细胞和晚材细胞的径向、弦向的直径、密度、面积、管胞长度及其边缘角和凸凹性特征，深入研究了木材横纹压缩过程中细胞解剖形态特征，并提出了特征模式的统计分析方法和提取算法。运用神经元网络技术使针叶材管胞中的早材细胞和晚材细胞、树脂细胞和木射线细胞的智能分类与识别得以实现。

任宁等（2008）通过对火炬松管胞形态和木材物理力学特征量的变异规律的研究，得出了材性指标变异规律的数学模型，如管胞长度、长宽比、年轮宽度、年轮密度、微纤丝角、胞壁率、晚材率等。

宋迎东等（2003）在这方面较早地开展了内容包括基本单元数多时、方程组规模大、计算效率低等问题的研究工作，计算分析复杂的复合材料结构，对通用单胞法的求解计算方法进行改进，在提高计算效率的基础上保证了计算的精度。因为木材是由多层生长轮组成的，所以要获得木材的本构关系，就要先确定生长轮的细观结构以及生长轮的早材、过渡材、晚材的层合结构材料性能。无论是利用线弹性断裂力学，还是传统的连续介质材料模型都无法模拟木材和木质复合材料等典型的非均质材料的裂纹扩展过程以及体积膨胀等断裂过程中发生的现象。

综观国内外发展研究现状,木材微观力学不仅要研究木材单细胞,还要研究细胞层次受力与宏观组织受力的关系,将微观研究成果用于宏观实体木材的研究中去,掌握木材宏观外力传递到细胞中的过程以及木材细胞间是分布与传递这些外力的机制。根据木材细胞壁结构可以看出,如果只凭借宏观连续介质力学模型研究实体木材和细胞壁的作用规律是很难实现的。实体木材不是由连续介质构成的,具有正交各向异性的特点,因此要想建立木材宏观力学与木材微观结构力学之间的响应关系,必须根据木材细胞的结构特点,构建细胞宏观组织受力与层次受力的关系,对其力学模型进行研究。

2. 木材细胞壁性能分析

木材由许多不同形态和功能的细胞组成,木材的细胞包括细胞壁和细胞腔。细胞壁是细胞分生和生长发育过程中形成的,按细胞壁形成的先后,分为初生壁和次生壁。初生壁是细胞分生后,在细胞长大过程中形成的细胞壁;次生壁是细胞停止生长后,在初生壁上逐步叠加所形成的细胞壁。细胞腔通常中空,研究木材细胞主要是研究细胞壁,细胞壁上的特征,是木材显微识别的重要依据。

1)细胞壁结构

木材细胞壁结构如图 1-24 所示,主要由初生壁 P、次生壁 S 组成,次生壁 S 层又分为 S_1、S_2 和 S_3 层。初生壁和次生壁可视为纤维增强复合物,细胞壁的各层由纤维素、半纤维素以及木质素组成。

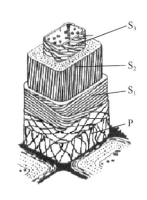

图 1-24 木材细胞壁结构

细胞壁主要是由纤维素、半纤维素和木质素三种主要天然高分子有机化合物组成。由此可以得出,木材主要是纤维素、半纤维素和木质素三种高分子有机化合物的有机复合体,这三种高分子有机化合物的结构和性质,以及它们之间的关系,决定着木材的各种性质。其中,纤维素是木材的主要组成成分,在针叶树木材中其体积占比为 40%~50%。

木材纤维素是一种在非晶区的短晶体状聚合物,并不吸收水分,所以纤维素性能与含水率变化无关。在非结晶区,其水分吸收可在宏观上改变木材的物理性能。半纤维素是由一组糖基组成的多聚糖,可作为单一均质类型成分来处理。半纤维素具有较低的聚合度和结晶度,刚度性能较低,吸湿能力较高,占木材细胞壁的 30%左右。木质素是一种具有三维细胞结构的复杂化合物,其性能与含水率、温度的变化有关,在体积上也占细胞壁的 30%左右。细胞壁各层的构造组织、厚度,以及所包含的化学成分的体积比是不同的,详见表 1-3。

表 1-3　木材细胞壁各层成分的体积百分比

细胞壁层	厚度/μm		化学组成成分/%		
	早材	晚材	纤维素	半纤维素	木质素
ML	0.5	0.8	12	26	62
P	0.1	0.2	12	26	62
S_1	0.2	0.4	35	30	35
S_2	0.4	5.0	50	27	23
S_3	0.03	0.06	45	35	20

注：ML 为胞间层，也叫中层，是连接相邻细胞初生壁的中间区域。

2）纤维素刚度性能

纤维素是天然高分子化合物，是由很多 D-葡萄糖彼此以 β-1，4 糖苷键连接而成的线性巨分子。纤维素作为结构物质存在于所有高等植物的细胞壁中。因为纤维素具有长链的线性结构，所以部分结晶的微纤丝容易通过分子内和分子间氢键形成。

纤维素聚合度的大小，直接关系到纤维的物理、化学及力学性质。聚合度越大，则纤维素分子越长，纤维素的溶解度及化学反应能力越低，而强度越高。只有当聚合度在 200 以上时，纤维素方可表现出力学强度。因聚合度低于 200 时，纤维素为粉末状，不具有任何力学强度。当聚合度在 200~700 时，力学强度随聚合度的增加而提高；当聚合度达到 700 以上时，聚合度越大，其力学强度的提高程度减小。

纤维素对水有较明显的吸附性，干的纤维素置于大气中，能从空气中吸收水分达到一定的水分含量。纤维素吸附水这一现象不仅直接影响纤维素纤维的尺寸稳定和强度，还会影响到纤维素的刚度性能。同时，纤维素还具有润胀性和滞后现象，润胀性主要发生在横纹理方向，而滞后现象会影响纤维素的吸湿性能，进而影响其刚度性能。在木材加工过程中，应充分考虑纤维素的刚度性能，保证木材加工的强度需要。

纤维素在纵向纤维上刚度较横向高，一般认为在纤维方向的横截面上是各向同性的，根据对称横观各向同性材料的刚度矩阵，纤维素刚度矩阵可如式（1-35）所示：

$$D = \begin{bmatrix} D_{11} & D_{11} & D_{11} & 0 & 0 & 0 \\ D_{11} & D_{22} & D_{11} & 0 & 0 & 0 \\ D_{11} & D_{11} & D_{22} & 0 & 0 & 0 \\ 0 & 0 & 0 & D_{44} & 0 & 0 \\ 0 & 0 & 0 & 0 & D_{44} & 0 \\ 0 & 0 & 0 & 0 & 0 & \dfrac{D_{22}-D_{23}}{2} \end{bmatrix} \quad (1\text{-}35)$$

横观各向同性材料有五个独立的刚度系数,所选的五个系数包括两个弹性模量,一个剪切模量和两个泊松比。纤维的单轴刚度纵向的弹性模量 E_{11} 已通过实验测定。通过加载纤维和 X 射线衍射测量结晶拉长进行参数的测定。正如 Mark 所指出的,由于负载加载在纤维纵向方向上,因而会偏离纤维壁中纤维素分子链的方向,造成 X 射线衍射测量值有可能偏低,由于分子模型获得的特性是在低温下计算,忽略了分子的热运动,因而这些值可能偏高。横向、纵向方向上的刚度参数、剪切模量、泊松比可以通过分子建模计算。

Tashiro 等(1991)认为纤维素所呈现出的力学性质为各向异性,但是纤维素在纵向上相对横向刚度较高。Cave 与 Koponen(1978)认为纤维素的力学性质是横观各向同性,而且不受含水率的变化影响,其刚度特性与含水率的变化无关,假定纤维素是横观各向同性材料。纤维素包含无定型组织,可以吸收水分、改变刚度性能。纤维的单轴纵向弹性模量与剪切模量的刚度系数范围见表 1-4。

表 1-4 纤维素刚度系数范围

系数	测量值
E_{11}/GPa	130~170
E_{22}/GPa	15~20
G_{12}/GPa	3~6
V_{21}	0.01
V_{32}	0.50

3)半纤维素刚度性能

半纤维素是由几种不同类型的单糖构成的异质多聚体,这些单糖是五碳糖和六碳糖,包括木糖、阿拉伯糖、甘露糖和半乳糖等。半纤维素木聚糖在木质组织中占植物细胞干重的 50%,它结合在纤维素微纤丝的表面,并且相互连接,这些纤维构成了坚硬的细胞相互连接的网络。植物细胞壁构成纤维素小纤维之间的间质凝胶的多糖群中,除去果胶质以外的物质,是构成初生壁的主要成分,包括葡萄糖、木糖、甘露糖、阿拉伯糖和半乳糖等。单糖聚合体间分别以共价键、氢键、醚键和酯键连接,它们与伸展蛋白、其他结构蛋白、壁酶、纤维素和果胶等构成具有一定硬度和弹性的细胞壁,因而呈现稳定的化学结构。

半纤维素具有亲水性能,这将造成细胞壁的润胀,可赋予纤维弹性。在纸页成型过程中有利于纤维构造和纤维间的结合力。因此,半纤维素的加入影响了表面纤维的吸附,对纸张强度有影响。纸浆中保留或加入半纤维素有利于打浆,这是因为半纤维素比纤维素更容易水化润胀,半纤维素吸附到纤维素上,增加了纤维的润胀和弹性，使纤维精磨而不被切断，因此能够降低打浆能耗，得到理想的纸浆强度。

半纤维素的分解和数量变化，会影响木材的抗冲击强度，对木材的抗拉强度等内部强度也有影响。半纤维素存在于纤维素微纤丝之间，并与木质素相伴生，起着黏结物质的作用。

Cousins（1978）采用求压痕硬度试验的方法，通过从木材中分离半纤维素模压成试件，然后进行力学测试，测得不同含水率条件下分离半纤维素的刚度，他是获得半纤维素弹性模量试验值的第一人。在半纤维素的分离过程中，分子排列是个未知因素，材料特性是各向同性的。

Cousins 指出，半纤维素分子趋向以纤维链排列，可以看成横观各向同性。根据 Cousins 的测量结果，分离的半纤维素的弹性模量在不同含水率下的曲线如图 1-25 所示。

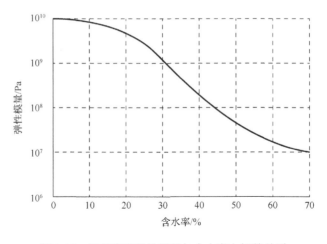

图 1-25　半纤维素弹性模量与含水率之间的关系

根据 Cousins 的试验结果，含水率影响半纤维素的弹性模量变化较大，含水率增加到纤维饱和点时，木材的刚度减小，半纤维素弹性模量在低含水率下为 $8 \times 10^9 Pa$，在含水率 70%时，其值为 $10^7 Pa$。然而含水率为 0～10%时，对半纤维素弹性模量的影响很小。由图 1-26 可见半纤维素的含水率是相对湿度的函数，在相对湿度为 60%条件下，半纤维素的弹性模量为 $4.5 \times 10^9 Pa$，因为半纤维素假定为横观各向同性的，纵向弹性模量一定会很高，但横向刚度要低于 $4.5 \times 10^9 Pa$。在 Cousins 测量结果的基础上，Cave（1976）所持观点认为半纤维素的纵向弹性模量是横向的 2 倍，并提出基于含水率决定的半纤维素的三维弹性刚度矩阵 $\boldsymbol{D}_W$，如式（1-36）所示：

$$\boldsymbol{D}_W = \begin{bmatrix} 8 & 2 & 2 & 0 & 0 & 0 \\ 2 & 4 & 2 & 0 & 0 & 0 \\ 2 & 2 & 4 & 0 & 0 & 0 \\ 0 & 0 & 0 & 1 & 0 & 0 \\ 0 & 0 & 0 & 0 & 1 & 0 \\ 0 & 0 & 0 & 0 & 0 & 1 \end{bmatrix} C_h(W) \qquad (1-36)$$

式中，$C_h(W)$——以含水率为自变量的函数。

相对湿度为60%时的半纤维素的刚度系数范围见表1-5。

表1-5 半纤维素的刚度系数范围

系数	测量值
E_{11}/GPa	14~18
E_{22}/GPa	3~4
G_{12}/GPa	1~2
V_{21}	0.1
V_{32}	0.4

4）木质素刚度性能

木质素是一种具有各向同性的高分子材料，是植物界中仅次于纤维素的最丰富的有机高聚物。它广泛分布于具有维管束的半齿类植物以上的高等木质物中，是裸子植物和被子植物所特有的化学成分。木质素在木材中的含量为20%~40%，禾本科植物中木质素的含量为15%~20%。木质素是一类复杂的有机聚合物，它的不均一性表现在植物的不同种属、不同生长期、不同部位之中，甚至在同一木质部的不同形态学细胞和不同细胞壁层中其结构也都有差别。

木质素的刚度性能与木材的强度有着直接的关系。木材细胞之间是由胞间层连接的，而胞间层含有大量的木质素，如用药剂将胞间层中的木质素除去，则细胞与细胞之间将失去结合力，稍施外力，细胞则相互分离，木材强度也随之消失。由此可见，胞间层中木质素的溶出程度，直接影响到木材的强度，两者成反比关系。

Srinivasan和Cousins（1978）测定了分离的木质素的弹性模量，同时还包含了少量的半纤维素，Srinivasan采用了电化学加工木质素方法，测出气干材木质素的弹性模量。

Cousins（1976）采用高碘酸盐分离的方法，得到木质素，测量了在不同含水率下的弹性模量，如图1-26所示为木质素弹性模量与含水率之间的关系，在含水率接近于零时，其弹性模量值大约为 5.5GPa；当含水率接近于 3%时，弹性模量达到曲线峰值，接近于 7GPa；当含水率低于 14%时，弹性模量小于 3GPa。

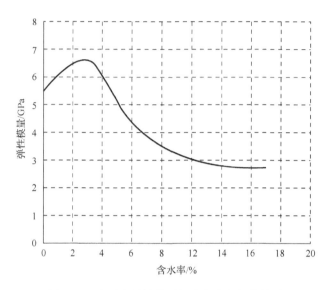

图 1-26　木质素弹性模量与含水率之间的关系

根据 Cousins 所得出的结论，Cave 提出了与含水率相关的木质素弹性刚度矩阵 $D_L(W)$，如式（1-37）所示：

$$D_L(W) = \begin{bmatrix} 4 & 2 & 2 & 0 & 0 & 0 \\ 2 & 4 & 2 & 0 & 0 & 0 \\ 2 & 2 & 4 & 0 & 0 & 0 \\ 0 & 0 & 0 & 1 & 0 & 0 \\ 0 & 0 & 0 & 0 & 1 & 0 \\ 0 & 0 & 0 & 0 & 0 & 1 \end{bmatrix} C_L(W) \qquad (1\text{-}37)$$

式中，$C_L(W)$——与含水率相关的函数。

木质素的刚度系数范围见表 1-6。

表 1-6　木质素的刚度系数范围

系数	测量值
E/GPa	2.0～3.5
V	0.33

5）微纤丝角刚度性能

微纤丝角是指细胞壁上微纤丝与细胞纵轴之间的夹角。因为纤维素晶胞的 b 晶轴方向与纤维素长轴方向一致，所以也可以认为晶轴 b 与细胞纵轴方向即为微纤丝角。S_2 层的纤丝用平行的一组斜线表示，它的微纤丝角即为此斜线和垂直线之间的夹角，有一点要说明的微纤丝角是统计意义的物理量。实际的微纤丝不可能是一组严格的平行线，而是有一定概率分布的线束，也有报道 S_2 层可分为许多层，每层的平均微纤丝大小不一。

微纤丝角的大小反映了木材超微结构的一个重要性质，它与木材的宏观物理性质密切相关。Wardrop（1951）用 12 年生长的偏心辐射松做的实验结果显示，密度一样时，正常区的抗拉强度远大于受压区，也就是说抗拉强度不仅与密度有关；当正常区的微纤丝角小于受压区时，抗拉强度还与微纤丝角有关。

Page（1983）研究了 S_2 层微纤丝角与管胞纵向力学性质的关系，指出管胞的弹性模量、断裂强度和断裂应变都受微纤丝角的影响。管胞的弹性模量越大，微纤丝角越小，断裂应变则越小。如图 1-27 所示，管胞在微纤丝角较小时，轴向拉伸其应力应变曲线近似于完全的线性；当微纤丝角较大时，管胞则表现出明显的塑性形变。

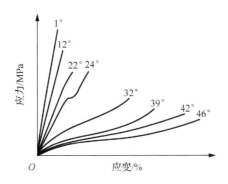

图 1-27　S_2 层微纤丝角对管胞应力-应变曲线的影响

Mark（1970）研究得出，之所以出现拉剪称连现象是单根管胞受轴向拉伸时所产生，主要由于 S_1、S_2 和 S_3 层的微纤丝与细胞长轴方向之间存在一定夹角。Kanninen 等（2009）在研究中，所持观点与 Mark 不同，他们认为不会产生拉剪称连现象，因为细胞壁任意一壁层的剪切扭曲趋势被相邻细胞所对应层的扭转趋势平衡。而且对于实体木材，相邻管胞细胞壁对应各层的厚度、化学组成均相等，而且微纤丝相对细胞长轴的取向大小相等方向相反。

根据 Schniewind（1969）的观点，S_1 与 S_3 层的微纤丝角为常数，S_2 层的微纤丝角为变量，取不同的值便可以得到如图 1-28 所示不同的模量曲线。

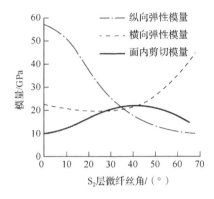

图 1-28　细胞壁刚度与 S_2 层微纤丝角之间关系

由图 1-28 可知，随着 S_2 层微纤丝角的变化，管胞纵向弹性模量与 S_2 层纤丝角成反比关系，当 S_2 层微纤丝角增大时，管胞纵向弹性模量迅速减小，大体可分为三个阶段。

（1）当微纤丝角为 0°～20° 时，管胞纵向弹性模量与 S_2 层纤丝角成正比关系，微纤丝角度增大管胞纵向弹性模量也增大；在 0°～10° 之间，管胞纵向弹性模量受微纤丝角变化的影响较小。

（2）当微纤丝角为 20°～40° 时，随着微纤丝角度增大管胞纵向弹性模量减小。

（3）当微纤丝角大于 40° 时，细胞壁纵向弹性模量受 S_2 层微纤丝角度的影响程度减小，直至趋于平稳。

管胞纵向弹性模量受 S_2 层微纤丝角变化的影响较小，而面内剪切模量则随 S_2 层微纤丝角的增大而增大，大约在 45° 时，面内剪切模量达到最大值。

综上所述，S_2 层微纤丝角是细胞壁力学性能的主要研究目标，其大小影响着纤维素含量对管胞纵向力学性能的影响。S_2 层微纤丝角越小，S_2 层纤维素含量的影响程度越明显，因此如何减小 S_2 层微纤丝角，同时增加其纤维素含量是研究的主要内容。

6）胞壁率

胞壁率为木材中所有细胞壁物质的总体积与木材总体积的百分比值，是决定木材强度的决定性因素，即总胞壁率或总胞腔率与木材密度之间具有更紧密的依存关系。总胞腔率与总胞壁率两者的关系完全相反，总胞壁率能更确切地反映出单位面积内木材物质或胞壁物质的含量。

在木材率相同的条件下，木材细胞壁实质含量的多少（即密度）是衡量和预测木材力学强度的优秀指标。胞壁物质含量多，木材密度大，则强度也大。由于胞壁率与木材密度紧密相关，胞壁率的大小同木材各种力学性质皆有着直线关系。

例如，阔叶树环孔材的韧性受厚壁纤维比率的影响，而木薄壁组织和导管百分率较高的木材，其脆性较大。同树种木材的密度，若低于树种的平均值正常变化的范围，其冲击韧性必然也低，尤其是阔叶树环孔材，这是因为质轻的环孔材的纤维含量低，胞壁薄。此外，针阔叶树材的髓心材或幼年材与成年材比较，细胞短，胞腔大，其韧性更低。

生长轮内晚材的抗拉、抗压强度均比早材的强度大，这主要是由于晚材中纤维或管胞次生壁中层的微纤丝与细胞纵轴所成角度较小及胞壁率较大的缘故。木纤维（或针叶树材的管胞）胞壁与胞腔的比率（又称壁腔比）越小，越适合造纸及纤维板生产。

胞壁率是决定木材刚度性能的决定性因素，与木材强度间的关系胜过晚材率，因为它更确切地表现出单位长度内胞壁物质的含量，可以作为木材刚度性能的重要参考依据。

Cave（1969）研究了辐射松雷松管胞纵向弹性模量与 S_2 层微纤丝角之间的关系，并提出胞壁率的计算公式，如式（1-38）所示：

$$E_{\text{cell}} = \frac{E}{\dfrac{\rho}{\rho_{\text{cell}}}} \qquad (1\text{-}38)$$

式中，E_{cell} ——管胞纵向弹性模量；

E ——所测试样的纵向弹性模量；

ρ_{cell} ——细胞壁的密度；

ρ ——试样的气干密度，即试样绝干重量与气干状态下的体积之比。

Quirk（1984）研究证实，对于针叶材，胞壁率和 ρ/ρ_{cell} 之间有着较好的线性关系，如图 1-29 所示。由此可以用 ρ/ρ_{cell} 近似代表胞壁率。

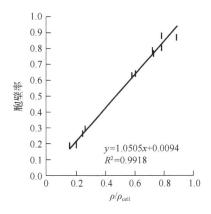

图 1-29　ρ/ρ_{cell} 和胞壁率之间的关系

3. 木材微观结构同细胞壁弹性常数关系

由表 1-7 可以看出，S_2 层微纤丝角、S_2 层相对厚度、S_2 层纤维素含量、纤维素纵向弹性常数都与细胞壁的纵向弹性模量密切相关。其中，纤维素纵向弹性常数只与纤维素结晶度有关。Mark（1967）的研究综述认为，木材内纤维素微纤丝的结晶度已经相当高，因此通过提高结晶度提高纤维素纵向弹常数的潜力很小；S_2 层相对厚度的增大虽然可以显著提高细胞壁的纵向弹性模量，但是也会明显降低细胞壁的横向弹性模量。如果想改善木材宏观力学性能，应集中在提高 S_2 层纤维素含量，尤其是减小 S_2 层微纤丝角这个因素。由上所知，S_2 层微纤丝角不仅是管胞纵向力学性能的决定性因素，它的大小还影响着纤维素含量对管胞纵向力学性能的影响程度，微纤丝角越小，S_2 层纤维素含量的影响程度就越明显。考虑 S_2 层微纤丝角的同时，也可以设想增大 S_1 与 S_3 层的微纤丝角，以达到改善木材的横向力学性能的目的。

表 1-7 细胞壁弹性常数的各种影响因素

影响因子	纵向弹性模量	横向弹性模量	剪切弹性模量
S_2 层微纤维丝角	-	影响不显著	++
S_1、S_3 层微纤丝角	影响不显著	+	-
S_2 层相对厚度	++	-	+-
S_2 层纤维素含量	++	+	++
纤维素纵向弹性常数	++	++	++
基质弹性常数	+	++	++

注："+"表示两者之间存在正相关关系；"-"表示两者之间存在负相关关系。

对于微纤丝角较小的晚材，根据图 1-28 可以知道，如果 S_2 层微纤丝角小于 10°，那么减小微纤丝角对提高管胞纵向弹性模量的作用不大，因此应该重点考虑提高胞壁率或者增大 S_2 层纤维素的含量。从理论上讲，这可以明显改善木材的宏观力学性能。对于微纤丝角较大的早材，减小微纤丝角则是提高木材宏观力学性能的最佳途径。

Mark（1967）从理论上对管胞纵向拉伸时细胞壁各层的应力分布进行了深入分析，认为由于胞间层主要由具有较低的弹性模量的无定形物质组成次生壁，破坏以前不会承受高应力，因此对正常管胞轴向拉伸时，断裂不会起始于胞间层，管胞的断裂有可能经历了两个阶段：第一个阶段是 S_1 层的剪切破坏，在最初的剪切破坏发生之后管胞的内应力重新分布，第二阶段的断裂是沿着 S_2 层纤丝角方向的螺旋开裂并且最终断裂模式可能与 S_2 层纤丝角的大小有关。如果纤丝角较小，管胞最终断裂可能是由于微纤丝主链化学键的断裂所致。相反，如果 S_2 层纤丝角的角度较大，可能会产生足够大的正应力破坏纤维素分子链之间的氢键。

4. 木材细胞壁的刚度与湿胀性能

Cave（1968）计算了半纤维素和木质素的湿膨胀特性。纤维素可假定为与含水率变化无关，不会因含水率的变化而膨胀或干缩。对于半纤维素，Cave 假设为在纵向方向上不产生干缩，横向干缩是各向同性的。半纤维素的湿膨胀应变可近似为式（1-39）：

$$\Delta \varepsilon_{\text{HS}} = \begin{bmatrix} 0 \\ \frac{1}{2} \\ \frac{1}{2} \\ 0 \\ 0 \\ 0 \end{bmatrix} \varepsilon_{\text{HO}}(\Delta W_b) \tag{1-39}$$

木质素的湿膨胀应变可假定为各向同性的，则如式（1-40）所示：

$$\Delta \varepsilon_{\text{LS}} = \begin{bmatrix} 0 \\ \frac{1}{3} \\ \frac{1}{3} \\ 0 \\ 0 \\ 0 \end{bmatrix} \varepsilon_{\text{LO}}(\Delta W_b) \tag{1-40}$$

参数 $\Delta \varepsilon_{\text{HS}}$ 和 $\Delta \varepsilon_{\text{LS}}$ 分别是半纤维素和木质素在体积上的干缩，这两个参数是吸着水含量 W 和结合水含量 W_b 的函数。Cave 提出体积上的干缩量等于所释放的结合水的体积，这些参数与半纤维素和木质素存在直接耦合关系。参数如式（1-41）所示：

$$\begin{aligned} \varepsilon_{\text{HO}}(\Delta W_b) &= \Delta W_{bH}(W_b) \\ \varepsilon_{\text{LO}}(\Delta W_b) &= \Delta W_{bL}(W_b) \end{aligned} \tag{1-41}$$

式中，ΔW_{bH}、ΔW_{bL}——分别为半纤维素和木质素的结合水成分的变化量。

引入比例常数 b 来确定含水率 W 与结合水含量 W_b 的关系,其中:

$$W_b = b_W$$

在湿膨胀低于所释放水的体积时,比例常数 b 要低于 1。由于纤维素中不考虑吸着水。木材中结合水 W_b 分为半纤维素结合水和木质素结合水,两者之间的比值如式(1-42)所示:

$$\Delta W_{bH} = 2.6 \Delta W_{bL} \tag{1-42}$$

结合水的全部变化量如式(1-43)所示:

$$\Delta W_b = f_H \Delta W_{bH} + f_L \Delta W_{bL} \tag{1-43}$$

式中,f_H、f_L——分别为木材中半纤维素和木质素的质量含量。

通过式(1-40)~式(1-43),可得式(1-44):

$$\begin{cases} \varepsilon_{HO}(\Delta W_b) = b \dfrac{2.6}{f_L + 2.6 f_H} \Delta W \\ \varepsilon_{LO}(\Delta W_b) = b \dfrac{2.6}{f_L + 2.6 f_H} \Delta W \end{cases} \tag{1-44}$$

根据 Dinwoodie(1991)的研究结果,半纤维素和木质素的质量含量设为 f_H=30%,f_L=25%。常数 b 可设为 1,所有的吸着水可假定为结合水。将式(1-44)代入式(1-39)和式(1-40),可得式(1-45):

$$\begin{cases} \Delta \varepsilon_{HS} = \alpha_H (\Delta W) \\ \Delta \varepsilon_{LS} = \alpha_L (\Delta W) \end{cases} \tag{1-45}$$

其细胞与湿涨应变的本构关系如式(1-46)所示:

$$\sigma_{ij} = D_{ijkl}(\varepsilon_{kl} + \varepsilon_{kls}) \tag{1-46}$$

式中,D_{ijkl}——木材细胞所具有的刚度;

ε_{kls}——木材湿膨胀应变。

湿膨胀应变 ε_{kls} 表示如式(1-47)所示:

$$\varepsilon_{kl} = \alpha_{kl} \Delta W \tag{1-47}$$

式中,α_{kl}——湿膨胀系数;

ΔW——含水率变化。

在含水率值为常数时，木材关系如式（1-48）所示：

$$\bar{\sigma}_{ij} = \bar{D}_{ijkl}\bar{\varepsilon}_{kl} \qquad (1\text{-}48)$$

也可如式（1-49）所示：

$$\bar{\varepsilon}_{ij} = \bar{C}_{ijkl}\bar{\sigma}_{kl} \qquad (1\text{-}49)$$

根据平均应力值或木材含水率变化的情况下都可以确定本构参数。

5. 木材强度失效微观力学分析

1）胞间层与初生壁对木材强度影响

木材细胞成熟到一定形态时，其胞间层通常很薄，与初生壁区别有一定难度，通常将胞间层和其两侧的初生壁合在一起，称为复合胞间层。初生壁上的微纤丝排列方向先与细胞轴略呈直角，随后逐渐转变，并出现交织的网状排列而后又趋向横向排列，同时初生壁的微纤丝排列松散，初生壁的强度较低。因此，木材在轴向受力时，胞间层和初生壁均属于薄弱区，同横穿细胞壁断裂相比，胞间层间的剥离和初生壁的破坏要容易得多。

由于木纤维和轴向管胞的轴向强度较高，在轴向力作用下不容易形成横穿细胞壁的剪切断裂，裂纹容易在复合胞间层中产生，宏观表现为沿着木纤维和轴向管胞的生长方向延展。

在裂纹扩展过程中，与横穿细胞壁断裂相比，复合胞间层间的破坏要容易得多。裂纹扩展方向受构件中最大应力的方向所控制，对于张开型扩展的裂纹，其扩展方向一般都垂直于主拉应力的方向；而在剪切断裂的情况下，裂纹一般都沿着最大剪应力的方向扩展。同时，由于木材具有流变性，在长期荷载下，形变将逐步增加，引起木材强度的变化。当荷载很小时，形变经过一段时间将停止增加；当荷载超过某极限时，形变不但随时间增加，而且会使木材破坏，发生拉伸断裂。

2）木射线对木材强度影响

在轴向力作用下，裂纹会沿着木射线细胞的胞间层扩展。木材的三个弹性主轴分别为纵向 L 轴、径向 R 轴和弦向 T 轴，三个弹性主轴相互垂直，每个主轴方向的弹性常数以及强度互不相同。木材断裂模式一般由两个弹性主轴字母组合代表，共计六种断裂模式，即 TL、RL、LR、LT、RT 和 TR，其中，第一个字母代表裂纹平面的法线方向，第二个字母代表预期的裂纹扩展方向。在 LT 断裂模式中，木射线对断裂路径扩展影响较小，裂纹往往会沿着预期的方向扩展；在 LR 断裂模式中，当裂纹遇到一组木射线时，与处于木射线中间部位胞间层开裂相比，裂纹主要沿该组木射线的边缘扩展。

木射线与木纤维生长方向是相互垂直的，在径切面，两种组织呈交织状。试件在轴向荷载作用下，当裂纹尖端遇到木射线时，会在木射线边缘迅速扩展，形成齐整断口，此时木射线上下表面的木纤维、管胞等轴向生长组织的抗拉强度最大，所以多呈现拔出断裂。在 LT 断裂模式中，木射线的宽度占整个断口宽度的比例小，对其他构造的断裂途径影响较小，所以同 LT 断裂模式相比，LR 断裂模式断口比较粗糙。

木射线对木材的顺纹抗剪、横纹抗拉、横纹抗压及抗劈力均有影响。具有宽木射线的阔叶树，其径切面的剪切强度与抗劈力较弦切面较小，木射线越发达，差异越明显。此外，木射线与纤维之间的联系较纤维与纤维之间的联系弱，所以，当木材受横向压缩与横向拉伸时，木射线具有良好的作用。具有宽木射线的阔叶树木材，其径向横压与径向横拉的强度均较弦向的高。

3）纹孔对木材强度的影响

Mott（2011）在球槽形纤维夹紧方式的基础上，利用环境扫描电镜和微型拉伸装置联用技术动态地研究了黑云杉晚材管胞的轴向拉伸断裂机理，进一步发现裂纹往往引发自具缘纹孔区域的不同位置并且按发生概率的大小可分为三类：①纹孔缘上部和下部的附近区域；②纹孔的内径；③直接穿过纹孔的中心，研究发现，成熟晚材管胞的断裂为典型的脆性断裂。

由于微纤丝的排列是绕过纹孔口的，在纹孔周围微纤丝排列方向发生变化，木材断裂时，裂纹绕过纹孔，沿着其边缘进行扩展，所以纹孔仍未受到影响，能保持完整形态。

4）导管与早晚材边界对木材强度影响

导管、早晚材边界和纺锤形木射线均能对裂纹起到阻挡的作用。当裂纹扩展到这些组织时，常常会改变原先的扩展方向，沿着这些构造分子的边缘延展，有时甚至出现试件沿轴向劈裂的情况。由于早材部分的强度低、早晚材边界组织构造差异大，所以当裂纹从早材向晚材扩展时，裂纹会沿着边界处的早材部分延展。

导管与断裂过程的关系非常复杂，导管的存在使阔叶材的扩展路径比针叶材复杂得多。相邻导管间裂纹传导速度快，并且主要呈剪切断裂；导管和木纤维间由于结构差异大，在惯性作用下，容易形成弧形裂纹。在裂纹扩展过程中，与横穿细胞壁断裂相比，导管、早晚材边界和纺锤形木纤维均对裂纹扩展起到延迟作用，裂纹在遇到这些组织时往往会改变原先的扩展方向，顺着这些组织的边缘进行延展，严重时会造成试件横向劈裂；在大导管壁靠近切口区域处容易出现微裂纹，属于薄弱区；裂纹会顺着导管壁上纹孔边缘扩展，当裂纹扩展到一组木射线时，在这组外缘断裂的概率要比在木射线内部大得多；木纤维、管胞在轴向力作用下，很少形成垂直纤维的直线断裂，在裂纹扩展的惯性作用下，在纤维和导管间易出现弧形裂纹。

1.4 本章小结

本章主要对木材的宏观和微观的结构及力学性质进行了分析。在木材宏观力学性质中，针对黏弹性、抗拉强度及抗压强度等主要力学性能进行了阐述。

在木材的微观力学性质方面，主要对针叶木材的微观力学特征进行了表述，对细胞壁的主要构成——纤维素、半纤维素、木质素的刚度性能进行了详细描述。其中细胞壁中 S_2 层具有很重要的作用，其纤丝角与细胞壁刚度性能关系是：一般微纤丝角越小，管胞的弹性模量断裂强度越大，但断裂应变越小。此外，还进一步分析了木材微观构造细胞壁弹性常数关系。在研究细胞壁刚度时，考虑了湿胀性能，引入木材湿胀应变系数构建本构关系。

第 2 章 木材复合材料力学行为研究

木材从其年轮上来讲,分为早材、过渡材、晚材,可以看作具有天然复合材料属性,如图 2-1 所示,可用复合材料力学对其进行研究。复合材料力学研究可分为材料力学和结构力学两部分,在广义上统称为复合力学。

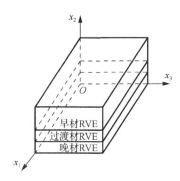

图 2-1 生长轮基本单元结构

2.1 木质复合材料

2.1.1 木材复合材料属性

木质复合材料是一种具有相互胶合共性的新木质材料,是由木材(各种形式的木材,包括纤维、单板和刨花等)制成的,这些木材是基础材料和其他增强材料或功能材料的复合材料,具有一定荷载或具有一定性能,解决了很多缺陷,而且具有了构成组分的优点。由于材料的协同效应和界面效应,木质复合材料拥有了优异的综合性能,解决了现代市场对于木质材料日益增长的要求。木材复合材料具有其特殊之处,它的构成成分主要来源于木材,来自于自然。木质复合材料经过多年来的发展,目前结构比较完善,能够满足不同的要求,可以改善材料的物理力学特性。例如,提高体积和形状的稳定性,减少各向异性,使密度减小而刚度增大,增加材料的隔热、防火、耐磨、耐腐蚀性能等,在社会发展中开始占据不可缺少的位置。

复合材料是根据需求通过两种及以上的材料组合而成多相材料。一般而言,复合材料至少由两相构成，其中一相是连续的，称为基体相；另一相由基体包含，称为增强相。根据这个定义，木质和木质复合材料可以被称作两相材料，见表 2-1。

表 2-1 木质复合材料的分类

材料	增强相	基体相
实木	纤维素	木素、半纤维素
纤维板	纤维、纤维束	木素、合成树脂
碎料板	木片、刨花、碎料	合成树脂
胶合板	单板	合成树脂、天然树脂
胶合木	薄木板	合成树脂、天然树脂
纤维增强材料	纤维	塑料

2.1.2 木质复合材料力学性能分析方法

在过去几十年里，人们将研究的重点放在通过不一样的工艺试验检测性能从中找出最优制造工艺条件，在这种条件下制造的木质复合材料的各种特性如强度、应力-应变关系等都能够达到国家或者行业的标准。评估木质复合材料的方法是宏观力学法，将木质复合材料看成一个整体，忽略复合特性。由于对木质复合材料的某些性质把握得不够准确，如不同的木质复合材料的承受能力、破坏过程，因此与传统建筑材料相比，在设计过程中要采取更大的安全系数。为了认识木质复合材料的特性，可以通过借鉴复合材料的力学研究方法，进行木质复合材料的力学行为研究。

为了研究木质复合材料的力学行为，可以采用复合材料力学方法作为参考来进行木质复合材料的细观力学行为研究。包含两种材料的性能、构成方式和构成比例等要素对复合材料性质的作用，经过细观应力分析，预测复合材料的宏观性能和木质复合材料的破坏模式。细观力学的主要研究方法有简单模型法和精确分析法。

采用简单模型法时，要根据不同木质材料的复合方式建立相应的数学模型。根据细观力学理论，建立模型时要做出如下的假设：

（1）假设木材（增强相）与胶黏剂（基体）在复合前后特性并无变化；
（2）假设木材与胶黏剂是紧密黏结的；
（3）假设木材与胶黏剂分别是均质且各向同性的；
（4）假设木材与胶黏剂是线弹性、小形变且无初应力的。

由以上假设可知，当木材与基体分别是均质且各向同性时，假设与实际情况有较大差异，因此简单模型法主要应用于工程估算。

细观力学中的精确分析法是在细观尺度上，思量各构成成分的材料性质及其在复合材料中的几何分布,进行力学分析的一种方法。应用精确分析法,可将木质复合材料的力学引入细观的尺度,从细观尺度上分析材料的应力应变情况;尤其对受载的部件,荷载会引起局部的应力集中,使得在平均的外加应力较小时,内部的局部应力值超过其弹性极限,从而引起材料应变的变化及应力的重新分布。对结构而言,这种分析方法可以预测材料或部件的形变。

使用有限元是准确分析求解的主要方法,由于需要大量复杂计算,因此这方面的实践工作仍在继续研究中。但是有限元法将有助于我们准确地认识木质复合材料的细观结构状况,对建立木质复合材料力学的理论体系和指导工程实践具有重要意义。

2.2　木材复合材料弹性力学

2.2.1　木材的正交原理

木材可看成是由树皮、边材和心材构成的复合材料。木材组织构造的因素导致了各向异性,但由于木材的绝大多数细胞和组织平行于树干沿轴向排列,而纤维、射线组织是垂直于树干成径向同心环状排列的,这样就赋予了木材的圆柱对称性,使其成为近似呈柱面对称的正交对称性物体。这种对称性在木材的许多物理性质上都有所体现,如弹性、强度、导热性、导电性等,可以用胡克定理来描述它的弹性。

Price(1928)首先把正交原理应用于木材,用来说明木材材性的各向异性。如图 2-2 所示,假使从树干上距离髓心一定距离,切取一个相切于年轮的正交六面体小试样。这个试样便会有三个对称轴,将平行于纵向的定义作 L 轴,平行于径向的作 R 轴,平行于弦向的作 T 轴;它们互相垂直,三轴中的每二轴又可构成一平面,所以又有 TR、RL 和 LT 三个面,分别对应横切面、径切面和弦切面。如果将 L 轴、R 轴、T 轴这三个轴视为弹性对称的轴,则此小试样可被看作置于一个正交坐标系中,便能运用正交对称原理来考察木材的正交异向弹性。

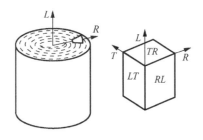

图 2-2　木材正交对称性示意图

符合正交对称性的材料有九个独立的弹性常数。Hearmon（1953）提议用广义胡克定理分开描述正交对称的木材的三个主轴的应变方程，它们如式（2-1）～式（2-4）所示：

$$\zeta_L = -E_L^{-1}(\sigma_L - \mu_{LR}\sigma_R - \mu_{LT}\sigma_T) \tag{2-1}$$

$$\zeta_T = -E_T^{-1}(-\mu_{TR}\sigma_L - \mu_{TR}\sigma_R + \sigma_T) \tag{2-2}$$

$$\zeta_R = -E_R^{-1}(-\mu_{RL}\sigma_L + \sigma_R - \mu_{RT}\sigma_T) \tag{2-3}$$

$$\gamma_{TR} = \frac{\tau_{TR}}{G_{TR}}, \quad \gamma_{RL} = \frac{\tau_{RL}}{G_{RL}}, \quad \gamma_{LT} = \frac{\tau_{LT}}{G_{LT}} \tag{2-4}$$

式中，ζ_L、ζ_T、ζ_R——轴向、弦向和径向的应变。

E_L、E_T、E_R——三个方向的弹性模量。

σ_L、σ_T、σ_R——三个方向的应力。

μ_{LR}——泊松比（又称横向形变系数），其中，L 是指应力方向，R 是指横向应变；$\mu_{LR} = \zeta_R / \zeta_L$，即为在轴向应力作用下的径向泊松比，数值上等于径向应变与轴向应变之比，各方向的泊松比均为小于 1 的数，以压应力和拉应变为正，反之为负。

γ_{TR}——T 轴和 R 轴构成的面（即木材的横切面）的剪切应变。

τ_{RL}——径切面的剪切应力。

G_{LT}——弦切面的剪切模量，以此类推。

上述六个方程中涉及 12 个弹性常数，即 G_{TR}、G_{RL}、G_{LT}、G_L、G_R、G_T 和 μ_{LR}、μ_{RL}、μ_{LT}、μ_{TL}、μ_{RT}、μ_{TR}。前三个弹性模量 G 是独立常数，必须通过试验确定。后九个常数可根据 $\mu_{RL}/E_R = \mu_{LR}/E_L$ 这类关系式，从已知其中三个参数可推导出第四个参数，故正交对称材料共有九个独立弹性常数。

可通过如上六个方程式中存在的九个独立的弹性常数来体现木材的正交异向性，这九个常数分别是：三个弹性模量、三个剪切弹性模量和三个泊松比。不同种类的树种间的这九个常数值是有一定差别的，见表 2-2。

表 2-2 中数据可以充分反映出木材的正交异性，现依据表 2-2 与其他研究资料综述如下：

（1）木材是高度各向异性材料，纵、横向的差别程度与所有工程材料相比，是其中的最高者。木材三个主方向的弹性模量因显微和超微构造而异，一般表现为顺纹弹性模量（E_L）比横纹弹性模量（E_R、E_T）大得多，横纹弹性模量中径向大于弦向，即 $E_L \gg E_R > E_T$。若以 E_L/E_R、E_L/E_T、E_R/E_T 作为各向异性的程度（异向度），根据不同树种的平均值，针叶树材 $E_R/E_T = 1.8$，$E_L/E_R = 13.3$，

$E_L/E_T = 24$；阔叶树材 $E_R/E_T = 1.9$，$E_L/E_R = 9.5$，$E_L/E_T = 18.5$。针叶树材的异向度比阔叶树材高，这主要是由于细胞结构变异小的缘故。径向水平面的弹性模量约比弦向水平面的弹性模量大 50%，这主要是由于径向水平面有水平方向排列的细胞（射线），以及径切面与弦切面间的微纤丝排列方向略有不同。

表 2-2 几种木材的弹性常数

	材料	密度/(g/cm³)	含水率/%	E_L/MPa	E_R/MPa	E_T/MPa	G_{LT}/MPa	G_{LR}/MPa	G_{TR}/MPa	μ_{RT}	μ_{LR}	μ_{LT}
针叶树材	云杉	0.390	12	11583	896	496	690	758	39	0.43	0.37	0.47
	松木	0.550	10	16272	1103	573	676	1172	66	0.68	0.42	0.51
	花旗松	0.590	9	16400	1300	900	910	1180	79	0.63	0.43	0.37
阔叶树材	轻木	0.200	9	6274	296	103	200	310	33	0.66	0.23	0.49
	核桃木	0.590	11	11239	1172	621	690	896	228	0.72	0.49	0.63
	白蜡木	0.670	9	15790	1516	827	896	1310	269	0.71	0.46	0.51
	山毛榉	0.750	11	13700	2240	1140	1060	1610	460	0.75	0.45	0.51

注：E 代表弹性模量；G 代表剪切弹性模量；μ 代表泊松比。E_L—顺纹（L）弹性模量；E_R—水平径向（R）弹性模量；E_T—水平向（T）弹性模量。G_{LT}—顺纹弦面剪切弹性模量；G_{LR}—顺纹径面剪切弹性模量；G_{TR}—水平面剪切弹性模量。μ_{RT}—T 向压力应变/R 向延展应变；μ_{LR}—R 向压力应变/L 向延展应变；μ_{LT}—T 向压力应变/L 向延展应变。

(2) 木材的剪切弹性模量的规律为 $G_{LR} > G_{LT} > G_{RT}$，横断面上值最小，针叶树材的三者之比为 20.5：17：1，阔叶树材的三者之比为 4.3：3.2：1。径切面和弦切面的剪切弹性模量分别与径向和弦向的弹性模量值相近，即 $G_{LR} \approx E_R$，$G_{LT} \approx E_T$。木材的弹性模量 E 和剪切弹性模量 G 都有随密度 ρ 增大而增加的趋势。

(3) 其他材料的泊松比与木材相比为小，在正交异向上表现为 $\mu_{RT} > \mu_{LT} > \mu_{LR}$。

2.2.2 木材的弹性系数

木材是一个具有各向异性和非均匀性的材质。为研究方便，假设木材被认定为一种均质材料，且木材没有节子和树脂道，并且只包含心材或边材。在宏观范围上，木材的物理力学性质不是某单一宏观构造元素（如早材带、晚材带、大导管、射线束等可见组织）的个别性质，而是大量元素的平均性质，而且这些元素的尺寸都比宏观客体（如试样）的尺寸小得多，所以可以根据统计学理论，把木材当作均匀连续的介质来对待，这样做不会引起过大的偏差。其次，假设木材是一线弹体，也就是在一定作用力条件下遵循广义胡克定理。再次，假设木材是各向异性的，在第一假设的基础上，可以认为它具有三个对称面（LR、LT、TR），也就是木材是正交各向异性体，它具有九个弹性系数，其柔性常数在主轴空间的柔度矩阵如式（2-5）所示：

$$S_{ij} = \begin{bmatrix} \dfrac{1}{E_L} & -\dfrac{\mu_{RL}}{E_R} & -\dfrac{\mu_{TL}}{E_T} & 0 & 0 & 0 \\ -\dfrac{\mu_{LR}}{E_R} & \dfrac{1}{E_R} & -\dfrac{\mu_{TR}}{E_T} & 0 & 0 & 0 \\ -\dfrac{\mu_{LT}}{E_L} & -\dfrac{\mu_{RT}}{E_R} & \dfrac{1}{E_T} & 0 & 0 & 0 \\ 0 & 0 & 0 & \dfrac{1}{G_{RT}} & 0 & 0 \\ 0 & 0 & 0 & 0 & \dfrac{1}{G_{TL}} & 0 \\ 0 & 0 & 0 & 0 & 0 & \dfrac{1}{G_{LR}} \end{bmatrix} \quad (i,j=L,R,T) \quad (2\text{-}5)$$

式中，E_i——三个主方向上的弹性模量；

μ_{ij}——由j方向的应力引起在i方向应变的横向效应系数，称为泊松比。

具体计算如式（2-6）所示：

$$\mu_{ij} = -\dfrac{\varepsilon_j}{\varepsilon_i} \quad (2\text{-}6)$$

G_{ij}表示三个对称面上的剪切模量。根据对称性可见，虽然木材有 12 个弹性参数，但其中的独立参数只有九个，另外三个可根据式（2-7）求得：

$$\dfrac{\mu_{ij}}{E_i} = \dfrac{\mu_{ji}}{E_j} \quad (2\text{-}7)$$

2.3　单向与多向复合材料力学分析

2.3.1　单向复合材料分析

1. 正交各向异性材料的强度指标

单向纤维增强复合材料属于正交各向异性材料。当外荷载沿材料主方向作用时称为主方向荷载，其对应的应力称为主方向应力，若荷载作用方向与材料主方向不一致，可以利用坐标变换，将荷载作用方向的应力转换为材料主方向的应力。

与各向同性材料相比，正交各向异性材料的强度在概念上有下列特点：

（1）对各向同性材料而言，各强度理论中所指的最大应力和线应变是材料的主应力和主应变。对于各向异性材料，最大作用应力并不一定对应材料的危险状态，所以与材料方向无关的主应力最大值无实际意义。但是材料主方向的应力是非常有必要的，因为各主方向强度不同，所以最大作用应力不一定是控制设计应力。

（2）若材料在拉伸和压缩时具有相同的强度，则正交各向异性单层材料至多需要以下三个强度指标（在决定单层材料强度时可不考虑主应力），就能对复杂应力状态下的单层板进行强度分析，如图 2-3 所示。

X——轴向或纵向强度（沿材料主方向 1）；

Y——横向强度（沿材料主方向 2）；

S——剪切强度（沿 1-2 平面）。

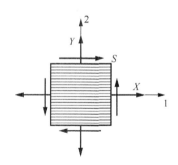

图 2-3　单层复合材料的基本强度

对于大多数纤维增强复合材料来说，材料拉伸和压缩性能是不一样的，这时，基本强度有五个：

X_t——纵向拉伸强度；

X_c——纵向压缩强度（绝对值）；

Y_t——横向拉伸强度；

Y_c——横向压缩强度（绝对值）；

S——剪切强度。

它们分别由材料单向受力实验测定。在得到上述五个强度指标后，利用合适的强度准则，就可以对单层板进行强度分析和评估。应注意 X_c、Y_c 等指的是绝对数值。

（3）正交各向异性材料在材料主方向上的拉伸和压缩强度一般是不同的，但在主方向上的剪切强度（无论剪应力是正还是负）都具有相同的最大值。由图 2-4 可知，在材料主方向上的正剪应力和负剪应力的应力场是没有区别的，两者彼此镜面对称。但是在非材料主方向上剪应力最大值依赖于剪应力的方向（正负）。例如，当剪应力与材料主方向成 45°时，正负应力在纤维方向上产生符号相反的正/负应力（拉或压），如图 2-5 所示，图中对于正的剪应力，纤维方向有拉伸应力，而垂直纤维方向上有压应力。对于负的剪应力，纤维方向有压应力，而垂直于纤维方向有拉应力。然而，材料纵向强度在拉伸和压缩时是不同的。因此，对于作用在材料主方向的正和负的剪应力，剪切强度是不同的。这可以由单向纤维增强的单层材料推广到双向纤维编织的单层材料。上述例子说明拉压性能不同的正交各向异性材料的强度分析是很复杂的。

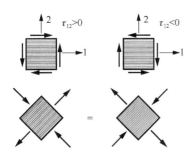
图 2-4 在材料主方向上的剪应力

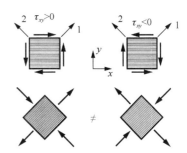
图 2-5 与材料主方向成 45°的剪应力

2. 强度准则

应用强度准则来判定材料在复杂应力状态下是否发生破坏是非常有必要的。复合材料的强度准则有很多，下面介绍几种常见的强度理论。

1）最大应力准则

如图 2-6 所示的面内受力状态，通过坐标变换，得出材料主轴方向的应力 $\sigma_L(\sigma_1)$、$\sigma_T(\sigma_2)$、$\tau_{LT}(\tau_{12})$。在应用最大应力准则时，材料主轴方向的各应力分量必须小于各自的强度。也就是说，在上面的五个关系中一旦有一个不满足，就将发生失效（破坏），可用式（2-8）表示。最大应力准则不考虑破坏模式之间的相互影响，也就是说某个方向的破坏只与该方向的应力分量有关，与其他方向的应力是无关的。

$$\begin{cases} \sigma_1 < X_t \text{（拉伸）} \\ \sigma_2 < Y_t \text{（拉伸）} \\ |\sigma_1| < X_c \text{（压缩）} \\ |\sigma_2| < Y_c \text{（压缩）} \\ \tau_{12} < S \text{（剪切）} \end{cases} \quad (2-8)$$

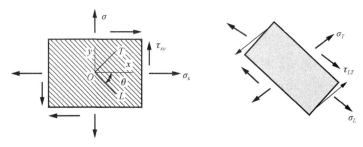

图 2-6 面内受力单元体

2）最大应变准则

最大应变准则将极限应变值作为单向板是否失效的判据，即认为处在平面应力状态下的单向板，若任一弹性主方向的应变达到极限应变，则单向板失效。与最大应力准则类似，最大应变准则只是将各应力分量换成应变分量，相应的强度指标换成极限应变值。强度条件可用式（2-9）表示：

$$\begin{cases} \varepsilon_1 < \varepsilon_{1t} \text{（拉伸）} \\ \varepsilon_2 < \varepsilon_{2t} \text{（拉伸）} \\ |\varepsilon_1| < \varepsilon_{1c} \text{（压缩）} \\ |\varepsilon_2| < \varepsilon_{2c} \text{（压缩）} \\ |\gamma_{12}| < \gamma_{12}^u \text{（剪切）} \end{cases} \quad (2-9)$$

式中，ε_{1t}、ε_{1c}——纤维方向的拉伸和压缩极限应变；

ε_{2t}、ε_{2c}——横向的拉伸和压缩极限应变的绝对值；

γ_{12}^u——剪切极限应变。

式（2-9）只要有一个不满足，就将发生破坏。最大应变准则也不考虑破坏模式之间的相互影响。值得注意的是，当某个方向上的应力分量为零时，由于泊松效应，该方向的应变分量也可以不等于零。

3）蔡-希尔（Tsai-Hill）准则

前面介绍的最大应力准则和最大应变准则是复合材料强度准则的最简单形式，但是复合材料并不完全适用于这两个准则。到了 20 世纪 60 年代，在对复合材料强度特性的研究不断深入的情况下，出现了蔡-希尔强度准则。

第 2 章　木材复合材料力学行为研究

蔡-希尔强度准则是蔡为仑（Tsai. S. W.）于 1965 年在希尔（R. Hill）的各向异性塑性理论的基础上提出的，而希尔的各向异性塑性理论又是源于冯·米塞斯（Von. Mises）的各向同性材料的塑性准则。对于各向同性材料，冯·米塞斯认为材料进入塑性阶段的条件如式（2-10）所示：

$$(\sigma_x - \sigma_y)^2 + (\sigma_y - \sigma_z)^2 + (\sigma_z - \sigma_x)^2 + 6\tau_{xy}^2 + 6\tau_{yz}^2 + 6\tau_{zx}^2 = 2\sigma_T^2 \qquad (2\text{-}10)$$

式中，σ_T——单元拉伸时的材料强度，对于平面应力状态。

式（2-10）可简化为式（2-11）：

$$(\sigma_x - \sigma_y)^2 + \sigma_y^2 + \sigma_x^2 + 6\tau_{xy}^2 = 2\sigma_T^2 \qquad (2\text{-}11)$$

或者可以写成式（2-12）：

$$\left(\frac{\sigma_x}{\sigma_y}\right)^2 - \frac{\sigma_x \sigma_y}{\sigma_T^2} + \left(\frac{\sigma_y}{\sigma_T}\right)^2 + \frac{3\tau_{xy}^2}{\sigma_T^2} = 1 \qquad (2\text{-}12)$$

对于材料主轴方向拉压强度相等的正交异性材料，希尔在米塞斯的塑性准则式各项前增加一个系数，于是塑性准则写成式（2-13）：

$$F(\sigma_x - \sigma_y)^2 + G(\sigma_y - \sigma_z)^2 + H(\sigma_x - \sigma_z)^2 + L\tau_{yz} + 2M\tau_{xz}^2 + 2N\tau_{xy}^2 = 1 \qquad (2\text{-}13)$$

式中，F、G、H、L、M、N——各向异性系数；

σ_x、σ_y、σ_z、τ_{xy}、τ_{zx}、τ_{yz}——材料主方向上的应力分量。

变化式（2-13）可以写成式（2-14）：

$$(F+H)_x^2 + (F+G)_y^2 + (H+G)_z^2 - 2H\sigma_z\sigma_x - 2G\sigma_y\sigma_x - 2F\sigma_y\sigma_z$$
$$+ 2L\tau_{yz}^2 + 2M\sigma_{xz}^2 + 2N\tau_{xy}^2 = 1 \qquad (2\text{-}14)$$

如果正交各向异性材料各主方向的基本强度为 X、Y、Z、P、R、S，并分别在材料主方向上施加简单荷载直到应力达到基本强度值，于是在 x 方向单轴拉伸，且使 $\sigma_z = X$，得到式（2-15）：

$$F + H = \frac{1}{X^2} \qquad (2\text{-}15)$$

在 y 方向单轴拉伸，且使 $\sigma_y = Y$，得到式（2-16）：

$$F + G = \frac{1}{Y^2} \qquad (2\text{-}16)$$

在 x 方向单轴拉伸，且使 $\sigma_x = Z$，得到式（2-17）：

$$H + G = \frac{1}{Z^2} \qquad (2\text{-}17)$$

联立式（2-15）～式（2-17），得各向异性系数，如式（2-18）所示：

$$\begin{cases} F = \dfrac{1}{2}\left(\dfrac{1}{X^2}+\dfrac{1}{Y^2}-\dfrac{1}{Z^2}\right) \\ H = \dfrac{1}{2}\left(\dfrac{1}{X^2}+\dfrac{1}{Z^2}-\dfrac{1}{Y^2}\right) \\ G = \dfrac{1}{2}\left(\dfrac{1}{Y^2}+\dfrac{1}{Z^2}-\dfrac{1}{X^2}\right) \end{cases} \quad (2\text{-}18)$$

对于平面应力问题，$\sigma_3 = \tau_{23} = \tau_{31} = 0$，则式（2-14）简化为式（2-19）：

$$(G+H)\sigma_x^2 + (F+H)\sigma_y^2 - 2H\sigma_x\sigma_y + 2N\tau_{xy}^2 = 1 \quad (2\text{-}19)$$

考虑到正交各向异性单向板的横截面是横观各向同性的，在单向板的 2 和 3 主方向上强度指标相等，有 $Y=Z$。将式（2-15）～式（2-17）的相关参数代入式（2-19），可得式（2-20）：

$$\left(\dfrac{\sigma_x}{X}\right)^2 + \left(\dfrac{\sigma_y}{Y}\right)^2 - \dfrac{\sigma_x\sigma_y}{X^2} + \left(\dfrac{\tau_{xy}}{S}\right)^2 = 1 \quad (2\text{-}20)$$

式（2-20）称为蔡-希尔强度理论。该理论使用一个强度条件，综合考虑了三个应力 σ_1、σ_2 和 τ_{12} 之间的相互影响。

当单向板受偏轴应力 σ_x 作用时，代入应力转换公式可得蔡-希尔准则，如式（2-21）所示：

$$\dfrac{\cos^4\theta}{X^2} + \left(\dfrac{1}{S^2}-\dfrac{1}{X^2}\right)\cos^2\theta\sin^2\theta + \dfrac{\sin^4\theta}{Y^2} = \dfrac{1}{\sigma_x^2} \quad (2\text{-}21)$$

这是一个统一的强度理论公式，不同于最大应力和最大应变理论（由五个分公式表示）。对玻璃/环氧单向板，由式（2-21）得到的偏轴强度 σ_x 随 θ 的变化曲线如图 2-7 所示，可以看出，该理论与试验结果吻合较好，因此该理论可作为玻璃/环氧复合材料的破坏准则。

蔡-希尔准则具有以下优点：

（1）σ_x 随着 θ 角的增加连续平缓地减小，无奇异和尖点，与试验结果吻合度较好；

（2）该理论包含三个应力分量的作用，而前两个准则是各应力单独使用，没有考虑它们之间相互影响；

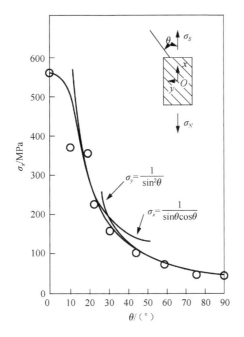

图 2-7 蔡-希尔理论偏轴失效包络线

（3）该理论可简化得到各向同性材料结果。

使用蔡-希尔准则时，若同一方向上材料的拉伸和压缩强度指标不同，应由应力的正、负号确定代入相应的强度指标。

4）霍夫曼（Hoffmann）准则

霍夫曼考虑到蔡-希尔理论不能反映材料主方向上拉伸与压缩强度不同的情况，所以，他提出霍夫曼准则，如式（2-22）所示：

$$C_1(\sigma_2-\sigma_3)^2+C_2(\sigma_3-\sigma_1)^2+C_3(\sigma_1-\sigma_2)^2+C_4\sigma_1\\+C_5\sigma_2+C_6\sigma_3+C_7\tau_{23}^2+C_8\tau_{31}^2+C_9\tau_{12}^2=1 \quad (2\text{-}22)$$

根据单向板的三个主方向的拉伸、压缩强度以及不同面内的剪切强度，可以确定式中的九个参数。在平面应力状态下，考虑到材料的横观各向同性特点，霍夫曼准则可以表示为式（2-23）：

$$\frac{\sigma_1^2}{X_tX_c}-\frac{\sigma_1\sigma_2}{X_tX_c}+\frac{\sigma_2^2}{Y_tY_c}+\frac{X_c-X_t}{X_tX_c}\sigma_1+\frac{Y_c-Y_t}{Y_tY_c}\sigma_2+\frac{\tau_{12}^2}{S^2}=1 \quad (2\text{-}23)$$

显然，当 $X_t=X_c, Y_t=Y_c$ 时，式（2-23）就成了蔡-希尔准则。

根据该准则，材料不发生破坏的条件，如式（2-24）所示：

$$\begin{cases} F_I = F_1\sigma_1 + F_2\sigma_2 + F_{11}\sigma_1^2 + F_{22}\sigma_2^2 + F_{66}\tau_{12}^2 + 2F_{12}\sigma_1\sigma_2 < 1 \\ F_1 = \dfrac{1}{X_t} - \dfrac{1}{X_c}, \quad F_2 = \dfrac{1}{Y_t} - \dfrac{1}{Y_c}, \quad F_{11} = \dfrac{1}{X_tX_c} \\ F_{22} = \dfrac{1}{Y_tY_c}, \quad F_{66} = \dfrac{1}{S^2}, \quad F_{12} = \dfrac{1}{2X_tX_c} \end{cases} \quad (2\text{-}24)$$

该准则与蔡-希尔准则一样，也是一种相互作用理论，不同之处在于，该理论从根本上考虑了拉伸强度与压缩强度之间的区别。

5）蔡-吴（Tsai-Wu）张量理论

（1）蔡-吴理论破坏准则。在蔡-希尔和霍夫曼理论中，前者缺少与 $\dfrac{\sigma_1\sigma_2}{X^2}$ 项对应的 $\dfrac{\sigma_1\sigma_2}{Y^2}$ 项，后者缺少与 $\dfrac{\sigma_1\sigma_2}{X_tX_c}$ 项对应的 $\dfrac{\sigma_1\sigma_2}{Y_tY_c}$ 项，从应力的对称性来说都不是很完整。为了使破坏准则尽可能多地包含各种应力和强度指标，蔡为伦和吴·爱德华于1971年提出了应力空间张量理论，认为在三维应力状态下材料的破坏曲面在应力空间中可表示为一个二次张量多项式，如式（2-25）所示：

$$f(\sigma_i) = F_{ij}\sigma_i\sigma_j + F_i\sigma_i = 1 \quad (i,j = 1,2,6) \quad (2\text{-}25)$$

因此，对于平面应力状态，准则方程的展开式为式（2-26）：

$$\begin{aligned} & F_{11}\sigma_1^2 + 2F_{12}\sigma_1\sigma_2 + F_{22}\sigma_2^2 + F_{66}\sigma_6^2 + 2F_{16}\sigma_1\sigma_6 \\ & + 2F_{26}\sigma_2\sigma_6 + F_1\sigma_1 + F_2\sigma_2 + F_6\sigma_6 = 1 \end{aligned} \quad (2\text{-}26)$$

式中，σ_6——剪应力 τ_{12}。

式（2-26）各向系数可由三个应力分量单独作用，并使单向板发生破坏来确定。

若在单向板纵向分别施加拉伸和压缩应力（即 $\sigma_1 \neq 0, \sigma_2 = \sigma_6 = 0$），代入式（2-26），当应力满足强度条件时，得式（2-27）：

$$\begin{cases} F_{11}X_t^2 + F_1X_t = 1 \quad (\sigma_x = X_t) \\ F_{11}X_c^2 - F_1X_c = 1 \quad (\sigma_x = X_c) \end{cases} \quad (2\text{-}27)$$

联立方程可得式（2-28）：

$$\begin{cases} F_{11} = \dfrac{1}{X_tX_c} \\ F_1 = \dfrac{1}{X_t} - \dfrac{1}{X_c} \end{cases} \quad (2\text{-}28)$$

同理，在单向板的横向分别施加拉、压应力 σ_2，并满足强度条件，可得式（2-29）：

$$\begin{cases} F_{22}Y_t^2 + F_2 Y_t = 1 & (\sigma_2 = Y_t) \\ F_{22}Y_c^2 - F_2 Y_c = 1 & (\sigma_2 = Y_c) \end{cases} \quad (2\text{-}29)$$

由此解得式（2-30）：

$$\begin{cases} F_{22} = \dfrac{1}{Y_t Y_c} \\ F_2 = \dfrac{1}{Y_t} - \dfrac{1}{Y_c} \end{cases} \quad (2\text{-}30)$$

在正轴应力情况下，剪应力的正负并不影响单向板的强度（图 2-8），这样，可把 σ_1、σ_2、σ_6 与 σ_1、σ_2、$-\sigma_6$ 代入式（2-26），得到两个表达式，并使两个表达式相减，可得式（2-31）：

$$4F_{16}\sigma_1\sigma_6 + 4F_{26}\sigma_2\sigma_6 + 2F_6\sigma_6 = 0 \quad (2\text{-}31)$$

要使式（2-32）满足任意 σ_1、σ_2、σ_6 的应力状态，必须使 $F_{16} = F_{26} = F_6 = 0$。另外，在纯剪应力状态下由式（2-26）得到单向板的破坏条件是 $F_{66} = 1/S^2$，于是式（2-26）就可以简化为式（2-32）：

$$F_{11}\sigma_1^2 + 2F_{12}\sigma_1\sigma_2 + F_{22}\sigma_2^2 + F_1\sigma_1 + F_2\sigma_2 = 1 \quad (2\text{-}32)$$

该式就是平面应力状态下的蔡-吴理论破坏准则。

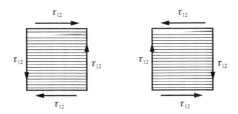

图 2-8 纯剪应力状态

（2）蔡-吴理论的其他形式。

① 应变空间破坏准则。在蔡-吴强度理论的应力表达式中，可得到用正轴应变表示的蔡-吴应变空间破坏准则，如式（2-33）所示：

$$F_{ij}Q_{ik}Q_{if}\varepsilon_k\varepsilon_f + F_i Q_{ij}\varepsilon_j = 1 \quad (2\text{-}33)$$

令

$$\begin{cases} G_{kf} = F_{ij}Q_{ik}Q_{if} \\ G_j = F_i Q_{ij} \end{cases} \quad (2\text{-}34)$$

则有

$$G_{kf}\varepsilon_k\varepsilon_f + G_j\varepsilon_j = 1 \quad (2\text{-}35)$$

与应力空间破坏准则一样,有 $G_{16} = G_{26} = G_6 = 0$,得应变空间准则,如式(2-36)所示:

$$G_{11}\varepsilon_1^2 + 2G_{12}\varepsilon_1\varepsilon_2 + G_{22}\varepsilon_2^2 + G_{66}\varepsilon_6^2 + G_1\varepsilon_1 + G_2\varepsilon_2 = 1 \quad (2\text{-}36)$$

由式(2-36)可得式(2-37):

$$\begin{cases} G_{11} = F_{11}Q_{11}Q_{11} + F_{12}Q_{11}Q_{21} + F_{21}Q_{21}Q_{11} + F_{22}Q_{21}Q_{21} \\ \quad\;\; = F_{11}Q_{11}^2 + 2F_{12}Q_{11}Q_{12} + F_{22}Q_{12}^2 \\ G_{22} = F_{22}Q_{22}^2 + 2F_{12}Q_{22}Q_{12} + F_{11}Q_{12}^2 \\ G_{12} = F_{11}Q_{11}Q_{12} + F_{12}(Q_{11}Q_{22} + Q_{12}^2) + F_{22}Q_{12}Q_{22} \\ G_{66} = F_{66}Q_{66}^2 \\ G_1 = F_1 Q_{11} + F_2 Q_{12} \\ G_2 = F_1 Q_{12} + F_2 Q_{22} \end{cases} \quad (2\text{-}37)$$

这样,就可以用正轴应变来确定单向板是否被破坏。

② 偏轴情况下的破坏准则。大多数情况下,需将偏轴应力转换成正轴应力,再代入相应的破坏准则进行强度计算。但是,对于蔡-吴强度理论,由于强度参数具有张量属性,使得偏轴和正轴情况下的判别式具有相同的数学表达式,这样就可以直接用偏轴应力或偏轴应变进行强度计算。

(a)偏轴应力空间表达式。为了与正轴应力表示的破坏准则形式上一致,在正轴应力上加横线表示偏轴应力,如式(2-38)所示:

$$\sigma_x = \bar{\sigma}_1, \quad \sigma_y = \bar{\sigma}_2, \quad \tau_{xy} = \bar{\sigma}_6 \quad (2\text{-}38)$$

这样,由偏轴应力转换可得到正轴应力,如式(2-39)所示:

$$\begin{cases} \sigma_1 = m^2\sigma_x + n^2\sigma_y + 2mn\tau_{xy} = m^2\bar{\sigma}_1 + n^2\bar{\sigma}_2 + 2mn\bar{\sigma}_6 \\ \sigma_2 = n^2\bar{\sigma}_1 + m^2\bar{\sigma}_2 - 2mn\bar{\sigma}_6 \\ \tau_{12} = -mn\sigma_1 + n^2\sigma_y + mn\bar{\sigma}_2 + (m^2 - n^2)\sigma_6 \end{cases} \quad (2\text{-}39)$$

把式（2-39）代入式（2-38），展开后合并同类项系数，可得式（2-40）：

$$(m^4 F_{11} + n^4 F_{22} + 2m^2 n^2 F_{12} + m^2 n^2 F_{66}) \bar{\sigma}_1^2$$
$$+ 2[m^2 n^2 F_{11} + m^2 n^2 F_{22} + (m^4 + n^4) F_{12} - m^2 n^2 F_{66}] \bar{\sigma}_1 \bar{\sigma}_2$$
$$+ (n^4 F_{11} + m^4 F_{22} + 2m^2 n^2 F_{11} + m^2 n^2 F_{66}) \bar{\sigma}_2^2$$
$$+ [4m^2 n^2 F_{11} + 4m^2 n^2 F_{22} - 8m^2 n^2 F_{12} + (m^2 - n^2) F_{66}] \bar{\sigma}_6^2$$
$$+ 2[2m^3 n F_{11} - 2mn^3 F_{22} + 2(mn^3 - nm^3) F_{12} + (mn^3 - nm^3) F_{66}] \bar{\sigma}_1 \bar{\sigma}_6$$
$$+ 2[2mn^3 F_{11} - 2m^3 n F_{22} + 2(m^3 n - n^3 m) F_{12} + (m^3 n - n^3 m) F_{66}] \bar{\sigma}_2 \bar{\sigma}_6$$
$$+ (m^2 F_1 + n^2 F_2) \bar{\sigma}_1 + (n^2 F_1 + m^2 F_2) \bar{\sigma}_2^2 + 2mn(F_1 - F_2) \bar{\sigma}_6 = 1 \quad (2\text{-}40)$$

令式（2-40）各应力系数分别为 $\bar{F}_{11}$、$\bar{F}_{12}$、$\bar{F}_{22}$、$\bar{F}_{66}$、$\bar{F}_{16}$、$\bar{F}_{26}$、$\bar{F}_1$、$\bar{F}_2$、$\bar{F}_6$，则式（2-40）可以简写为式（2-41）：

$$\bar{F}_{11} \bar{\sigma}_1^2 + 2\bar{F}_{12} \bar{\sigma}_1 \bar{\sigma}_2 + \bar{F}_{22} \bar{\sigma}_2^2 + \bar{F}_{66} \bar{\sigma}_6^2 + 2\bar{F}_{16} \bar{\sigma}_1 \bar{\sigma}_6$$
$$+ 2\bar{F}_{26} \bar{\sigma}_2 \bar{\sigma}_6 + \bar{F}_1 \bar{\sigma}_1 + \bar{F}_2 \bar{\sigma}_2 + \bar{F}_6 \bar{\sigma}_6 = 1 \quad (2\text{-}41)$$

式（2-43）是用偏轴应力表示的蔡-吴破坏准则。为方便起见，把系数 $\bar{F}_{11}$、$\bar{F}_{12}$、$\bar{F}_{22}$、$\bar{F}_{66}$、$\bar{F}_{16}$、$\bar{F}_{26}$、$\bar{F}_1$、$\bar{F}_2$、$\bar{F}_6$ 写成矩阵形式，如式（2-42）、式（2-43）所示：

$$\begin{bmatrix} \bar{F}_{11} \\ \bar{F}_{22} \\ \bar{F}_{12} \\ \bar{F}_{66} \\ \bar{F}_{16} \\ \bar{F}_{26} \end{bmatrix} = \begin{bmatrix} m^4 & n^4 & 2m^2 n^2 & m^2 n^2 \\ n^4 & m^4 & 2m^2 n^2 & m^2 n^2 \\ m^2 n^2 & m^2 n^2 & m^4 + n^4 & -m^2 n^2 \\ 4m^2 n^2 & 4m^2 n^2 & -8m^2 n^2 & (m^2 - n^2)^2 \\ 2m^3 n & -2mn^3 & 2(mn^3 - m^3 n) & mn^3 - m^3 n \\ 2mn^3 & -2m^3 n & 2(m^3 n - mn^3) & m^3 n - mn^3 \end{bmatrix} \quad (2\text{-}42)$$

$$\begin{bmatrix} \bar{F}_1 \\ \bar{F}_2 \\ \bar{F}_6 \end{bmatrix} = \begin{bmatrix} m^2 & n^2 \\ n^2 & m^2 \\ 2mn & -2mn \end{bmatrix} \begin{bmatrix} F_1 \\ F_2 \end{bmatrix} \quad (2\text{-}43)$$

可以发现，蔡-吴的偏轴与正轴破坏准则具有相同的形式，只是系数 $\bar{F}_{16} \neq 0, \bar{F}_{26} \neq 0, \bar{F}_6 \neq 0$，而且由式（2-41）从正轴 F_i、F_{ij} 的系数到偏轴 F_i、F_{ij} 的系数转换矩阵式，与柔量转换矩阵式完全相同，所以，这一转换相当于柔量转换。

（b）应变空间表达式。把偏轴应变 ε_x、ε_y 和 γ_{xy} 改用符号 $\bar{\varepsilon}_1$、$\bar{\varepsilon}_2$、$\bar{\varepsilon}_6$ 来表示，则将由偏轴应变表示的正轴应变代入应变空间破坏准则式（2-36）中，可得到相同形式的偏轴应变空间破坏准则，只是式（2-36）中的系数 G_{ij} 改用 $\bar{G}_{ij}$，并且二者有以下转换关系，如式（2-44）、式（2-45）所示：

$$\begin{bmatrix} \bar{G}_{11} \\ \bar{G}_{22} \\ \bar{G}_{12} \\ \bar{G}_{66} \\ \bar{G}_{16} \\ \bar{G}_{26} \end{bmatrix} = \begin{bmatrix} m^4 & n^4 & 2m^2n^2 & 4m^2n^2 \\ n^4 & m^4 & 2m^2n^2 & 4m^2n^2 \\ m^2n^2 & m^2n^2 & m^4+n^4 & -4m^2n^2 \\ m^2n^2 & m^2n^2 & -2m^2n^2 & (m^2-n^2)^2 \\ m^3n & -mn^3 & mn^3-m^3n & 2(mn^3-m^3n) \\ mn^3 & -m^3n & m^3n-mn^3 & 2(m^3n-mn^3) \end{bmatrix} \begin{bmatrix} G_{11} \\ G_{22} \\ G_{12} \\ G_{66} \end{bmatrix} \quad (2\text{-}44)$$

$$\begin{bmatrix} \bar{G}_1 \\ \bar{G}_2 \\ \bar{G}_6 \end{bmatrix} = \begin{bmatrix} m^2 & n^2 \\ n^2 & m^2 \\ mn & -mn \end{bmatrix} \begin{bmatrix} G_1 \\ G_2 \end{bmatrix} \quad (2\text{-}45)$$

同样，$G_{ij} \sim \bar{G}_{ij}$ 的转换关系也可以表示成倍角形式，如式（2-46）、式（2-47）所示：

$$\begin{bmatrix} \bar{G}_{11} \\ \bar{G}_{22} \\ \bar{G}_{12} \\ \bar{G}_{66} \\ \bar{G}_{16} \\ \bar{G}_{26} \end{bmatrix} = \begin{bmatrix} U_1^{(G)} & \cos 2\theta & \cos 4\theta \\ U_1^{(G)} & -\cos 2\theta & \cos 4\theta \\ U_4^{(G)} & 0 & -\cos 4\theta \\ U_5^{(G)} & 0 & -\cos 4\theta \\ 0 & \frac{1}{2}\sin 2\theta & \sin 4\theta \\ 0 & \frac{1}{2}\sin 2\theta & -\sin 4\theta \end{bmatrix} \begin{bmatrix} 1 \\ U_2^{(G)} \\ U_3^{(G)} \end{bmatrix} \quad (2\text{-}46)$$

$$\begin{bmatrix} \bar{G}_1 \\ \bar{G}_2 \\ \bar{G}_6 \end{bmatrix} = \begin{bmatrix} 1 & \cos 2\theta \\ 1 & -\cos 2\theta \\ 0 & \sin 2\theta \end{bmatrix} \begin{bmatrix} p_{12}^{(G)} \\ q_{12}^{(G)} \end{bmatrix} \quad (2\text{-}47)$$

2.3.2 多向复合材料力学分析

1. 组合板力学性能的估算

因为组合板的纤维排列方向比较复杂，所以想采用纤维和基体的性能来估算组合板的力学性能就比较困难。为了便于计算，可以根据单向板的性能估算，可分两步进行：

第一步，分析单向板的力学性能。有两种方法：第一种是用实验测出单向板的实际性能。这种方法误差较小；第二种是根据原材料的性能估算出单向板 L 向和 T 向的性能，再按 α 算出 x 向和 y 向的性能。这种方法累计误差较大，实际材料性能与理论计算值也不完全相等。

第二步，用单向板的力学性能估算组合板的力学性能。因为算法比较简单，所以求出的结果比较粗糙。

假定组合板是由 n 种不同形式的单向层组成的。用 σ_i、E_i、τ_i、G_i 表示第 i 种铺层的应力和模量；F_i 表示第 i 种铺层截面积百分比。

根据混合定律可得式（2-48）：

$$\sigma = \sum_{i=1}^{n} \sigma_i F_i, \quad E = \sum_{i=1}^{n} E_i F_i, \quad \tau = \sum_{i=1}^{n} \tau_i F_i, \quad G = \sum_{i=1}^{n} G_i F_i \tag{2-48}$$

把单向板的强度和模量 σ_{iu}、τ_{iu}、G_i、E_i 及截面积百分比 F_i 代入式（2-48），即得到组合板的强度和模量的估算值。

比较精确的方法有如下两种：第一种方法是材料力学方法——考虑各单层的 μ、m 值不同，推导出应力状态方程，用它估算组合板中各单层板的实际应力，进行强度校核；第二种方法是有限元法——以单向板性能作为已知条件，运用有限元法计算组合板结构内的应力分布，进行铺层设计。第 2 章中只详细介绍材料力学方法，有限元方法将在第 4 章阐述。

2. 两种单层板组成的组合板的应力状态方程

由两种单层板组成的组合板的应力状态方程假定有两种单层板，分别用 I 和 II 表示。这两种单层板的经纬向，分别为 L_I、T_I 和 L_{II}、T_{II}。由这两种单层板组成的多向组合板，每一种有若干铺层，设其厚度分别为 t_I、t_{II}，总厚度为 t。这块多向组合板，受外加荷载 σ_x、σ_y 及 τ_{xy} 的作用，设 L_I 与 x 方向夹角为 $+\alpha$，L_{II} 与 x 方向夹角为 $-\beta$，如图 2-9 所示。下面来分析这块组合板的基本力学性能。

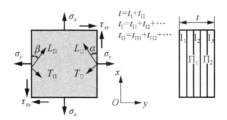

图 2-9　两种单层板的组合板示意图

分析步骤同前面单双向复合材料基本力学性能的一样，把这两种单层板的基本力学性能作为已知条件（这可通过前面的公式计算，或者直接测定得知），应用基本力学性能分析的三条基本假设条件进行讨论。

已知条件：第一，三条基本假设；第二，每种单层板 L、T 向的基本力学性能，即强度参数 σ_{Lb}、σ_{Tb}、τ_{LTb} 及弹性参数 E_L、E_T、G_{LT}、μ_{LT} 和 μ_{TL}；第三，每种单层板与 L、T 向成任意夹角 α 的 x、y 向强度参数 σ_{xb}、σ_{yb}、τ_{xyb} 及弹性参数 E_x、E_y、G_{xy}、μ_{xy}。

求解问题：由两种单层板组成的多向复合板，沿任意 x、y 向加载时的强度和模量解析式。

（1）分析与结论：根据静力平衡条件（应力状态理论）如式（2-49）所示：

$$\begin{cases} \sigma_x t = \sigma_{\mathrm{I}x} t_\mathrm{I} + \sigma_{\mathrm{II}x} t_\mathrm{II} \\ \sigma_y t = \sigma_{\mathrm{I}y} t_\mathrm{I} + \sigma_{\mathrm{II}y} t_\mathrm{II} \\ \tau_{xy} t = \tau_{\mathrm{I}xy} t_\mathrm{I} + \tau_{\mathrm{II}xy} t_\mathrm{II} \end{cases} \tag{2-49}$$

（2）根据形变一致条件如式（2-50）所示：

$$\begin{cases} \varepsilon_x = \varepsilon_{\mathrm{I}x} = \varepsilon_{\mathrm{II}x} \\ \varepsilon_y = \varepsilon_{\mathrm{I}y} = \varepsilon_{\mathrm{II}xy} \\ \gamma_{xy} = \gamma_{\mathrm{I}xy} = \gamma_{\mathrm{II}xy} \end{cases} \tag{2-50}$$

（3）根据弹性假设（广义胡克定律），考虑 μ、m 的作用对于 I 向层，如式（2-51）所示：

$$\begin{cases} \varepsilon_{\mathrm{I}x} = \dfrac{\sigma_{\mathrm{I}x}}{E_{\mathrm{I}x}} - \mu_{\mathrm{I}yx}\dfrac{\sigma_{\mathrm{I}y}}{E_{\mathrm{I}y}} - m_{\mathrm{I}x}\dfrac{\tau_{\mathrm{I}xy}}{E_{\mathrm{I}L}} \\ \varepsilon_{\mathrm{I}y} = \dfrac{\sigma_{\mathrm{I}y}}{E_{\mathrm{I}y}} - \mu_{\mathrm{I}xy}\dfrac{\sigma_{\mathrm{I}x}}{E_{\mathrm{I}x}} - m_{\mathrm{I}y}\dfrac{\tau_{\mathrm{I}xy}}{E_{\mathrm{I}L}} \\ \gamma_{\mathrm{I}xy} = \dfrac{\tau_{\mathrm{I}xy}}{G_{\mathrm{I}xy}} - m_{\mathrm{I}x}\dfrac{\sigma_{\mathrm{I}x}}{E_{\mathrm{I}L}} - m_{\mathrm{I}y}\dfrac{\sigma_{\mathrm{I}y}}{E_{\mathrm{I}L}} \end{cases} \tag{2-51}$$

对于 II 向层，如式（2-52）所示：

$$\begin{cases} \varepsilon_{\mathrm{II}x} = \dfrac{\sigma_{\mathrm{II}x}}{E_{\mathrm{II}x}} - \mu_{\mathrm{II}yx}\dfrac{\sigma_{\mathrm{II}y}}{E_{\mathrm{II}y}} - m_{\mathrm{II}x}\dfrac{\tau_{\mathrm{II}xy}}{E_{\mathrm{II}L}} \\ \varepsilon_{\mathrm{II}y} = \dfrac{\sigma_{\mathrm{II}y}}{E_{\mathrm{II}y}} - \mu_{\mathrm{II}xy}\dfrac{\sigma_{\mathrm{II}x}}{E_{\mathrm{II}x}} - m_{\mathrm{II}y}\dfrac{\tau_{\mathrm{II}xy}}{E_{\mathrm{II}L}} \\ \gamma_{\mathrm{II}xy} = \dfrac{\tau_{\mathrm{II}xy}}{G_{\mathrm{II}xy}} - m_{\mathrm{II}x}\dfrac{\sigma_{\mathrm{II}x}}{E_{\mathrm{II}L}} - m_{\mathrm{II}y}\dfrac{\sigma_{\mathrm{II}y}}{E_{\mathrm{II}L}} \end{cases} \tag{2-52}$$

(4) 把广义胡克定律及静力平衡条件代入形变一致条件，消去 $\sigma_{\mathrm{II}x}$、$\sigma_{\mathrm{II}y}$、$\tau_{\mathrm{II}xy}$，可得式（2-53）：

$$\begin{cases} A_{11}\sigma_{\mathrm{I}x} + A_{12}\sigma_{\mathrm{I}y} + A_{13}\tau_{\mathrm{I}xy} = \dfrac{t}{t_{\mathrm{I}}t_{\mathrm{II}}}\left(\dfrac{\sigma_x}{E_{\mathrm{II}x}} - \mu_{\mathrm{II}x}\dfrac{\sigma_y}{E_{\mathrm{II}y}} - m_{\mathrm{II}x}\dfrac{\tau_{xy}}{E_{\mathrm{II}L}}\right) \\ A_{21}\sigma_{\mathrm{I}x} + A_{22}\sigma_{\mathrm{I}y} + A_{23}\tau_{\mathrm{I}xy} = \dfrac{t}{t_{\mathrm{I}}t_{\mathrm{II}}}\left(\dfrac{\sigma_y}{E_{\mathrm{II}y}} - \mu_{\mathrm{II}xy}\dfrac{\sigma_x}{E_{\mathrm{II}x}} - m_{\mathrm{II}y}\dfrac{\tau_{xy}}{E_{\mathrm{II}L}}\right) \\ A_{31}\sigma_{\mathrm{I}x} + A_{32}\sigma_{\mathrm{I}y} + A_{33}\tau_{\mathrm{I}xy} = \dfrac{t}{t_{\mathrm{I}}t_{\mathrm{II}}}\left(-m_{\mathrm{II}x}\dfrac{\sigma_x}{E_{\mathrm{II}L}} - m_{\mathrm{II}y}\dfrac{\sigma_y}{E_{\mathrm{II}L}} + \dfrac{\tau_{xy}}{E_{\mathrm{II}xy}}\right) \end{cases} \quad (2\text{-}53)$$

同理，消去 $\sigma_{\mathrm{I}x}$、$\sigma_{\mathrm{I}y}$、$\tau_{\mathrm{I}xy}$，可得另一组方程，如式（2-54）所示：

$$\begin{cases} A_{11}\sigma_{\mathrm{II}x} + A_{12}\sigma_{\mathrm{II}y} + A_{13}\tau_{\mathrm{II}xy} = \dfrac{t}{t_{\mathrm{I}}t_{\mathrm{II}}}\left(\dfrac{\sigma_x}{E_{\mathrm{I}x}} - \mu_{\mathrm{I}yx}\dfrac{\sigma_y}{E_{\mathrm{I}y}} - m_{\mathrm{I}x}\dfrac{\tau_{xy}}{E_{\mathrm{I}L}}\right) \\ A_{21}\sigma_{\mathrm{II}x} + A_{22}\sigma_{\mathrm{II}y} + A_{23}\tau_{\mathrm{II}xy} = \dfrac{t}{t_{\mathrm{I}}t_{\mathrm{II}}}\left(\dfrac{\sigma_y}{E_{\mathrm{I}y}} - \mu_{\mathrm{I}xy}\dfrac{\sigma_x}{E_{\mathrm{I}x}} - m_{\mathrm{I}y}\dfrac{\tau_{xy}}{E_{\mathrm{I}L}}\right) \\ A_{31}\sigma_{\mathrm{II}x} + A_{32}\sigma_{\mathrm{II}y} + A_{33}\tau_{\mathrm{II}xy} = \dfrac{t}{t_{\mathrm{I}}t_{\mathrm{II}}}\left(-m_{\mathrm{I}x}\dfrac{\sigma_x}{E_{\mathrm{I}L}} - m_{\mathrm{I}y}\dfrac{\sigma_y}{E_{\mathrm{I}L}} + \dfrac{\tau_{xy}}{E_{\mathrm{I}xy}}\right) \end{cases} \quad (2\text{-}54)$$

其中，

$$A_{11} = \dfrac{1}{E_{\mathrm{I}x}t_{\mathrm{I}}} + \dfrac{1}{E_{\mathrm{II}x}t_{\mathrm{II}}}$$

$$A_{12} = \dfrac{-\mu_{\mathrm{I}yx}}{E_{\mathrm{I}y}t_{\mathrm{I}}} - \dfrac{\mu_{\mathrm{II}yx}}{E_{\mathrm{II}y}t_{\mathrm{II}}}$$

$$A_{13} = A_{31} = -\dfrac{m_{\mathrm{I}x}}{E_{\mathrm{I}y}t_{\mathrm{I}}} - \dfrac{m_{\mathrm{II}x}}{E_{\mathrm{II}L}t_{\mathrm{II}}}$$

$$A_{21} = -\dfrac{\mu_{\mathrm{I}xy}}{E_{\mathrm{I}x}t_{\mathrm{I}}} - \dfrac{\mu_{\mathrm{II}y}}{E_{\mathrm{II}L}t_{\mathrm{II}}}$$

$$A_{22} = \dfrac{1}{E_{\mathrm{I}y}t_{\mathrm{I}}} + \dfrac{1}{E_{\mathrm{II}y}t_{\mathrm{II}}}$$

$$A_{23} = A_{32} = -\dfrac{m_{\mathrm{I}y}}{E_{\mathrm{I}L}t_{\mathrm{I}}} - \dfrac{m_{\mathrm{II}y}}{E_{\mathrm{II}L}t_{\mathrm{II}}}$$

$$A_{31} = A_{13}$$

$$A_{32} = A_{23}$$

$$A_{33} = \frac{1}{G_{\mathrm{I}xy}t_{\mathrm{I}}} + \frac{1}{G_{\mathrm{II}xy}t_{\mathrm{II}}}$$

若外加荷载作用产生的应力 σ_x、σ_y、τ_{xy} 为已知，而式（2-53）和式（2-54）分别各有三个未知数 $\sigma_{\mathrm{I}x}$、$\sigma_{\mathrm{I}y}$、$\tau_{\mathrm{I}xy}$ 和 $\sigma_{\mathrm{II}x}$、$\sigma_{\mathrm{II}y}$、$\tau_{\mathrm{II}xy}$。因为每组方程有三个方程，通过联立，未知数可解出，即可解出组合板任意方向荷载时，各单层板在该方向的应力值。反之，若已知各单层板在任意 x、y 向的强度值时，可应用上述方程，解出组合板在 x、y 向荷载时的强度值 σ_{xb}、σ_{yb}、τ_{xyb}。当解出 σ_x、σ_y 和 τ_{xy} 后，根据形变一致条件，用 ε_x、ε_y、γ_{xy} 去除，分别可解得 E_x、E_y、G_{xy} 的计算式。式（2-53）和式（2-54）称为组合板的应力状态方程。

3. 组合板的附加应力

由前面的分析可知，多向复合材料（组合板）在外荷载作用下会产生层间应力。层间应力的产生主要有以下两个方面的原因：

（1）由于各单层板泊松比不同引起的附加应力。如[0/90/±45]$_s$，虽然各单层的 $m_x = m_y = 0$，但各铺层的泊松比不一。0°层的 $\mu_{LT} = 0.28$，90°层的 $\mu_{TL} = 0.07$，而 ±45°层的 $\mu_{45°} = 0.454$。由于泊松比不同的各单层在外力的作用下为了保持形变一致，势必造成在各单层之间产生附加应力。

（2）由于附加应变系数不为零引起的附加应力。

2.4 木材复合材料应力与应变分析

2.4.1 正交各向异性材料的应力-应变关系

图 2-10（a）表示纤维沿着同一方向整齐排列的单向复合材料，具有各向异性和非均匀性。我们首先对它的各向异性进行分析。在这个材料中，TZ 平面和 LZ 平面是两个正交的对称平面，被称作正交各向异性材料（orthotropic material）。其中，L、T、Z 轴（或 1、2、3 轴）为材料的主轴，其中，T 表示与纤维相垂直的方向，Z 表示厚度方向，L 表示纤维方向。再来分析它的非均匀性，在对它的整体力学行为进行分析时，将包含基体与纤维的合适大小的体积单元当作材料的基本构成要素，材料中各处元素的特性是相同的，所以图 2-10（a）在宏观上可以认为是均质材料。图 2-10（b）所示的交织纤维强化板被认为是一种正交各向异性材料。图 2-10（c）是短切纤维强化板。若纤维方向全部随机排列，那么在板所在平面内将显示出各向同性。

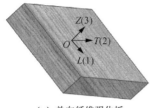 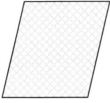 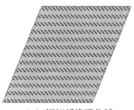

（a）单向纤维强化板　　　（b）交织纤维强化板　　　（c）短切纤维强化板

图 2-10　单层板构造形式

单向复合材料一般是作为层合板结构的基本单元使用，基本不会独自使用。在实际工程应用中，复合材料，特别是纤维增强复合塑料（fiber reinforced plastics，FRP），几乎是以平板或壳体的形式显现的，与其他方向的尺寸相比，厚度方向的尺寸一般是非常小的，单层板同样如此。在研究单向复合材料的力学性质时，可假设为平面应力状态，如式（2-55）所示：

$$\sigma_3 = \tau_{23} = \tau_{31} = 0 \tag{2-55}$$

除了宏观上的平面应力状态假设和均匀性假设两个假设之外，还可以假设单层板的形变为符合线弹性的小形变，则沿材料主轴方向的应力和应变之间存在以下联系，如式（2-56）所示：

$$\begin{bmatrix} \varepsilon_1 \\ \varepsilon_2 \\ \gamma_{12} \end{bmatrix} = \begin{bmatrix} S_{11} & S_{12} & 0 \\ S_{12} & S_{22} & 0 \\ 0 & 0 & S_{66} \end{bmatrix} \begin{bmatrix} \sigma_1 \\ \sigma_2 \\ \tau_{12} \end{bmatrix} \tag{2-56}$$

式中，S_{ij}——柔度系数（compliance coefficient）。

柔度系数和工程弹性常数（engineering constant）之间的关系，如式（2-57）所示：

$$S_{11} = \frac{1}{E_1}, \quad S_{22} = \frac{1}{E_2}, \quad S_{66} = \frac{1}{G_{12}}, \quad S_{12} = -\frac{\mu_{12}}{E_1} = -\frac{\mu_{21}}{E_2} \tag{2-57}$$

注意泊松比 μ_{12} 和 μ_{21} 的区别。μ_{12} 是 σ_1 单独作用引起的应变之比值，而 μ_{21} 是 σ_2 单独作用引起的应变之比值。式（2-57）中 S_{ij} 的下标由 1、2 直接跳到 6 是因为在弹性力学三维问题中习惯将 τ_{xy}、γ_{xy} 排在第 6 的位置。

2.4.2　正交各向异性材料的工程弹性系数

1. 弹性主轴

在各向异性复合材料中，因为材料的力学性能会随方向不同而发生改变，所以它们被称作方向的函数。但是，无论是人工制造的复合材料还是自然界未经加工的竹板、木板，它们都会有弹性对称面。若选取坐标轴方向与材料的弹性对称面相互垂直，则该坐标轴就是一个弹性主轴。单对称材料有一个弹性主轴，正交各向异性材料有三个弹性主轴。为了与其他坐标系相互区别，对正交各向异性材料的三个弹性主轴分别用1、2和3表示。其中，与增强纤维方向平行的轴为1轴，在面内与纤维方向垂直的轴为2轴，厚度所在方向为3轴，如图2-11所示。因此，与弹性主轴方向一致的应力和应变、材料常数等有关参数，也分别用弹性主轴1、2和3作为下标加以标注。

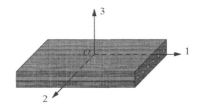

图2-11　正交各向异性材料的弹性主轴

2. 工程弹性常数的取值范围

在各向同性材料中，泊松比的取值范围如式（2-58）所示：

$$0 < \mu < \frac{1}{2} \tag{2-58}$$

对于正交各向异性材料的工程弹性常数来说，它也具有相近似的限定条件，测定的材料常数可以通过这些条件进行检验。从能量观念来说，所有应力分量所做的功必须保证是正值。那么，如果每次只有一个应力分量作用，应变能密度函数式可简化为式（2-59）：

$$U = \frac{1}{2}\sigma_i \varepsilon_i = \frac{1}{2}C_{ij}\varepsilon_i \varepsilon_j = \frac{1}{2}S_{ij}\sigma_i \sigma_j \tag{2-59}$$

设 $\sigma_1 \neq 0$，当其余应力分量为0，可得式（2-60）：

$$U = \frac{1}{2}\varepsilon_1 \sigma_1 = \frac{1}{2}S_{11}\sigma_1^2 = \frac{1}{2}C_{11}\varepsilon_1^2 \tag{2-60}$$

显然，$U > 0$，则 $S_{11} > 0$，$C_{11} > 0$，便可得到柔度矩阵主对角线元素，如式（2-61）所示：

$$S_{11}, S_{22}, S_{33}, S_{44}, S_{55}, S_{66} > 0 \tag{2-61}$$

以及刚度矩阵主对角线元素，如式（2-62）所示：
$$C_{11}, C_{22}, C_{33}, C_{44}, C_{55}, C_{66} > 0 \tag{2-62}$$

由柔度矩阵式，可得式（2-63）：
$$E_1, E_2, E_3, G_{23}, G_{31}, G_{12} > 0 \tag{2-63}$$

由此可知，柔度矩阵 S 和刚度矩阵 C 均为正定矩阵。由正定矩阵的行列式 $\Delta = \dfrac{1 - \mu_{12}\mu_{21} - \mu_{23}\mu_{32} - \mu_{13}\mu_{31} - 2\mu_{12}\mu_{23}\mu_{31}}{E_1 E_2 E_3} > 0$ 可得式（2-64）：
$$1 - \mu_{12}\mu_{21} - \mu_{23}\mu_{32} - \mu_{13}\mu_{31} - 2\mu_{12}\mu_{23}\mu_{31} > 0 \tag{2-64}$$

式（2-62）进一步可化成，如式（2-65）所示：
$$\mu_{21}\mu_{32}\mu_{13} < \frac{1}{2}\left(1 - \mu_{21}^2 \frac{E_2}{E_1} - \mu_{32}^2 \frac{E_3}{E_2} - \mu_{31}^2 \frac{E_3}{E_1}\right) < \frac{1}{2} \tag{2-65}$$

式（2-63）表明，正交各向异性材料的三个主泊松比之积小于 $1/2$，这就意味着，三个泊松比不可能同时取较大的值。

再由刚度矩阵的对角元素 C_{11}、C_{22}、C_{33} 的表达式，可得式（2-66）：
$$\begin{cases} C_{11} = \dfrac{S_{22}S_{33} - S_{23}^2}{S} = \dfrac{1 - \mu_{23}\mu_{32}}{E_2 E_3 \Delta} > 0 \\ C_{22} = \dfrac{S_{33}S_{11} - S_{13}^2}{S} = \dfrac{1 - \mu_{13}\mu_{31}}{E_1 E_3 \Delta} > 0 \\ C_{33} = \dfrac{S_{11}S_{22} - S_{12}^2}{S} = \dfrac{1 - \mu_{12}\mu_{21}}{E_1 E_2 \Delta} > 0 \end{cases} \tag{2-66}$$

由式（2-66）可得式（2-67）：
$$(1 - \mu_{23}\mu_{32}), (1 - \mu_{13}\mu_{31}), (1 - \mu_{12}\mu_{21}) > 0 \tag{2-67}$$

由正交异性材料工程弹性常数之间的关系式 $\dfrac{\mu_{ij}}{E_j} = \dfrac{\mu_{ji}}{E_i} (i,j = 1,2,3,\ i \neq j)$ 得到下列泊松比的限制条件，如式（2-68）所示：
$$\begin{cases} |\mu_{21}| < \left(\dfrac{E_2}{E_1}\right)^{1/2}, |\mu_{12}| < \left(\dfrac{E_1}{E_2}\right)^{1/2} \\ |\mu_{32}| < \left(\dfrac{E_3}{E_2}\right)^{1/2}, |\mu_{23}| < \left(\dfrac{E_2}{E_3}\right)^{1/2} \\ |\mu_{31}| < \left(\dfrac{E_3}{E_1}\right)^{1/2}, |\mu_{13}| < \left(\dfrac{E_1}{E_3}\right)^{1/2} \end{cases} \tag{2-68}$$

可根据泊松比的限定条件来校核实验数据，这与各向同性材料有较大区别。

2.4.3 复合材料单层板主轴方向的应力-应变关系

复合材料单层板是一种扁平的薄层片，由基体与按相同方向布列的纤维黏合而成。单层板一般作为层合板或层合结构组的基本单元使用而不独自使用，因此对它的宏观力学研究是分析层合结构材料的基础。从宏观角度看，单层板属于横观各向同性体或正交各向异性体。单层复合材料中的纤维是单向平行的，将单层材料的主方向用 1(L)、2(T)和 3(N)来表示。其中，纤维方向为 1(L)向，称为纵向，垂直纤维方向为 2(T)向，称为横向，单层板的厚度方向为 3(N)向，称为法向。如图 2-12 所示，即 1、2 坐标轴方向为板的面内主轴方向。单层厚度方向（3 方向）与其他平面内方向（1、2 方向）尺寸相比，一般是很小的，因此可认为 $\sigma_3 = 0$，$\tau_{23} = \sigma_4 = \tau_{31} = \sigma_5 = 0$，如此就定义了平面应力状态。

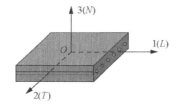

图 2-12 单层板的坐标系示意图

正交各向异性材料在平面应力状态下的应力-应变关系如式（2-69）所示：

$$\begin{cases} \begin{bmatrix} \varepsilon_1 \\ \varepsilon_2 \\ \varepsilon_3 \end{bmatrix} = \begin{bmatrix} S_{11} & S_{12} & 0 \\ S_{12} & S_{22} & 0 \\ 0 & 0 & S_{66} \end{bmatrix} \begin{bmatrix} \sigma_1 \\ \sigma_2 \\ \tau_{12} \end{bmatrix} = \boldsymbol{S}\boldsymbol{\sigma} \\ \gamma_{31} = \gamma_{23} = 0, \quad \varepsilon_3 = S_{13}\sigma_1 + S_{23}\sigma_2 \end{cases} \quad (2\text{-}69)$$

其中，柔度系数可用工程弹性常数来表示，如式（2-70）所示：

$$\begin{cases} S_{11} = \dfrac{1}{E_1}, S_{22} = \dfrac{1}{E_2} \\ S_{12} = -\dfrac{\mu_{12}}{E_1} = -\dfrac{\mu_{21}}{E_2} \\ S_{66} = \dfrac{1}{G_{12}} \end{cases} \quad (2\text{-}70)$$

由于 $\dfrac{\mu_{12}}{E_1} = \dfrac{\mu_{21}}{E_2}$ 的存在，因此，E_1、E_2、μ_{21}、G_{12} 是平面应力问题中单层材料的四个独立的弹性常数。

式（2-67）也可写成用应变表示应力的关系式，如式（2-71）所示：

$$\begin{bmatrix} \sigma_1 \\ \sigma_2 \\ \tau_{12} \end{bmatrix} = \begin{bmatrix} Q_{11} & Q_{12} & 0 \\ Q_{12} & Q_{22} & 0 \\ 0 & 0 & Q_{66} \end{bmatrix} \begin{bmatrix} \varepsilon_1 \\ \varepsilon_2 \\ \gamma_{12} \end{bmatrix} = \boldsymbol{Q\varepsilon} \tag{2-71}$$

式（2-71）称为单层材料主方向的应力-应变关系，其中，$\boldsymbol{Q}$ 是二维刚度矩阵；$Q_{ij}(i,j=1,2,6)$ 为二维刚度矩阵的刚度系数，可由二维柔度矩阵 $\boldsymbol{S}$ 求逆得出，如式（2-72）所示：

$$\begin{cases} Q_{11} = \dfrac{S_{22}}{\Delta}, Q_{22} = \dfrac{S_{11}}{\Delta} \\ Q_{12} = -\dfrac{S_{22}}{\Delta}, Q_{66} = \dfrac{1}{S_{66}} \\ \Delta = S_{11}S_{22} - S_{12}^2 \end{cases} \tag{2-72}$$

由于在平面应力状态下，$Q_{ij} \neq C_{ij}$，而且 Q_{ij} 一般还有所减小，因此这里是用 Q_{ij} 而不是用 C_{ij} 作为刚度系数，这里称 $\boldsymbol{Q}$ 为折减刚度矩阵（reduced stiffness matrix），而柔度矩阵仍用 $\boldsymbol{S}$ 表示。如将全部 S_{ij} 系数组成 $\boldsymbol{S}$（包括 S_{13}、S_{23}）总体求逆，由 $\boldsymbol{C} = \boldsymbol{S}^{-1}$，可求得平面应力问题的二维刚度矩阵 $\boldsymbol{Q}$ 中的折减刚度系数 Q_{ij} 与三维刚度矩阵 $\boldsymbol{C}$ 中的刚度系数 C_{ij} 之间存在下列关系，如式（2-73）所示：

$$\begin{cases} Q_{11} = C_{11} - \dfrac{C_{13}^2}{C_{33}}, Q_{12} = C_{12} - \dfrac{C_{12}C_{23}}{C_{33}} \\ Q_{22} = C_{22} - \dfrac{C_{23}^2}{C_{33}}, Q_{66} = C_{66} \end{cases} \tag{2-73}$$

由上式可见，除 $Q_{66} = C_{66}$ 外，一般 $Q_{ij} < C_{ij}(i,j=1,2,6)$。

Q_{ij} 用工程弹性常数表示，如式（2-74）所示：

$$\begin{cases} Q_{11} = \dfrac{E_1}{1-\mu_{12}\mu_{21}}, Q_{22} = \dfrac{E_2}{1-\mu_{12}\mu_{21}} \\ Q_{12} = \dfrac{\mu_{12}E_2}{1-\mu_{12}\mu_{21}} = \dfrac{\mu_{21}E_1}{1-\mu_{12}\mu_{21}} \\ Q_{66} = G_{12} \end{cases} \tag{2-74}$$

对于各向同性材料,在平面应力状态下应变-应力关系,如式(2-75)所示:

$$\begin{bmatrix} \varepsilon_1 \\ \varepsilon_2 \\ \gamma_{12} \end{bmatrix} = \begin{bmatrix} S_{11} & S_{12} & 0 \\ S_{12} & S_{11} & 0 \\ 0 & 0 & 2(S_{11}-S_{12}) \end{bmatrix} \begin{bmatrix} \sigma_1 \\ \sigma_2 \\ \tau_{12} \end{bmatrix} \quad (2\text{-}75)$$

式中,$S_{11}=\dfrac{1}{E}$,$S_{12}=\dfrac{-\mu}{E}$,$2(S_{11}-S_{22})=\dfrac{1}{G}=\dfrac{2(1+\mu)}{E}$。

反之,应力-应变关系如式(2-76)所示:

$$\begin{bmatrix} \sigma_1 \\ \sigma_2 \\ \tau_{12} \end{bmatrix} = \begin{bmatrix} Q_{11} & Q_{12} & 0 \\ Q_{12} & Q_{11} & 0 \\ 0 & 0 & Q_{66} \end{bmatrix} \begin{bmatrix} \varepsilon_1 \\ \varepsilon_2 \\ \gamma_{12} \end{bmatrix} \quad (2\text{-}76)$$

式中,$Q_{11}=\dfrac{E_1}{1-\mu^2}$,$Q_{12}=\dfrac{\mu E}{1-\mu^2}$,$Q_{66}=G=\dfrac{E}{2(1+\mu)}$。

2.4.4 复合材料单层板偏轴方向的应力-应变关系

在实际操作时,层合板总坐标轴 x-y 与单层材料的主方向有可能会发生不一致的情况。因此,为了能在同一参考坐标系(如 x-y)中计算材料的刚度,需要分析单层材料在偏轴方向上的弹性常数与材料主轴方向的弹性常数之间的关系,进而获得单层材料在非材料主轴方向的应力-应变关系。下面简要讨论平面应力状态下的应力转轴和应变转轴公式。

1. 应力转轴公式

设复合材料单层的材料主方向坐标系 1-2 与参考坐标系 x-y 的夹角为 θ,如图 2-13 所示,θ 表示从 x 轴转向 1 轴的角度,以逆时针为正,且有 $-180°\leqslant\theta\leqslant180°$。

在复合材料单层中取出一单元体,其应力分布如图 2-14 所示。根据材料力学知识,将单元体截出两个分别垂直于 1 方向和平行于 1 方向的截面的楔形块,两楔形块截面上分别有材料主方向正应力 σ_1、切应力 τ_{12} 和正应力 σ_2、切应力 τ_{12},如图 2-15 所示。考虑楔形体沿材料主方向的平衡,可得式(2-77):

$$\sigma_x = \sigma_1\cos^2\theta + \sigma_2\sin^2\theta - 2\tau_{12}\sin\theta\cos\theta \quad (2\text{-}77)$$

同理可得式(2-78)、式(2-79):

$$\sigma_y = \sigma_1\sin^2\theta + \sigma_2\cos^2\theta + 2\tau_{12}\sin\theta\cos\theta \quad (2\text{-}78)$$

$$\tau_{xy} = \sigma_1\sin\theta\cos\theta - \sigma_2\sin\theta\cos\theta + \tau_{12}\left(\cos^2\theta - \sin^2\theta\right) \quad (2\text{-}79)$$

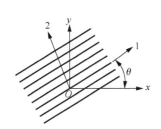
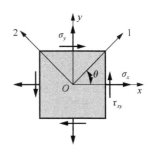

图 2-13 两种坐标之间的关系　　　　图 2-14 单元体应力分布

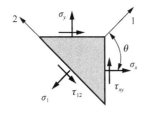
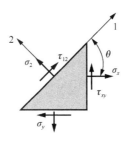

（a）σ_1、τ_{12} 平衡关系　　　　　（b）σ_2、τ_{12} 平衡关系

图 2-15 偏轴与正轴应力转换

即得用 1-2（主方向）坐标中应力分量表示 x-y 坐标中应力分量的转换式，如式（2-80）所示：

$$\begin{bmatrix} \sigma_x \\ \sigma_y \\ \tau_{xy} \end{bmatrix} = \begin{bmatrix} \cos^2\theta & \sin^2\theta & -2\cos\theta\sin\theta \\ \sin^2\theta & \cos^2\theta & 2\cos\theta\sin\theta \\ \cos\theta\sin\theta & -\cos\theta\sin\theta & \cos^2\theta - \sin^2\theta \end{bmatrix} \begin{bmatrix} \sigma_1 \\ \sigma_2 \\ \tau_{12} \end{bmatrix} \quad (2\text{-}80)$$

将式（2-80）写成式（2-81）：

$$\begin{bmatrix} \sigma_x \\ \sigma_y \\ \tau_{xy} \end{bmatrix} = \boldsymbol{T}^{-1} \begin{bmatrix} \sigma_1 \\ \sigma_2 \\ \tau_{12} \end{bmatrix} \quad (2\text{-}81)$$

用 x-y 坐标方向应力分量表示 1-2 方向应力分量，如式（2-82）所示：

$$\begin{bmatrix} \sigma_1 \\ \sigma_2 \\ \tau_{12} \end{bmatrix} = \boldsymbol{T} \begin{bmatrix} \sigma_x \\ \sigma_y \\ \tau_{xy} \end{bmatrix} \quad (2\text{-}82)$$

式中，$\boldsymbol{T}$——坐标转换矩阵；

$\boldsymbol{T}^{-1}$——$\boldsymbol{T}$ 的逆矩阵，它们的展开式分别如式（2-83）、式（2-84）所示：

$$T = \begin{bmatrix} \cos^2\theta & \sin^2\theta & 2\sin\theta\cos\theta \\ \sin^2\theta & \cos^2\theta & -2\sin\theta\cos\theta \\ -\sin\theta\cos\theta & \sin\theta\cos\theta & \cos^2\theta - \sin^2\theta \end{bmatrix} \quad (2\text{-}83)$$

$$T^{-1} = \begin{bmatrix} \cos^2\theta & \sin^2\theta & -2\sin\theta\cos\theta \\ \sin^2\theta & \cos^2\theta & 2\sin\theta\cos\theta \\ \sin\theta\cos\theta & -\sin\theta\cos\theta & \cos^2\theta - \sin^2\theta \end{bmatrix} \quad (2\text{-}84)$$

2. 应变转轴公式

平面应力状态下，单层板在 x-y 坐标中的应变分量为 ε_x、ε_y、γ_{xy}，主方向与 x 轴的夹角为 θ，主方向的应变分量为 ε_1、ε_2、γ_{12}。取一矩形单层板单元，其边长为 d_x 和 d_y，对角线方向设为 1 方向，长度为 d_l。考察 ε_1 与 ε_x 的关系，在小形变假设下，变化后对角线与水平方向的夹角仍看作 θ，因此如式（2-85）所示：

$$\varepsilon_1 d_l = \varepsilon_x d_x \cos\theta \quad (2\text{-}85)$$

注意到 $d_x = d_l \cos\theta$，如式（2-86）所示：

$$\varepsilon_1 = \varepsilon_x \cos^2\theta \quad (2\text{-}86)$$

当考虑 ε_x、ε_y、ε_{xy} 三者时，用类似的方法可导出如下关系，如式（2-87）所示：

$$\varepsilon_1 = \varepsilon_x \cos^2\theta + \varepsilon_y \sin^2\theta + \gamma_{xy}\sin\theta\cos\theta \quad (2\text{-}87)$$

同理可得，如式（2-88）、式（2-89）所示：

$$\varepsilon_2 = \varepsilon_x \sin^2\theta + \varepsilon_y \cos^2\theta - \gamma_{xy}\sin\theta\cos\theta \quad (2\text{-}88)$$

$$\gamma_{12} = -2\varepsilon_x \sin\theta\cos\theta + 2\varepsilon_y \sin\theta\cos\theta + \gamma_{xy}(\cos^2\theta - \sin^2\theta) \quad (2\text{-}89)$$

将以上三式写成矩阵形式，可得式（2-90）：

$$\begin{bmatrix} \varepsilon_1 \\ \varepsilon_2 \\ \gamma_{12} \end{bmatrix} = \begin{bmatrix} \cos^2\theta & \sin^2\theta & \sin\theta\cos\theta \\ \sin^2\theta & \cos^2\theta & -\sin\theta\cos\theta \\ -2\sin\theta\cos\theta & 2\sin\theta\cos\theta & \cos^2\theta - \sin^2\theta \end{bmatrix} \begin{bmatrix} \varepsilon_x \\ \varepsilon_y \\ \gamma_{xy} \end{bmatrix} \quad (2\text{-}90)$$

反过来可得式（2-91）：

$$\begin{bmatrix} \varepsilon_x \\ \varepsilon_y \\ \gamma_{xy} \end{bmatrix} = \begin{bmatrix} \cos^2\theta & \sin^2\theta & -\sin\theta\cos\theta \\ \sin^2\theta & \cos^2\theta & \sin\theta\cos\theta \\ 2\sin\theta\cos\theta & -2\sin\theta\cos\theta & \cos^2\theta - \sin^2\theta \end{bmatrix} \begin{bmatrix} \varepsilon_1 \\ \varepsilon_2 \\ \gamma_{12} \end{bmatrix} \quad (2\text{-}91)$$

对比式(2-90)和式(2-84)发现,式(2-90)的转换矩阵与式(2-84)的转置矩阵相同,可得式(2-92):

$$\begin{bmatrix} \varepsilon_1 \\ \varepsilon_2 \\ \gamma_{12} \end{bmatrix} = \left(T^{-1}\right)^{\mathrm{T}} \begin{bmatrix} \varepsilon_x \\ \varepsilon_y \\ \gamma_{xy} \end{bmatrix} \tag{2-92}$$

对比式(2-91)和式(2-83),可得式(2-93):

$$\begin{bmatrix} \varepsilon_x \\ \varepsilon_y \\ \gamma_{xy} \end{bmatrix} = T^{\mathrm{T}} \begin{bmatrix} \varepsilon_1 \\ \varepsilon_2 \\ \gamma_{12} \end{bmatrix} \tag{2-93}$$

3. 单层板偏轴方向的应力-应变关系

正交各向异性材料中,平面应力状态主方向的应力-应变关系,如式(2-94)所示:

$$\begin{bmatrix} \sigma_1 \\ \sigma_2 \\ \tau_{12} \end{bmatrix} = \begin{bmatrix} Q_{11} & Q_{12} & 0 \\ Q_{12} & Q_{22} & 0 \\ 0 & 0 & Q_{26} \end{bmatrix} \begin{bmatrix} \varepsilon_1 \\ \varepsilon_2 \\ \gamma_{12} \end{bmatrix} = Q \begin{bmatrix} \varepsilon_1 \\ \varepsilon_2 \\ \gamma_{12} \end{bmatrix} \tag{2-94}$$

应用式(2-90)和式(2-92)可得出偏轴向应力-应力关系,如式(2-95)所示:

$$\begin{bmatrix} \sigma_x \\ \sigma_y \\ \tau_{xy} \end{bmatrix} = T^{-1} \begin{bmatrix} \sigma_1 \\ \sigma_2 \\ \tau_{12} \end{bmatrix} = T^{-1} Q \begin{bmatrix} \varepsilon_1 \\ \varepsilon_2 \\ \gamma_{12} \end{bmatrix} - T^{-1} Q \left(T^{-1}\right)^{\mathrm{T}} \begin{bmatrix} \varepsilon_x \\ \varepsilon_y \\ \gamma_{xy} \end{bmatrix} \tag{2-95}$$

现用 $\bar{Q}$ 表示 $T^{-1} Q \left(T^{-1}\right)^{\mathrm{T}}$,称 $\bar{Q}$ 为转换刚度矩阵,则在 x-y 坐标中应力-应变关系如式(2-96)所示:

$$\begin{bmatrix} \sigma_x \\ \sigma_y \\ \tau_{xy} \end{bmatrix} = \bar{Q} \begin{bmatrix} \varepsilon_x \\ \varepsilon_y \\ \gamma_{xy} \end{bmatrix} = \begin{bmatrix} \bar{Q}_{11} & \bar{Q}_{12} & \bar{Q}_{16} \\ \bar{Q}_{12} & \bar{Q}_{22} & \bar{Q}_{26} \\ \bar{Q}_{16} & \bar{Q}_{26} & \bar{Q}_{66} \end{bmatrix} \begin{bmatrix} \varepsilon_x \\ \varepsilon_y \\ \gamma_{xy} \end{bmatrix} \tag{2-96}$$

将式（2-84）代入转换刚度矩阵定义式（2-96），可得转换刚度系数 $Q_{ij}(i,j=1,2,6)$，如式（2-97）所示：

$$\begin{cases} \bar{Q}_{11} = Q_{11}m^4 + 2(Q_{12} + 2Q_{66})m^2n^2 + Q_{22}n^4 \\ \bar{Q}_{12} = (Q_{11} + Q_{22} - 4Q_{66})m^2n^2 + Q_{12}(m^4 + n^4) \\ \bar{Q}_{22} = Q_{11}n^4 + 2(Q_{12} + 2Q_{66})m^2n^2 + Q_{22}m^4 \\ \bar{Q}_{66} = (Q_{11} + Q_{22} - 2Q_{12} - 2Q_{66})m^2n^2 + Q_{66}(m^4 + n^4) \\ \bar{Q}_{16} = (Q_{11} - Q_{12} - 2Q_{66})m^3n + (Q_{12} - Q_{22} + 2Q_{66})mn^3 \\ \bar{Q}_{26} = (Q_{11} - Q_{12} - 2Q_{66})mn^3 + (Q_{12} - Q_{22} + 2Q_{66})m^3n \end{cases} \quad (2\text{-}97)$$

式（2-95）用 $m = \cos\theta$ 和 $n = \sin\theta$ 表示余弦函数和正弦函数。

矩阵 $\bar{\boldsymbol{Q}}$ 表示代表主方向的二维刚度矩阵 $\boldsymbol{Q}$ 的转换矩阵，它一般有九个系数，且一般均不为零，并有对称性，有六个不同系数。$\bar{\boldsymbol{Q}}$ 的六个系数中，$\bar{Q}_{16}$、$\bar{Q}_{26}$ 是 θ 的奇函数，$\bar{Q}_{11}$、$\bar{Q}_{12}$、$\bar{Q}_{22}$、$\bar{Q}_{66}$ 是 θ 的偶函数。它与 $\boldsymbol{Q}$ 大不相同，但是由于是正交各向异性单层材料，仍只有四个独立的材料弹性常数。在 x-y 坐标中即使正交各向异性单层材料显示出一般各向异性性质，剪应力与线应变之间以及剪应力与正应力之间均存在耦合影响，但是正交各向异性单层材料在材料主方向上具有正交向异性特性，故称为广义正交各向异性单层材料，以与一般各向异性材料相区分。

现再用应力表示应变，在材料主方向单层材料则如式（2-98）所示：

$$\begin{bmatrix} \varepsilon_1 \\ \varepsilon_2 \\ \gamma_{12} \end{bmatrix} = \begin{bmatrix} S_{11} & S_{12} & 0 \\ S_{12} & S_{22} & 0 \\ 0 & 0 & S_{66} \end{bmatrix} \begin{bmatrix} \sigma_1 \\ \sigma_2 \\ \tau_{12} \end{bmatrix} = \boldsymbol{S} \begin{bmatrix} \sigma_1 \\ \sigma_2 \\ \tau_{12} \end{bmatrix} \quad (2\text{-}98)$$

转换到 x-y 坐标方向则如式（2-99）所示：

$$\begin{bmatrix} \varepsilon_x \\ \varepsilon_y \\ \varepsilon_{xy} \end{bmatrix} = \boldsymbol{T}^{\mathrm{T}} \begin{bmatrix} \varepsilon_1 \\ \varepsilon_2 \\ \gamma_{12} \end{bmatrix} = \boldsymbol{T}^{\mathrm{T}} \boldsymbol{S} \begin{bmatrix} \sigma_1 \\ \sigma_2 \\ \tau_{12} \end{bmatrix} = \boldsymbol{T}^{\mathrm{T}} \boldsymbol{S} \boldsymbol{T} \begin{bmatrix} \sigma_x \\ \sigma_y \\ \tau_{xy} \end{bmatrix} = \bar{\boldsymbol{S}} \begin{bmatrix} \sigma_x \\ \sigma_y \\ \tau_{xy} \end{bmatrix} \quad (2\text{-}99)$$

式（2-99）中，有 $\bar{\boldsymbol{S}} = \boldsymbol{T}^{\mathrm{T}} \boldsymbol{S} \boldsymbol{T}$，称 $\bar{\boldsymbol{S}}$ 为转换柔度矩阵，其中 $\bar{S}_{ij}$ 如式（2-100）所示：

$$\begin{cases}\overline{S}_{11} = S_{11}\cos^4\theta + (2S_{12}+S_{66})\sin^2\theta\cos^2\theta + S_{22}\sin^4\theta \\ \overline{S}_{12} = S_{12}(\sin^4\theta+\cos^4\theta)+(S_{11}+S_{22}-S_{66})\sin^2\theta\cos^2\theta \\ \overline{S}_{22} = S_{11}\sin^4\theta + (2S_{12}+S_{66})\sin^2\theta\cos^2\theta + S_{22}\cos^4\theta \\ \overline{S}_{16} = (2S_{11}-2S_{12}-S_{66})\sin\theta\cos^3\theta - (2S_{22}-2S_{12}-S_{66})\sin^3\theta\cos\theta \\ \overline{S}_{26} = (2S_{11}-2S_{12}-S_{66})\sin^3\theta\cos\theta - (2S_{22}-2S_{12}-S_{66})\sin\theta\cos^3\theta \\ \overline{S}_{66} = 4\left(S_{11}+S_{22}-2S_{12}-\dfrac{1}{2}S_{66}\right)\sin^2\theta\cos^2\theta + S_{66}(\sin^4\theta+\cos^4\theta) \end{cases} \quad (2\text{-}100)$$

式中，$\overline{S}_{16}$、$\overline{S}_{26}$——θ 的偶函数；

$\overline{S}_{11}$、$\overline{S}_{12}$、$\overline{S}_{22}$、$\overline{S}_{66}$——θ 的奇函数。

另外，$\overline{S}$ 与 S 不同，有六个系数，S 各系数可用四个独立弹性常数表示和计算，$\overline{S}$ 也可用这些弹性常数求得，即

$$S_{11} = \frac{1}{E_1}$$

$$S_{12} = \frac{v_{12}}{E_1} = \frac{v_{21}}{E_2}$$

$$S_{22} = \frac{1}{E_2}$$

$$S_{66} = \frac{1}{G_{12}}$$

2.5 本章小结

本章就木材宏观正交各向异性的特点从复合材料细观力学角度出发，进行木质复合材料单向力学行为、多向力学行为以及弹性力学角度的分析，推导出单层材料任意方向上的应力应变关系以及多层组合板任意方向的应力状态。

第 3 章 木材复合材料层合板理论

木材作为传统材料,随着科学技术的进步和自然资源与人类需求发生的变化,木材的使用从原始的单一材料逐渐发展到锯材、单板、刨花、纤维和化学成分,如胶合板、刨花板、纤维板等木材复合材料。其中,层合板的结构与木材的微观结构(早材、晚材和过渡材)相似,所以可以用层合板的理论对木材力学性能进行分析与研究。

3.1 层合板刚度分析

3.1.1 层合板的概念

层合板是指根据预设的铺向角和铺设顺序将若干单向板叠合在一起固化而成的整体板。例如,日常生活中常用的胶合板的力学性能取决于每个单向板的材料特性、铺向角和铺设顺序,但它的功能是单向板无法实现的。

层合板是由沿厚度方向叠加的单向板组成,在铺设之前,可以建立坐标系作为单向板铺向角的参考坐标。层合板的标记应该可以反映单板的铺设特性,如厚度、材料和铺向角等。

3.1.2 层合板的标记

沿任意方向上铺层叠加的复合材料称为多向复合材料,也称组合板。在实际应用中,复合材料制件的受力状态多是平面应力状态,主要承受拉、压应力和(边缘)剪切应力的作用。因此,多向复合材料通常是沿经纬向正交铺层或沿与正交层成 45°方向铺层组成。这种多向复合材料的正交铺层,主要用来承受拉、压荷载的作用,而 45°方向铺层,主要用来承受(边缘)剪切荷载的作用。下面以几个例子说明组合板的铺层标记方法。

$[0_5/90_2/-45_3]_S$ 即 $[0_5/90_2/-45_3/-45_3/90_2/0_5]_T$。下角标 S 表示镜面对称层合板,按照方括号铺层再加镜面对称一次;下角标 T 代表全部铺层,即方括号内写出所有铺层组的铺层顺序。对称铺层只写出一半,括号中标识从板的底面开始,第一个铺层组包含五层相对参考轴为 0°方向的铺层,接着向上是两层 90°方向铺层,再向上至中面的三层是-45°方向的铺层。

也可以用正负铺层简称标记,如$[0/45/-45]_S = [0/\pm45]_S$。还可以采用重标法,例如,$[0/90/\pm45/0/90/\pm45]_S = [0/90/\pm45]_{3S}$表示$[(\pm30)_2/90/90/(\pm30)_2]_T$就是用90表示该90°为单层。

3.1.3 经典层合板理论

1. 基本假设

工程上使用的层合板大多是薄板结构,板的面内尺寸大小远大于厚度,并且板受力后的横向位移远小于厚度。因此,可在以下假设下研究层合板的形变。

(1) 层间形变一致假设。假设层合板在形变后各单向板之间仍然粘合紧密,并且层间形变一致,相对板中面没有位移。

(2) 直法线假设。层合板中形变前垂直于中面的法线,形变后仍保持直线且与板中面垂直,该线段长度不变,即$\varepsilon_z = 0$。

(3) 平面应力假设。由各单向板组成的层合板处于平面应力状态,正应力σ_z与其他应力相比很小,甚至忽略不计。

2. 层合板的应变和应力

层合板在外力作用下会发生形变,形变后层合板中面的位移如图3-1所示。

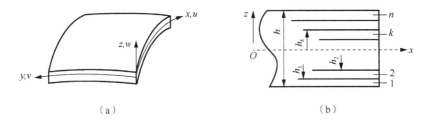

图3-1 层合板的形变

由弹性力学基本原理可知,层合板内任意一点的位移分量的坐标函数是u、v和w,如式(3-1)所示:

$$\begin{cases} u = u(x,y,z) \\ v = v(x,y,z) \\ w = w(x,y,z) \end{cases} \quad (3\text{-}1)$$

由直法线假设,可得式(3-2):

$$\varepsilon_z = 0, \ \gamma_{yz} = 0, \ \gamma_{zx} = 0 \quad (3\text{-}2)$$

根据应变与位移的微分关系，直法线假设可以变为式（3-3）：

$$\begin{cases} \varepsilon_z = \dfrac{\partial w}{\partial z} = 0 \\ \gamma_{yz} = \dfrac{\partial v}{\partial z} + \dfrac{\partial w}{\partial y} = 0 \\ \gamma_{zx} = \dfrac{\partial u}{\partial z} + \dfrac{\partial w}{\partial x} = 0 \end{cases} \quad (3\text{-}3)$$

对上面的式子进行积分，如式（3-4）所示：

$$\begin{cases} w = w(x, y) \\ u = u_o(x, y) - z\dfrac{\partial w(x, y)}{\partial x} \\ v = v_o(x, y) - z\dfrac{\partial w(x, y)}{\partial y} \end{cases} \quad (3\text{-}4)$$

式（3-4）表明，位移 u、v 和 w 是坐标 x、y 的函数，与坐标 z 无关。其中，$u_o(x,y)$，$v_o(x,y)$ 是层合板中面的面内位移；$w(x,y)$ 是层合板的挠度，显然，在 (x,y) 点各层的挠度相同，如式（3-5）所示：

$$\begin{cases} \varepsilon_x = \dfrac{\partial u}{\partial x} = \dfrac{\partial u_o}{\partial x} - z\dfrac{\partial^2 w}{\partial x^2} = \varepsilon_x^o + zk_x \\ \varepsilon_y = \dfrac{\partial u}{\partial y} = \dfrac{\partial u_o}{\partial y} - z\dfrac{\partial^2 w}{\partial y} = \varepsilon_y^o + zk_y \\ \gamma_{xy} = \dfrac{\partial u}{\partial y} + \dfrac{\partial v}{\partial x} = \left(\dfrac{\partial u_o}{\partial y} + \dfrac{\partial v_o}{\partial x}\right) - 2z\dfrac{\partial^2 w}{\partial x \partial y} = \gamma_{xy}^o + zk_{xy} \end{cases} \quad (3\text{-}5)$$

矩阵形式如式（3-6）所示：

$$\begin{bmatrix} \varepsilon_x \\ \varepsilon_y \\ \gamma_{xy} \end{bmatrix} = \begin{bmatrix} \varepsilon_x^o \\ \varepsilon_y^o \\ \gamma_{xy}^o \end{bmatrix} + z\begin{bmatrix} k_x \\ k_y \\ k_{xy} \end{bmatrix} = \boldsymbol{\varepsilon}^o + z\boldsymbol{k} \quad (3\text{-}6)$$

式中 $\boldsymbol{\varepsilon}^o$ 与 $\boldsymbol{k}$ 如式（3-7）、式（3-8）所示：

$$\boldsymbol{\varepsilon}^o = \begin{bmatrix} \varepsilon_x^o \\ \varepsilon_y^o \\ \varepsilon_{xy}^o \end{bmatrix} = \begin{bmatrix} \dfrac{\partial \mu_o}{\partial x} \\ \dfrac{\partial v_o}{\partial y} \\ \dfrac{\partial \mu_o}{\partial y} + \dfrac{\partial v_o}{\partial x} \end{bmatrix} \quad (3\text{-}7)$$

$$k = \begin{bmatrix} k_x \\ k_y \\ k_{xy} \end{bmatrix} = -\begin{bmatrix} \dfrac{\partial^2 w}{\partial x^2} \\ \dfrac{\partial^2 w}{\partial y^2} \\ 2\dfrac{\partial^2 w}{\partial xy} \end{bmatrix} \quad (3\text{-}8)$$

式中，ε^o——层合板的中面应变；

k_x、k_y——层合板的中面曲率；

k_{xy}——中面扭率。

式（3-6）表明层合板在发生形变时，应变沿着板厚度是线性变化的。这样，层合板第 k 层的应力就可以用该层的应变和它的刚度来表示，如式（3-9）所示：

$$\begin{bmatrix} \sigma_x \\ \sigma_y \\ \sigma_{xy} \end{bmatrix}^k = \begin{bmatrix} \bar{Q}_{11} & \bar{Q}_{12} & \bar{Q}_{16} \\ \bar{Q}_{21} & \bar{Q}_{22} & \bar{Q}_{26} \\ \bar{Q}_{61} & \bar{Q}_{62} & \bar{Q}_{66} \end{bmatrix}^k \left\{ \begin{bmatrix} \varepsilon_x^o \\ \varepsilon_y^o \\ \gamma_{xy}^o \end{bmatrix} + z \begin{bmatrix} k_x \\ k_y \\ k_{xy} \end{bmatrix} \right\} \quad (3\text{-}9)$$

式（3-9）可进一步写成式（3-10）：

$$\sigma^k = \bar{Q}^k (\varepsilon^o + z k) \quad (3\text{-}10)$$

式中，z——第 k 层的坐标。

式（3-6）、式（3-9）表明，层合板沿厚度方向的应变是线性变化的，这是层间形变一致假设与形变协调关系必须满足的。但是，各单向板刚度的不连续导致了各单层板应力的不连续。因此，各单层应力是不同的。

3. 层合板的合力与合力矩

层压材料横截面上的内力是横截面的每层中的内力的总和。如果所有单向板的应力和应力沿着层压板的厚度积分，则可以获得层压板横截面的每单位宽度的合成和合成力矩。

层合板横截面上的内力是该截面上每层内力的总和。如果把所有单向板的应力和应力对中面的力矩沿着层合板的厚度进行积分，可以得到层合板横截面单位宽度上的合力与合力矩，分别用 N_x、N_y、N_{xy}、N_{yx} 及 M_x、M_y、M_{xy}、M_{yx} 表示，如图 3-2 和图 3-3 所示。

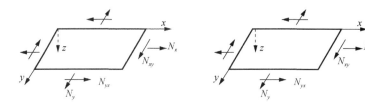

图 3-2 层合板的合力

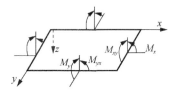

图 3-3 层合板的合力矩

考虑到单层板在厚度方向上应力的不连续性，层合板的内力可用单向板的应力积分与所有铺层的求和形式，如式（3-11）所示：

$$\begin{cases} \begin{bmatrix} N_x \\ N_y \\ N_{xy} \end{bmatrix} = \int_{-\frac{t}{2}}^{\frac{t}{2}} \begin{bmatrix} \sigma_x \\ \sigma_y \\ \tau_{xy} \end{bmatrix} \mathrm{d}z = \sum_{k=1}^{k=n} \int_{z_{k-1}}^{z_k} \begin{bmatrix} \sigma_x \\ \sigma_y \\ \tau_{xy} \end{bmatrix} \mathrm{d}z \\ \begin{bmatrix} M_x \\ M_y \\ M_{xy} \end{bmatrix} = \int_{-\frac{t}{2}}^{\frac{t}{2}} \begin{bmatrix} \sigma_x \\ \sigma_y \\ \tau_{xy} \end{bmatrix} z \mathrm{d}z = \sum_{k=1}^{k=n} \int_{z_{k-1}}^{z_k} \begin{bmatrix} \sigma_x \\ \sigma_y \\ \tau_{xy} \end{bmatrix} z \mathrm{d}z \end{cases} \quad (3\text{-}11)$$

式中，n——层合板的总铺层数，是 k 层单向板上、下面的坐标。

将式（3-10）代入式（3-11）中，得到式（3-12）：

$$\begin{cases} \mathbf{N} = \begin{bmatrix} N_x \\ N_y \\ N_{xy} \end{bmatrix} = \sum_{k=1}^{n} \int_{z_{k-1}}^{z_k} \boldsymbol{\sigma}^k \mathrm{d}z = \sum_{k=1}^{n} \int_{z_{k-1}}^{z_k} \overline{\boldsymbol{Q}}^k \left(\boldsymbol{\varepsilon}^o + z\boldsymbol{k} \right) \mathrm{d}z \\ \qquad = \sum_{k=1}^{n} \int_{z_{k-1}}^{z_k} \overline{\boldsymbol{Q}}^k \mathrm{d}z \boldsymbol{\varepsilon}^o + \sum_{k=1}^{n} \int_{z_{k-1}}^{z_k} \overline{\boldsymbol{Q}}^k z \mathrm{d}z \boldsymbol{k} = \boldsymbol{A}\boldsymbol{\varepsilon}^o + \boldsymbol{B}\boldsymbol{k} \\ \mathbf{M} = \begin{bmatrix} M_x \\ M_y \\ M_{xy} \end{bmatrix} = \sum_{k=1}^{n} \int_{z_{k-1}}^{z_k} \boldsymbol{\sigma}^k z \mathrm{d}z = \sum_{k=1}^{n} \int_{z_{k-1}}^{z_k} \overline{\boldsymbol{Q}}^k \left(\boldsymbol{\varepsilon}^o + z\boldsymbol{k} \right) z \mathrm{d}z \\ \qquad = \sum_{k=1}^{n} \int_{z_{k-1}}^{z_k} \overline{\boldsymbol{Q}}^k z \mathrm{d}z \boldsymbol{\varepsilon}^o + \sum_{k=1}^{n} \int_{z_{k-1}}^{z_k} \overline{\boldsymbol{Q}}^k z^2 \mathrm{d}z \boldsymbol{k} = \boldsymbol{B}\boldsymbol{\varepsilon}^o + \boldsymbol{D}\boldsymbol{k} \end{cases} \quad (3\text{-}12)$$

把 N 和 M 合并后，如式（3-13）所示：

$$\begin{bmatrix} N \\ M \end{bmatrix} = \begin{bmatrix} A & B \\ B & D \end{bmatrix} \begin{bmatrix} \varepsilon^o \\ k \end{bmatrix} \tag{3-13}$$

其中，子矩阵 A、B 和 D 分别称为层合板的面内刚度矩阵，耦合刚度矩阵和弯曲刚度矩阵，它们都是 3×3 的对称矩阵，由它们组成的矩阵是一个 6×6 的对称矩阵，反映了一般层合板的刚度特性。式（3-13）称为一般层合板的内力与形变方程。

由单层板的刚度素数 $\bar{Q}_{ij}$ 及位置坐标计算出各子矩阵元素后，如式（3-14）所示：

$$\begin{bmatrix} N_x \\ N_y \\ N_{xy} \\ M_x \\ M_y \\ M_{xy} \end{bmatrix} = \begin{bmatrix} A_{11} & A_{12} & A_{16} & B_{11} & B_{12} & B_{16} \\ A_{21} & A_{22} & A_{26} & B_{21} & B_{22} & B_{26} \\ A_{61} & A_{62} & A_{66} & B_{61} & B_{62} & B_{66} \\ B_{11} & B_{12} & B_{16} & D_{11} & D_{12} & D_{16} \\ B_{21} & B_{22} & B_{26} & D_{21} & D_{22} & D_{26} \\ B_{61} & B_{62} & B_{66} & D_{61} & D_{62} & D_{66} \end{bmatrix} \begin{bmatrix} \varepsilon^o_x \\ \varepsilon^o_y \\ \gamma^o_{xy} \\ k_x \\ k_y \\ k_{xy} \end{bmatrix} \tag{3-14}$$

其中，系数矩阵各元素分别为 A_{11}、A_{22} 是面内 x、y 方向的拉压刚度，A_{66} 是面内剪切刚度，A_{12} 是面内泊松刚度，A_{16}、A_{26} 是面内拉剪耦合刚度；D_{11}、D_{22} 是 x、y 方向的弯曲刚度，D_{66} 为扭曲刚度，D_{12} 为弯扭泊松刚度，D_{16}、D_{26} 为弯曲与扭曲耦合刚度；B_{66} 是剪切、扭曲耦合刚度，B_{12} 是泊松耦合刚度，B_{16}、B_{26} 是拉压与扭曲耦合刚度。

刚度矩阵 A、B 和 D 元素可按式（3-15）计算：

$$\begin{cases} A = \sum_{k=1}^n \int_{z_{k-1}}^{z_k} \bar{Q}^k \mathrm{d}z = \sum_{k=1}^n \bar{Q}^k (z_k - z_{k-1}) \\ B = \sum_{k=1}^n \int_{z_{k-1}}^{z_k} \bar{Q}^k z \mathrm{d}z = \frac{1}{2} \sum_{k=1}^n \bar{Q}^k (z_k^2 - z_{k-1}^2) \\ D = \sum_{k=1}^n \int_{z_{k-1}}^{z_k} \bar{Q}^k z^2 \mathrm{d}z = \frac{1}{3} \sum_{k=1}^n \bar{Q}^k (z_k^3 - z_{k-1}^3) \end{cases} \tag{3-15}$$

式（3-15）中各单向板的 z 坐标如图 3-4 所示。

式（3-13）的解法过程，通常采用半逆解法。首先，把式（3-15）拆分为以下两个矩阵方程，如式（3-16）、式（3-17）所示：

$$N = A\varepsilon^o + Bk \tag{3-16}$$

$$M = B\varepsilon^o + Dk \tag{3-17}$$

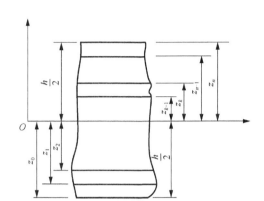

图 3-4 单向板的 z 坐标

由式（3-16）可得式（3-18）：

$$\varepsilon^o = A^{-1}(N - Bk) \tag{3-18}$$

把式（3-18）代入式（3-17），如式（3-19）所示：

$$M = BA^{-1}N + (-BA^{-1}B + D)k \tag{3-19}$$

由式（3-19）解出 k，如式（3-20）所示：

$$k = (D - BA^{-1}B)^{-1}M - (D - BA^{-1}B)^{-1}BA^{-1}N \tag{3-20}$$

再把 k 代回式（3-18），如式（3-21）所示：

$$\varepsilon^o = \left[A^{-1} - A^{-1}B(D - BA^{-1}B)^{-1}BA^{-1}\right]N - A^{-1}B(D - BA^{-1}B)^{-1}M \tag{3-21}$$

把式（3-20）、式（3-21）写成矩阵形式，如式（3-22）所示：

$$\begin{bmatrix} \varepsilon^o \\ k \end{bmatrix} = \begin{bmatrix} A^{-1} - A^{-1}B(D - BA^{-1}B)^{-1}BA^{-1} & -A^{-1}B(D - BA^{-1}B)^{-1} \\ -(D - BA^{-1}B)^{-1}BA^{-1} & (D - BA^{-1}B)^{-1} \end{bmatrix} \begin{bmatrix} N \\ M \end{bmatrix}$$

$$= \begin{bmatrix} A' & B' \\ B'^{\mathrm{T}} & D' \end{bmatrix} \begin{bmatrix} N \\ M \end{bmatrix} \tag{3-22}$$

其中，A'、B'、D' 如式（3-23）所示：

$$\begin{cases} A' = A^{-1} - A^{-1}B(D - BA^{-1}B)^{-1}BA^{-1} \\ B' = -A^{-1}B(D - BA^{-1}B)^{-1} \\ D' = (D - BA^{-1}B)^{-1} \end{cases} \tag{3-23}$$

式中，***A***——层合板的面内柔度矩阵；

B——层合板的耦合柔度矩阵；

D——层合板的弯曲柔度矩阵；

B*'**^T——B*'** 的转置矩阵。

式（3-22）表示一般层合板的形变与面内荷载以及弯曲荷载之间的关系。当已知面内荷载 ***N*** 和弯矩 ***M*** 时，就可以获得中面应变 ε^o 和曲率 ***k***。

式（3-22）表明矩阵 ***B*** 的存在，这使层合板的形变与内力之间的关系变得复杂，面内力 ***N*** 在产生拉伸（或压缩）形变的同时，也会产生拉压和剪切形变，被称为层合板的耦合效应。

耦合效应可以降低层合板的屈曲荷载、振动频率，增加面内形变及弯曲挠度，其实质是降低了层合板的刚度。因此，应分析存在耦合效应的层合板，通常有下述四种情况。

（1）在给定某种面内形变 ε^o 的条件下，需要施加怎样的内力 ***N*** 和 ***M***；

（2）在给定某种弯曲形变 ***k*** 的条件下，需要施加怎样的内力 ***M*** 和 ***N***；

（3）在给定面内力 ***N*** 的情况下，分析产生面内形变 ε^o 的同时，还可产生怎样的弯曲形变 ***k***；

（4）在给定弯曲内力 ***M*** 的情况下，分析产生弯曲形变的同时，还会产生怎样的面内形变 ε^o。

在复合材料层合板计算中，经常对内力、形变和刚度系数等进行正则化处理、能过处理，使计算更加简便，如式（3-24）所示：

$$\begin{cases} \boldsymbol{N}^* = \dfrac{\boldsymbol{N}}{h} \\ \boldsymbol{A}^* = \dfrac{\boldsymbol{A}}{h} \\ \boldsymbol{M}^* = \dfrac{6}{h^2}\boldsymbol{M} \\ \boldsymbol{D}^* = \dfrac{12}{h^3}\boldsymbol{D} \\ \boldsymbol{k}^* = \dfrac{h}{2}\boldsymbol{k} \\ \boldsymbol{B}^* = \dfrac{2}{h^2}\boldsymbol{B} \end{cases} \quad (3\text{-}24)$$

把式（3-24）代入式（3-23），如式（3-25）所示：

$$\begin{bmatrix} \boldsymbol{N}^* \\ \boldsymbol{M}^* \end{bmatrix} = \begin{bmatrix} \boldsymbol{A}^* & \boldsymbol{B}^* \\ 3\boldsymbol{B}^* & \boldsymbol{D}^* \end{bmatrix} \begin{bmatrix} \varepsilon^o \\ \boldsymbol{k}^* \end{bmatrix} \quad (3\text{-}25)$$

经正则化处理的内力 N^* 是层合板横截面单位宽度上的平均应力;而 M^* 相当于在弯矩阵 M 作用下,层合板形变后横截面应力按线性分布时上、下表面的拉压应力;k^* 为上、下表面的最大拉压应变。

3.1.4 层合板的刚度基本假设

1. 层合板的本构关系

为了分析层合板的刚度,需要作如下的假设:

(1)层与层之间黏结良好,无缝隙,黏结层很薄,其厚度可以忽略不计。因此,层与层之间没有相互错动,即各单层板之间形变连续;

(2)形变很小,并且材料服从胡克定律;

(3)层合板形变前垂直于中面的直线段,形变后仍然保持直线并且垂直于中面,且该线段长度不变,即 $\varepsilon_z = 0$。

第 3 个假设称为直法线假设。由 $\varepsilon_z = \dfrac{\partial w}{\partial z} = 0$,可知 w 与 z 无关。设中面的挠度为 w_o,则任意一点的挠度如式(3-26)所示:

$$w = w(z, y) = w_o \tag{3-26}$$

任意一点 D 的 x 方向的形变如式(3-27)所示:

$$u = u_o + z\beta = u_o - z\frac{\partial w_o}{\partial x} \tag{3-27}$$

因此,x 方向的应变如式(3-28)所示:

$$\varepsilon_x = \frac{\partial u}{\partial x} = \frac{\partial u_o}{\partial x} - z\frac{\partial^2 w_o}{\partial x^2} \tag{3-28}$$

同理可得式(3-29):

$$\begin{cases} \varepsilon_y = \dfrac{\partial v_o}{\partial y} - z\dfrac{\partial^2 w_o}{\partial y^2} \\ \gamma_{xy} = \dfrac{\partial u_o}{\partial y} + \dfrac{\partial v_o}{\partial x} - 2z\dfrac{\partial^2 w_o}{\partial x \partial y} \end{cases} \tag{3-29}$$

将这些关系合写成矩阵形式,如式(3-30)~式(3-32)所示:

$$\begin{bmatrix} \varepsilon_x \\ \varepsilon_y \\ \gamma_{xy} \end{bmatrix} = \begin{bmatrix} \varepsilon_x^o \\ \varepsilon_y^o \\ \gamma_{xy}^o \end{bmatrix} + z\begin{bmatrix} k_x \\ k_y \\ k_{xy} \end{bmatrix} = \boldsymbol{\varepsilon}^o + z\boldsymbol{k} \tag{3-30}$$

$$\boldsymbol{\varepsilon}^o = \begin{bmatrix} \varepsilon_x^o \\ \varepsilon_y^o \\ \gamma_{xy}^o \end{bmatrix} = \begin{bmatrix} \dfrac{\partial u_o}{\partial x} \\ \dfrac{\partial v_o}{\partial y} \\ \dfrac{\partial u_o}{\partial y} + \dfrac{\partial v_o}{\partial x} \end{bmatrix} \quad (3\text{-}31)$$

$$\boldsymbol{k} = \begin{bmatrix} k_x \\ k_y \\ k_{xy} \end{bmatrix} = - \begin{bmatrix} \dfrac{\partial^2 w}{\partial x^2} \\ \dfrac{\partial^2 v}{\partial y^2} \\ 2\dfrac{\partial^2 w}{\partial x \partial y} \end{bmatrix} \quad (3\text{-}32)$$

$\left(\varepsilon_x^o, \varepsilon_y^o, \gamma_{xy}^o\right)$ 是层合板中面的正应变或者剪应变；$\left(k_x, k_y, k_{xy}\right)$ 是中面的弯曲挠曲率或者扭曲率。

由式（3-31）、式（3-32）知，层合板的应变沿 z 方向是线性变化的。根据单层板的应力应变关系式，可求得层合板中第 k 层的应力，如式（3-33）所示：

$$\begin{bmatrix} \sigma_x \\ \sigma_y \\ \tau_{xy} \end{bmatrix}^k = \begin{bmatrix} \overline{Q}_{11} & \overline{Q}_{12} & \overline{Q}_{16} \\ \overline{Q}_{21} & \overline{Q}_{22} & \overline{Q}_{26} \\ \overline{Q}_{16} & \overline{Q}_{26} & \overline{Q}_{66} \end{bmatrix}^k \left\{ \begin{bmatrix} \varepsilon_x^o \\ \varepsilon_y^o \\ \gamma_{xy}^o \end{bmatrix} + z \begin{bmatrix} k_x \\ k_y \\ k_{xy} \end{bmatrix} \right\} \quad (3\text{-}33)$$

$\overline{\boldsymbol{Q}}$ 矩阵有上标 k，说明每一层的 $\overline{\boldsymbol{Q}}$ 是不完全一样的。z 是变量，每一单层都会对应不同的 z。ε_x^o、ε_y^o、γ_{xy}^o、k_x、k_y、k_{xy} 对每一层都是一样的，所以不需要用下标进行区分。

2. 层合板的刚度

设层合板横截面单位宽度上的合力（拉、压力或剪切力）与合力矩（弯矩或扭矩），分别是 N_x、N_y、N_{xy} 及 M_x、M_y、M_{xy}。它们可以由各单层的应力沿层合板厚度积分而得到，设层合板厚度为 h，则如式（3-34）所示：

$$\begin{aligned} (N_x, N_y, N_{xy}) &= \int_{-\frac{h}{2}}^{\frac{h}{2}} (\sigma_x, \sigma_y, \tau_{xy}) \mathrm{d}z \\ (M_x, M_y, M_{xy}) &= \int_{-\frac{h}{2}}^{\frac{h}{2}} (\sigma_x, \sigma_y, \tau_{xy}) z \mathrm{d}z \end{aligned} \quad (3\text{-}34)$$

将式（3-24）代入式（3-25）积分后，如式（3-35）～式（3-37）所示：

$$\begin{bmatrix} N_x \\ N_y \\ N_{xy} \end{bmatrix} = \begin{bmatrix} A_{11} & A_{12} & A_{16} \\ A_{21} & A_{22} & A_{26} \\ A_{16} & A_{26} & A_{66} \end{bmatrix} \begin{bmatrix} \varepsilon_x^o \\ \varepsilon_y^o \\ \gamma_{xy}^o \end{bmatrix} + \begin{bmatrix} B_{11} & B_{12} & B_{16} \\ B_{21} & B_{22} & B_{26} \\ B_{16} & B_{26} & B_{66} \end{bmatrix} \begin{bmatrix} k_x \\ k_y \\ k_{xy} \end{bmatrix} \quad (3-35)$$

$$\begin{bmatrix} M_x \\ M_y \\ M_{xy} \end{bmatrix} = \begin{bmatrix} B_{11} & B_{12} & B_{16} \\ B_{21} & B_{22} & B_{26} \\ B_{16} & B_{26} & B_{66} \end{bmatrix} \begin{bmatrix} \varepsilon_x^o \\ \varepsilon_y^o \\ \gamma_{xy}^o \end{bmatrix} + \begin{bmatrix} D_{11} & D_{12} & D_{16} \\ D_{21} & D_{22} & D_{26} \\ D_{16} & D_{26} & D_{66} \end{bmatrix} \begin{bmatrix} k_x \\ k_y \\ k_{xy} \end{bmatrix} \quad (3-36)$$

$$A_{ij} = \int_{-\frac{h}{2}}^{\frac{h}{2}} \overline{Q}_{ij} \mathrm{d}z, \; B_{ij} = \int_{-\frac{h}{2}}^{\frac{h}{2}} \overline{Q}_{ij} z \mathrm{d}z, \; D_{ij} = \int_{-\frac{h}{2}}^{\frac{h}{2}} \overline{Q}_{ij} z^2 \mathrm{d}z \quad (3-37)$$

上述公式是构成层合板的基本关系，即本构方程。A_{ij} 是面向内力与中面应变相关的刚度系数，统称为拉伸刚度。D_{ij} 是内力矩与曲率及扭曲率有关的刚度系数，统称为弯曲刚度。B_{ij} 是拉伸、弯曲之间耦合关系有关的刚度系数，统称为耦合刚度。当确定层合板构造后，这些刚度就可以由式（3-37）求出。

3.1.5 对称层合板的刚度分析

1. 对称层合板

对称层合板通常用于工程应用中，它的所有铺层参数关于层合板的几何中面对称。也就是说，单向板的材料、厚度和铺向角在 $\pm z$ 坐标位置上是相同的，因此，偏轴模量 $\overline{Q}_{ij}$ 相等。把第 k 层和第 $(n-k+1)$ 层上、下面坐标代入式（3-15），如式（3-38）～式（3-40）所示：

$$\boldsymbol{A} = \sum_{k=1}^{n} \int_{Z_{k-1}}^{Z_k} \overline{\boldsymbol{Q}}^k \mathrm{d}z = \sum_{k=1}^{n} \overline{\boldsymbol{Q}}^k (z_k - z_{k-1}) \quad (3-38)$$

$$\boldsymbol{B} = \sum_{k=1}^{n} \int_{Z_{k-1}}^{Z_k} \overline{\boldsymbol{Q}}^k z \mathrm{d}z = \frac{1}{2} \sum_{k=1}^{n} \overline{\boldsymbol{Q}}^k (z_k^2 - z_{k-1}^2) \quad (3-39)$$

$$\boldsymbol{D} = \sum_{k=1}^{n} \int_{Z_{k-1}}^{Z_k} \overline{\boldsymbol{Q}}^k z^2 \mathrm{d}z = \frac{1}{3} \sum_{k=1}^{n} \overline{\boldsymbol{Q}}^k (z_k^3 - z_{k-1}^3) \quad (3-40)$$

对称位置上各项刚度系数与($z_k^2 - z_{k-1}^2$)乘积之和为零,则耦合刚度矩阵 $\boldsymbol{B}=0$,式(3-41)可以写成两个独立方程,如式(3-42)、式(3-43)所示:

$$\begin{bmatrix} N_x \\ N_y \\ N_{xy} \\ M_x \\ M_y \\ M_{xy} \end{bmatrix} = \begin{bmatrix} A_{11} & A_{12} & A_{16} & B_{11} & B_{12} & B_{16} \\ A_{21} & A_{22} & A_{26} & B_{21} & B_{22} & B_{26} \\ A_{16} & A_{26} & A_{66} & B_{61} & B_{62} & B_{66} \\ B_{11} & B_{12} & B_{16} & D_{11} & D_{12} & D_{16} \\ B_{21} & B_{22} & B_{26} & D_{21} & D_{22} & D_{26} \\ B_{61} & B_{62} & B_{66} & D_{61} & D_{62} & D_{66} \end{bmatrix} \begin{bmatrix} \varepsilon_x^o \\ \varepsilon_y^o \\ \gamma_{xy}^o \\ k_x \\ k_y \\ k_{xy} \end{bmatrix} \quad (3\text{-}41)$$

$$\begin{bmatrix} N_x \\ N_y \\ N_{xy} \end{bmatrix} = \begin{bmatrix} A_{11} & A_{12} & A_{16} \\ A_{21} & A_{22} & A_{26} \\ A_{61} & A_{62} & A_{66} \end{bmatrix} \begin{bmatrix} \varepsilon_x^o \\ \varepsilon_y^o \\ \gamma_{xy}^o \end{bmatrix} \quad (3\text{-}42)$$

$$\begin{bmatrix} M_x \\ M_y \\ M_{xy} \end{bmatrix} = \begin{bmatrix} D_{11} & D_{12} & D_{16} \\ D_{21} & D_{22} & D_{26} \\ D_{61} & D_{62} & D_{66} \end{bmatrix} \begin{bmatrix} k_x \\ k_y \\ k_{xy} \end{bmatrix} \quad (3\text{-}43)$$

由式(3-42)、式(3-43)可知,对称层合板不存在弯曲和拉伸之间的耦合关系,可分开单独计算,因此,面内应变与曲率如式(3-44)、式(3-45)所示:

$$\boldsymbol{\varepsilon}^o = \begin{bmatrix} \varepsilon_x^o \\ \varepsilon_y^o \\ \gamma_{xy}^o \end{bmatrix} = \begin{bmatrix} a_{11} & a_{12} & a_{16} \\ a_{21} & a_{22} & a_{26} \\ a_{61} & a_{62} & a_{66} \end{bmatrix} \begin{bmatrix} N_x \\ N_y \\ N_{xy} \end{bmatrix} = \boldsymbol{aN} \quad (3\text{-}44)$$

$$\boldsymbol{k} = \begin{bmatrix} k_x \\ k_y \\ k_{xy} \end{bmatrix} = \begin{bmatrix} d_{11} & d_{12} & d_{16} \\ d_{21} & d_{22} & d_{26} \\ d_{61} & d_{62} & d_{66} \end{bmatrix} \begin{bmatrix} M_x \\ M_y \\ M_{xy} \end{bmatrix} = \boldsymbol{dM} \quad (3\text{-}45)$$

式中,$\boldsymbol{a} = \boldsymbol{A}^{-1}$——层合板的面向柔度矩阵;

$\boldsymbol{d} = \boldsymbol{D}^{-1}$——层合板的弯曲柔度矩阵。

在计算面内刚度矩阵 $\boldsymbol{A}$ 和弯曲刚度矩阵 $\boldsymbol{D}$ 时,根据层合板的对称关系,可取铺层总数的一半来简化计算。面内刚度矩阵 $\boldsymbol{A}$ 如式(3-46)所示:

$$\boldsymbol{A} = 2\sum_{k=1}^{\frac{n}{2}} \overline{\boldsymbol{Q}}^k (z_k - z_{k-1}) = 2\sum_{k=1}^{\frac{n}{2}} \overline{\boldsymbol{Q}}^k t_k \quad (3\text{-}46)$$

式（3-46）中，t_k 是各单向板的厚度，当 t_k 相等时，如式（3-47）所示：

$$A = \frac{2h}{n}\sum_{k=1}^{\frac{n}{2}} \overline{Q}^k = V^{\theta_1}\overline{Q}_{ij}^{\theta_1} + V^{\theta_2}\overline{Q}_{ij}^{\theta_2} + \cdots + V^{\theta_n}\overline{Q}_{ij}^{\theta_n}, \quad i,j = 1,2,6 \tag{3-47}$$

式（3-47）中，V^{θ_n} 是第 n 铺层数的体积分数，n 是铺层组数。

从式（3-46）中可以看出，层合板的面内刚度矩阵 A 是各单层板刚度和厚度乘积的代数和，与层合板的铺层顺序无关。

如果层合板的铺层总数 m 为偶数，弯曲刚度矩阵 D 也只需要计算一半，即如式（3-48）所示：

$$D = \frac{2}{3}\sum_{k=1}^{\frac{n}{2}} \overline{Q}^k \left(z_k^3 - z_{k-1}^3\right) \tag{3-48}$$

2. 正交铺设的对称层合板

相对于参考坐标系来说，这种层合板是由 0°和 90°铺层所组成的，如 $[0/90]_S$，它是一种正交铺设的对称层合板，正轴模量与偏轴模量关系分别如下。

0°铺层时，如式（3-49）所示：

$$\begin{cases} \overline{Q}_{11} = Q_{11}, \overline{Q}_{22} = Q_{22}, \overline{Q}_{66} = Q_{66} \\ \overline{Q}_{12} = Q_{12}, \overline{Q}_{16} = Q_{16} = 0, \overline{Q}_{26} = Q_{26} = 0 \end{cases} \tag{3-49}$$

90°铺层时，如式（3-50）所示：

$$\overline{Q}_{11} = Q_{22}, \overline{Q}_{22} = Q_{11} \tag{3-50}$$

其余分量与 0°铺层是一样的。

所以，层合板的内力方程如式（3-51）、式（3-52）所示：

$$\begin{bmatrix} N_x \\ N_y \\ N_{xy} \end{bmatrix} = \begin{bmatrix} A_{11} & A_{12} & 0 \\ A_{21} & A_{22} & 0 \\ 0 & 0 & A_{66} \end{bmatrix} \begin{bmatrix} \varepsilon_x^o \\ \varepsilon_y^o \\ \gamma_{xy}^o \end{bmatrix} \tag{3-51}$$

$$\begin{bmatrix} M_x \\ M_y \\ M_{xy} \end{bmatrix} = \begin{bmatrix} D_{11} & D_{12} & 0 \\ D_{21} & D_{22} & 0 \\ 0 & 0 & D_{66} \end{bmatrix} \begin{bmatrix} k_x \\ k_y \\ k_{xy} \end{bmatrix} \tag{3-52}$$

由 0°铺层和 90°铺层以相同层数交替铺设的对称层合板称为规则对称正交层合板，如 $[0/90]_{2S}$，铺层总数的一半必为偶数，内力方程仍然为式（3-51）和式（3-52），且有 $A_{11}=A_{22}$，$A_{66}=G_{12}$，$A_{16}=A_{26}=0$。

3. 斜交铺设的对称层合板

这种类型层合板在参考坐标系中以各铺层夹角为±θ放置的,并且在两个方向具有相同的铺层数。此类对称层合板被称为斜交铺设对称层合板,更准确地说,是均衡型斜交铺设对称层合板,如$[\theta/-\theta]_S$。特别地,当各单层以相同层数关于板中面是交替铺设时,称为规则斜交对称层合板,如图 3-5 所示。当两个方向上的铺层数不相等时,则称为非均衡型层合板,如$[\theta_2/-\theta]_S$。

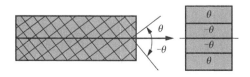

图 3-5 斜交铺设的对称层合板

根据层合板各偏轴刚度系数与铺向角之间的奇偶函数关系,如式（3-53）所示:

$$\bar{Q}_{16}^{\theta} = -\bar{Q}_{16}^{-\theta}, \bar{Q}_{26}^{\theta} = -\bar{Q}_{26}^{-\theta} \tag{3-53}$$

其余分量如式（3-54）所示:

$$\bar{Q}_{ij}^{\theta} = \bar{Q}_{ij}^{-\theta} \quad (i,j=1,2,6) \tag{3-54}$$

因此,这种层合板面内刚度 A_{ij} 和弯曲刚度 D_{ij} 各分量均不为零,层合板的内力与形变方程与式（3-42）和式（3-43）一致。但是,对于均衡型和非均衡型斜交铺设的对称层合板,前者 $A_{16}=A_{26}=0$,后者 A_{16}、A_{26} 不等于零。因为 A_{16}、A_{26} 是 $\bar{Q}_{16}^{\theta}$、$-\bar{Q}_{16}^{-\theta}$ 以及 $\bar{Q}_{26}^{\theta}$、$-\bar{Q}_{26}^{-\theta}$ 与加权因子乘积的代数和,所以其数值要比其他刚度分量小。两种类型层合板的 D_{16}、D_{26} 都存在,但随着铺层总数的增加,两个分量会迅速减小。

3.1.6 典型非对称层合板的刚度

一般层合板是指对铺层参数不加限制的任意层合板,这种层合板由于耦合形变的复杂性,在设计、制造和应用方面存在着很大的困难,工程上极少应用。因此,对非对称层合板刚度的讨论常限于非对称正交铺设的层合板和反对称层合板。

1. 规则非对称正交层合板

与规则正交铺设的对称层合板一样,组成层合板的 0°层数和 90°层数是一样的,交替铺设,单铺设顺序关于板中面不对称,如$[0_8/90_8]_T$、$[0_4/90_2]_{2T}$、

$[0_2/90_2]_{4T}$ 和 $[0/90]_{8T}$。如果把叠合在一起的同方向单向板看成一个层组，它们的层组数分别是 $m=2$、4、8、16，如图 3-6 所示。

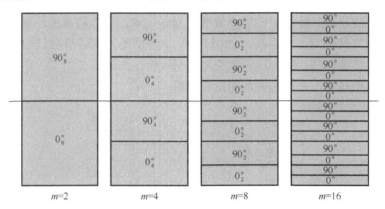

图 3-6 规则非对称正交层合板

2. 规则反对称角铺设层合板

组成这种层合板的各单向板是以 $\pm\theta$ 夹角和相同铺层数交替铺设的，在层合板中面两边 $\pm z$ 位置上铺向角大小相等，方向相反，铺层方式与图 3-4 相同，只是把 0° 和 90° 铺向角分别改成 θ 和 $-\theta$ 即可，如 $[\theta/-\theta]_T$、$[\theta/-\theta/\theta/-\theta]_T$ 等。

层合板的刚度系数如式（3-55）所示：

$$\begin{cases} A_{ij} = h\bar{Q}_{ij}^{\theta} \\ B_{ij} = \dfrac{h^2}{2m}\bar{Q}_{ij}^{\theta} \quad (i,j=1,2,6) \\ D_{ij} = \dfrac{h^3}{12}\bar{Q}_{ij}^{\theta} \end{cases} \tag{3-55}$$

因为单向板的偏轴刚度分量 $\bar{Q}_{16}$、$\bar{Q}_{26}$ 是 θ 的奇函数，其余四个分量是偶函数，所以有 $A_{16}=A_{26}=0$，$D_{16}=D_{26}=0$，$B_{11}=B_{22}=B_{12}=B_{66}=0$，内力方程简化后如式（3-56）所示：

$$\begin{bmatrix} N_x \\ N_y \\ N_{xy} \\ M_x \\ M_y \\ M_{xy} \end{bmatrix} = \begin{bmatrix} A_{11} & A_{12} & 0 & 0 & 0 & B_{16} \\ A_{21} & A_{22} & 0 & 0 & 0 & B_{26} \\ 0 & 0 & A_{66} & B_{61} & B_{62} & 0 \\ 0 & 0 & B_{16} & D_{11} & D_{12} & 0 \\ 0 & 0 & B_{26} & D_{21} & D_{22} & 0 \\ B_{61} & B_{62} & 0 & 0 & 0 & D_{66} \end{bmatrix} \begin{bmatrix} \varepsilon_x^o \\ \varepsilon_y^o \\ \gamma_{xy}^o \\ k_x \\ k_y \\ k_{xy} \end{bmatrix} \tag{3-56}$$

规则反对称角铺设层合板的耦合矩阵 **B** 也是铺层组数 m 的函数,随着 m 的增大逐渐趋向于零,使耦合效应减弱。

3.2 层合板的应力分析

3.2.1 层合板的应变与应力

木材复合材料层合板的内力分布不同于金属材料的内力分布。由于组成层合板的各单层铺设方向不同,形变后应变一般随着层合板的厚度连续变化,但应力不是,而且每层单层的应力可能变化很大。因此,层合板的破坏就比较特殊,破坏过程通常是逐层进行的,在一个(或整个)层被破坏后,层合板的整体刚度将降低,各层应力就会重新分布,破坏层的原始应力将由其他未被破坏的单向板来承担,周而复始,直到所有的单向板都被破坏,最后导致层合板的全部破坏。

几乎所有的复合材料结构都是层合板,宏观分析与研究同样以单向板作为分析层合板的应变、应力、刚度、强度和破坏研究的基本单元,如图 3-7 所示显示了层合板结构的分析过程。

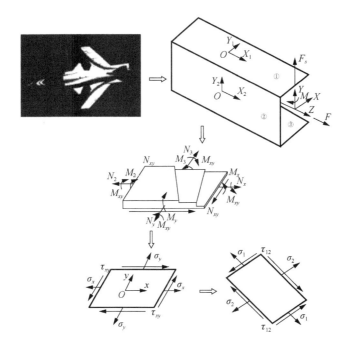

图 3-7 复合材料层合板结构形式

对层合板进行应力和应变分析时,首先应利用单向板的工程弹性常数求解层合板的刚度矩阵，然后在外力作用下计算层合板的总体应变，进一步求解每一个单向板的应变和应力。

在经典层合板理论中，假设层合板中的每个单向板处于平面应力状态，并且层与层间没有应力。这种假设对远离层合板自由边界区域来说是精确的，但在层合板的自由边界附近，传力路线中断。由于形变协调的需要，被切断纤维的自由端要把荷载传递到相邻层的纤维上，如果相邻层纤维铺向不一致，基体就成了相邻层之间荷载传递的唯一路径，这种荷载在基体中产生的应力称为层间应力。自由边界附近具有应力集中的性质，足以引起自由边界区域的微裂纹及边缘分层。

力的传导路径在自由边界被切断才导致层间应力的产生，因此如果要维持自由边界形变的一致性只有靠层间应力，而且相邻层的剪切刚度和泊松系数差别越大，层间应力就越大。因此，只要层合板受机械荷载或者热荷载作用，在自由边界附近必定会产生层间应力。层合板的铺层方式不同，层间应力也不尽相同，一般来说，层间应力主要有层间剪切应力 τ_{yz}、τ_{zx} 和正应力 σ_z，其作用范围大约为自由边界层合板厚度的 1~1.5 倍。

从典型层合板的形变过程来分析，设由 0° 层和 90° 层组成的正交层合板，若在两端受 N_x 拉伸荷载作用，整体形变如图 3-8（a）所示。假设 0° 层和 90° 层不是固化在一起的，而是简单叠合后受力，这时，0° 层的横向泊松系数要远大于 90° 层的纵向泊松系数，在垂直荷载方向下，两个单向层合板的形变相差比较大，要保证层合板两侧自由边界形变的一致，两个层之间就肯定会有相互制约的层间剪切应力 τ_{yz}，如图 3-8（b）所示。这样作用在两个层之间界面上的应力 τ_{yz} 与层内应力 σ_y 平衡，两者方向相反，不作用在同一平面内，故而，在自由边界附近必然产生附加弯矩，这个弯矩必须由按某种形式分布的 σ_z 来平衡，如图 3-8（c）所示。

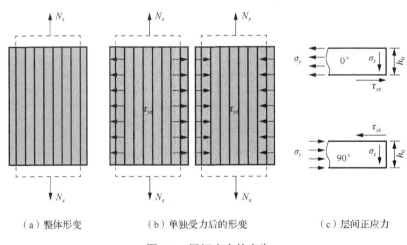

（a）整体形变　　　（b）单独受力后的形变　　　（c）层间正应力

图 3-8　层间应力的产生

同样，在斜交铺设的层合板 $[\theta/-\theta]_S$ 中，两个单向层各自受拉伸荷载作用时产生的剪切形变是大小相等的、方向是相反的，如图 3-9（a）所示。当两个单向层叠合在一起组成层合板时，形变必须协调一致。因此，在 $\pm\theta$ 铺层之间就会产生层间剪应力 τ_{zx}，如图 3-9（b）所示。

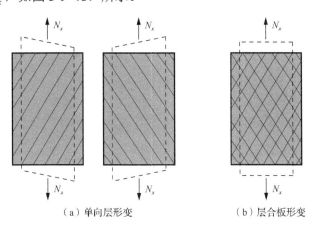

（a）单向层形变　　　　　　　（b）层合板形变

图 3-9　斜交铺设层合板的形变与层间应力

层合板的层间强度一般很低，当层间强度达到或者低于自由边界的层间应力时都会发生分层破坏，使层合板的承载能力下降。层合板在疲劳试验中，会出现从自由边界开始分层并且逐步向板内扩展的情况。因此，层间应力引起的分层损伤和破坏是层合板结构强度设计、稳定性分析、疲劳损伤机理研究的重要内容。

3.2.2　层间应力与分层破坏

基于薄板理论的经典层合板理论只考虑层合板面内的三个应力分量，即 σ_x、σ_y、τ_{xy}。三个面外应力分量假定为零。对于无限宽度的板，这个假定是正确的，对于远离自由边缘处的有限宽板，层合理论也给出正确的结果，但是靠近自由边缘处的面内应力与预测结果不一致，而且会产生面外应力，即层间应力。

层间应力是引发层合板断裂的另一重要原因。单层板之间的荷载传递是通过层间剪应力来进行的，如果层间剪应力过大，则会引起层间裂纹的产生。

除了层间剪应力外，某些铺层结构会产生层间正应力 σ_z。如果 σ_z 为拉应力，那么它也会影响层合板的强度。由于复合材料的剪切强度、剪切模量和层间黏结强度较低，层间应力会严重影响层合板的刚度和强度。即使层合板内包含的特定角度的单层数目相同，不同的单层应力铺设次序不同，强度也可能发生较大变化。

层间应力对强度的影响程度与板材宽度有关。若板材宽度较小，层间应力对整体断裂起显著作用；若板材宽度较大，层间应力对整体断裂的影响则会减少。

3.3 层合板的强度分析

3.3.1 层合板的应力与强度分析

层合板受力后,除了产生单层板面内应力外,层与层之间由于相互约束的原因,也会发生较复杂的面外应力。当面内应力或者面外应力达到某个常数时,则会引发层合板某种形式的破坏。面外应力的计算比较烦琐,本节重点介绍各单层板的面内应力的求解方法。

考虑对称层合板受 N_x 作用的情况,并且设 x-y 轴是层合板的主轴,由此解出中面应变,如式(3-57)所示:

$$\begin{cases} \varepsilon_x^o = \dfrac{A_{22}}{A_{11}A_{22} - A_{12}^2} N_x \\ \varepsilon_y^o = \dfrac{A_{12}}{A_{11}A_{22} - A_{12}^2} N_x \\ \gamma_{xy}^o = 0 \end{cases} \quad (3\text{-}57)$$

由式(3-57)确定的应变同时是层合板中各单层的应变,在此情况下,层合板各处的应变不随位置发生变化。确定了应变后,根据单层板的应力与应变的关系,可以求出各个单层板的应力分量,如式(3-58)所示:

$$\begin{bmatrix} \sigma_x \\ \sigma_y \\ \tau_{xy} \end{bmatrix} = \begin{bmatrix} \bar{Q}_{11} & \bar{Q}_{12} & \bar{Q}_{16} \\ \bar{Q}_{12} & \bar{Q}_{22} & \bar{Q}_{26} \\ \bar{Q}_{16} & \bar{Q}_{26} & \bar{Q}_{66} \end{bmatrix} \begin{bmatrix} \varepsilon_x^o \\ \varepsilon_y^o \\ \gamma_{xy}^o \end{bmatrix} \quad (3\text{-}58)$$

尽管应变沿高度均匀分布,但是由于各个单层的刚度是不一样的,应力分量沿高度也会发生变化。根据式(3-58)确定的各单层板内的应力分量以及单层板的强度准则可以判定层合板内哪些单层会发生破坏。

有两种方法可以对层合板的强度破坏进行解释。一种方法认为:层合板内任何一层发生破坏,都认为是层合板被破坏,称为初始层破坏假定(first ply failure criterion, FPF)。另一种方法认为:层合板内某个单层发生破坏后,层合板还可以继续承担荷载,只有当所有单层破坏之后,才认定层合板被破坏,称为最终层破坏假定(last ply failure criterion, LPF)。就压力容器等结构而言,单层的破坏加上层间分层断裂会引发泄露,在这种情况下,应采用初始层破坏假定,而且单层的破坏会导致整个层合板的刚度下降。

层合板的强度是以组成层合板的每个单向板强度为基础的,确定层合板的极限承载能力。强度分析一般存在两种情况：一种是对于给定的层合板，确定所能承受的最大荷载；另一种是在给定的荷载下，如何进行层合板的特性设计。

在层合板中各个单向板的应力是不一样的，一般层合板的破坏是一层一层发生的，是一个循序渐进的过程，某一层单向板破坏不一定引起整个层合板的破坏，只有当外荷载达到某一个值时才会导致层合板整体发生失稳破坏。事实上，层合板的破坏过程是非常复杂的，对于完好层合板，当荷载达到某一值时，其中一个铺层最先发生失效，该层刚度随之降低，从而引起层合板的刚度下降，失效层的应力将由其他完好层承担，把最先失效层对应的层合板正则化内力称为最先一层失效强度。随着荷载的继续增加，其余完好层也相继发生破坏，使层合板的刚度逐渐下降，最终使层合板发生整体破坏，此时的正则化内力称为层合板的极限强度或最后一层失效强度。

因此，当组成层合板的任意一个单向板被破坏时，理论上，应该对破坏层的刚度进行退化处理。但是单向板的失效模式与应力状态有关，很难给出一个准确的刚度退化标准，一般结合破坏准则对单向板刚度按下列方法处理。

（1）取消失效层的刚度，重新计算剩余铺层的刚度和应力。

（2）根据单向板失效模式，采用不同的退化方式，如基体失效，可令 $Q_{12} = Q_{22} = Q_{66} = 0$，$Q_{11}$ 不变；若纤维脱粘，则 $Q_{66} = 0$，Q_{22} 拉伸时取消，压缩时保留，Q 保持不变。

（3）依据失效模式对失效层的某些或全部工程弹性常数进行折减，换而言之，含有损伤或者裂纹的破坏层将由降低刚度的连续均质层替代。

在层合板强度的理论计算中，每当有层组失效时，层合板的刚度将会降低，做出应力-应变曲线图会发现，曲线上存在多个拐点直到失效，拐点与失效层相对应。如果用破坏层对应的荷载在破坏层刚度退化以后重新计算层合板的应变，则应变曲线在失效荷载点出现平台，如图 3-10 中 ε_x、ε_x' 所示。

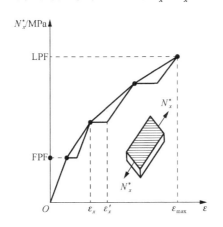

图 3-10　强度计算过程应力-应变曲线图

单向复合材料的破坏特征：①纤维方向拉伸强度比较大，但与纤维形成角度的方向上拉伸强度较小；②一旦复合材料在某种荷载下引起横向平面剪切或纵向破坏，则马上导致整体破坏。因此，为防止结构突然失效，通常要做成多向重叠的层合材料。多向层合材料的强度分析要比单向复合材料的强度分析困难得多。根据大量实验得出，层合复合材料的破坏不是突然发生的。破坏首先从最先达到组合破坏应力的单层开始，然后层合板的整体刚度发生变化，各层的应力重新分配，在宏观上类似于"屈服"。当荷载继续增大时，又出现下一层破坏，如此逐层各个破坏直至整个层合板失效。琼斯根据单向板的破坏特征曾提出了一个层合板破坏的模型，如图3-11（a）所示。当继续增大荷载时，剩下未破坏的层中较弱的一层接着出现破坏，如此继续下去直至作用在层合板上的荷载不可能再增大，认为层合板最终失效。如图3-11（b）所示，由于在层合板失效时存在着最先一层破坏和最终破坏两个状态，因此在强度分析时，对使用于不同构件上的"失效"可选取不同的状态。对于那些用于强度和形变条件要求较严格的构件，如火箭、飞机、卫星等结构，需按照最先一层破坏的荷载来分析其强度。

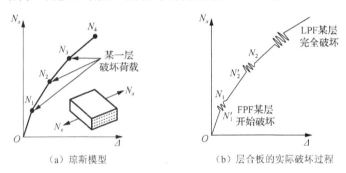

图 3-11　层合板破坏模型

3.3.2　层合板最终破坏强度

单层板结构形式各异，其破坏机理也是千差万别的。从基本的破坏形态上可分为分层破坏、基体开裂以及纤维断裂。分层破坏是由层间应力引起的，基体开裂和纤维断裂这两种破坏形式则起因于面内的应力分量。

在考虑正交层合板［90/0/90/0］$_s$受单轴拉伸的状态下，各单层沿纤维方向的剪切力为零。因此，只可能发生轴向或横向破坏。

引发层合板断裂的另一个重要原因是层间应力。单层板之间的荷载传递是通过层间剪应力来进行的，因此，剪应力可能会产生层间裂纹。层间应力发生在自由边界的近区，是一种局部效果。当试样宽度较小时，层间应力对整体断裂起较大的作用，但随着宽度的增加，层间剪应力的作用会迅速减小。

单层的破坏可能致使层合板的整体破坏，也可能不至于此，因剩余的材料有可能继续承担较大的负荷。若要求解层合板的极限荷载，需要对初始层破坏发生之后的结构进行强度分析。

依据荷载形式，首先假定一个荷载值，根据最大应力准则，求出破坏指标（F.I），将假设的荷载值除以破坏指标中最大的一个，就得到初始层破坏强度。如果依据其他的强度准则，则利用强度比 R 的概念，类似地求出初始层破坏强度。

一旦发生初始层破坏，层合板的整体刚度将发生变化，其中的应力也将重新分布。因此，在发生初始层破坏假定之后，需要计算层合板的剩余刚度，从而确定其他单层内的应力。随着外荷载的增加，层合板内的另一单层达到相应的极限应力，即发生第二层破坏。重新计算层合板的刚度，继续增大荷载，直到发生第三层破坏。这个过程反复进行，由此可以确定最终层破坏强度。

当单层板被破坏时，有两种修正刚度的方法：一种方法称为完全破坏假设，另一种方法称为部分破坏假设。在完全破坏假设中，只要发生单层板的破坏，不论其破坏形式，假定该层所有刚度均消失，即 $E_1 = 0$，$E_2 = 0$，$G_{12} = 0$。但是该板在层合板中的位置及其厚度不会有任何改变。在这种假设下，重新计算层合板的刚度，进行下一步的应力分析和强度分析。

3.4 层合板的弹性分析

3.4.1 正交各向异性材料单层材料刚度

由一层单向板或多层单向板按相同的主方向铺设黏合而成的层合板，均可视为单层板。

一般各向异性单层板的刚度如式（3-59）所示：

$$\boldsymbol{Q} = \begin{bmatrix} Q_{11} & Q_{12} & Q_{13} \\ Q_{12} & Q_{22} & Q_{23} \\ Q_{13} & Q_{23} & Q_{66} \end{bmatrix} \qquad (3\text{-}59)$$

正交各向异性单向板，坐标轴与材料方向重合时，其刚度如式（3-60）所示：

$$\boldsymbol{Q} = \begin{bmatrix} Q_{11} & Q_{12} & 0 \\ Q_{12} & Q_{22} & 0 \\ 0 & 0 & Q_{66} \end{bmatrix} \qquad (3\text{-}60)$$

假设各基本单元层为各向异性弹性体，其应力在线弹性范围之内，则应力分量与应变分量呈线性关系，服从广义胡克定律。在直角坐标系中，处于平衡

或运动的连续弹性体受外荷载的作用下,物体中任意一点的应力状态应力分量如式(3-61)所示:

$$\boldsymbol{\sigma} = \begin{bmatrix} \sigma_x & \tau_{xy} & \tau_{xz} \\ \tau_{yx} & \sigma_y & \tau_{yz} \\ \tau_{zx} & \tau_{zy} & \sigma_z \end{bmatrix} \quad (3\text{-}61)$$

其中,

$$\tau_{xy} = \tau_{yx}$$
$$\tau_{xz} = \tau_{zx}$$
$$\tau_{yz} = \tau_{zy}$$

应力分量为六个:σ_x、σ_y、σ_z、τ_{xy}、τ_{yz}、τ_{zx}。与此同时,弹性体受外荷载作用发生形变,则任意一点的应变状态,即应变分量如式(3-62)所示:

$$\boldsymbol{\varepsilon} = \begin{bmatrix} \varepsilon_x & \varepsilon_{xy} & \varepsilon_{xz} \\ \varepsilon_{yx} & \varepsilon_y & \varepsilon_{yz} \\ \varepsilon_{zx} & \varepsilon_{zy} & \varepsilon_z \end{bmatrix} \quad (3\text{-}62)$$

其中,$\varepsilon_{xy} = \frac{1}{2}\gamma_{xy}, \varepsilon_{yz} = \frac{1}{2}\gamma_{yz}, \varepsilon_{zx} = \frac{1}{2}\gamma_{zx}$ 为张量剪应变。

式中,γ_{xy}、γ_{yz}、γ_{zx}——工程剪应变;

ε_x、ε_y、ε_z——线应变,应变分量也为六个。

若用1、2、3代替x、y、z轴,用σ_4、σ_5、σ_6表示τ_{yz}、τ_{zx}、τ_{xy},用ε_4、ε_5、ε_6表示γ_{yz}、γ_{zx}、τ_{xy},则各向异性弹性体本构关系如式(3-63)所示:

$$\begin{bmatrix} \sigma_1 \\ \sigma_2 \\ \sigma_3 \\ \sigma_4 \\ \sigma_5 \\ \sigma_6 \end{bmatrix} = \begin{bmatrix} c_{11} & c_{12} & c_{13} & c_{14} & c_{15} & c_{16} \\ c_{21} & c_{22} & c_{23} & c_{24} & c_{25} & c_{26} \\ c_{31} & c_{32} & c_{33} & c_{34} & c_{35} & c_{36} \\ c_{41} & c_{42} & c_{43} & c_{44} & c_{45} & c_{46} \\ c_{51} & c_{52} & c_{53} & c_{54} & c_{55} & c_{56} \\ c_{61} & c_{62} & c_{63} & c_{64} & c_{65} & c_{66} \end{bmatrix} \begin{bmatrix} \varepsilon_1 \\ \varepsilon_2 \\ \varepsilon_3 \\ \varepsilon_4 \\ \varepsilon_5 \\ \varepsilon_6 \end{bmatrix} = c\boldsymbol{\varepsilon} \quad (3\text{-}63)$$

式(3-63)中,c为刚度矩阵,对于完全弹性体,可以证明$c_{ij} = c_{ji}$,也就是刚度矩阵具有对称性,所以有21个刚度系数是独立的。应力分量与应变分量的关系如式(3-64)所示:

$$\boldsymbol{\varepsilon} = s\boldsymbol{\sigma} \quad (3\text{-}64)$$

式中,s——柔度矩阵,且$s = c^{-1}$,同样s也是21个独立的柔度系数。

根据木材纤维增强材料具有内部对称结构的特性可以推导出刚度系数，如式（3-65）所示：

$$c_{14}=c_{15}=c_{24}=c_{25}=c_{34}=c_{35}=c_{46}=c_{56}=0 \qquad (3\text{-}65)$$

可知刚度系数减少八个，只有 13 个是独立的。如果材料具有两个正交的弹性对称面，则同样可以证明，如式（3-66）所示：

$$c_{14}=c_{16}=c_{24}=c_{26}=c_{34}=c_{36}=c_{45}=c_{56}=0 \qquad (3\text{-}66)$$

这样正交各向异性材料只有九个独立的刚度系数，其刚度矩阵如式（3-67）所示：

$$\boldsymbol{c}=\begin{bmatrix} c_{11} & c_{12} & c_{13} & 0 & 0 & 0 \\ c_{21} & c_{22} & c_{23} & 0 & 0 & 0 \\ c_{31} & c_{32} & c_{33} & 0 & 0 & 0 \\ 0 & 0 & 0 & c_{44} & 0 & 0 \\ 0 & 0 & 0 & 0 & c_{55} & 0 \\ 0 & 0 & 0 & 0 & 0 & c_{66} \end{bmatrix} \qquad (3\text{-}67)$$

从式（3-67）中可以看出正交各向异性材料的重要性质：在线弹性范围内，若坐标方向为弹性主方向时，正应力只引起线应变，剪应力只引起剪应变，两者互不耦合。工程上常采用工程常数来表示材料的弹性特性，这些工程常数包括广义的弹性模量、泊松比和剪切模量 G_{ij}，这些常数可通过简单的拉伸及剪切试验测定。对于正交各向异性材料，通常是测定柔度系数，工程弹性常数与柔度系数的关系如式（3-68）所示：

$$\boldsymbol{s}=\begin{bmatrix} s_{11} & s_{12} & s_{13} & 0 & 0 & 0 \\ s_{21} & s_{22} & s_{23} & 0 & 0 & 0 \\ s_{31} & s_{32} & s_{33} & 0 & 0 & 0 \\ 0 & 0 & 0 & s_{44} & 0 & 0 \\ 0 & 0 & 0 & 0 & s_{55} & 0 \\ 0 & 0 & 0 & 0 & 0 & s_{66} \end{bmatrix}=\begin{bmatrix} \dfrac{1}{E_1} & -\dfrac{\mu_{12}}{E_2} & -\dfrac{\mu_{13}}{E_3} & 0 & 0 & 0 \\ -\dfrac{\mu_{21}}{E_1} & \dfrac{1}{E_2} & -\dfrac{\mu_{23}}{E_3} & 0 & 0 & 0 \\ -\dfrac{1}{E_1} & -\dfrac{\mu_{32}}{E_2} & \dfrac{1}{E_3} & 0 & 0 & 0 \\ 0 & 0 & 0 & \dfrac{1}{G_{23}} & 0 & 0 \\ 0 & 0 & 0 & 0 & \dfrac{1}{G_{31}} & 0 \\ 0 & 0 & 0 & 0 & 0 & \dfrac{1}{G_{12}} \end{bmatrix}$$

$$(3\text{-}68)$$

式中，E_1、E_2、E_3——材料在1、2、3弹性方向上的模量；

G_{23}、G_{31}、G_{12}——2-3、3-1、1-2平面内的剪切弹性模量。

根据木材的各基本单元，假设为横观各向同性材料，其刚度系数和工程弹性常数由原来的九个可简化为五个，柔度矩阵如式（3-69）所示：

$$s = \begin{bmatrix} s_{11} & s_{12} & s_{13} & 0 & 0 & 0 \\ s_{21} & s_{22} & s_{23} & 0 & 0 & 0 \\ s_{31} & s_{32} & s_{33} & 0 & 0 & 0 \\ 0 & 0 & 0 & s_{44} & 0 & 0 \\ 0 & 0 & 0 & 0 & s_{44} & 0 \\ 0 & 0 & 0 & 0 & 0 & 2(s_{11}-s_{12}) \end{bmatrix}$$

$$= \begin{bmatrix} \dfrac{1}{E_1} & -\dfrac{\mu_{12}}{E_2} & -\dfrac{\mu_{13}}{E_3} & 0 & 0 & 0 \\ -\dfrac{\mu_{21}}{E_1} & \dfrac{1}{E_2} & -\dfrac{\mu_{23}}{E_3} & 0 & 0 & 0 \\ -\dfrac{1}{E_1} & -\dfrac{\mu_{32}}{E_2} & \dfrac{1}{E_3} & 0 & 0 & 0 \\ 0 & 0 & 0 & \dfrac{1}{G_{23}} & 0 & 0 \\ 0 & 0 & 0 & 0 & \dfrac{1}{G_{23}} & 0 \\ 0 & 0 & 0 & 0 & 0 & 2\left(\dfrac{1}{E_1}-\dfrac{\mu_{12}}{E_2}\right) \end{bmatrix}$$

（3-69）

3.4.2 木材弯曲对结构刚度的影响

计算木材层合结构不但要计算结构失效，还要考虑结构弯曲对失效的影响，同时考虑弯曲结构对刚度的影响。

单层结构弯曲形变时，层间结构受横向剪应力影响较为显著，因此该结构一阶剪切形变理论采用有限元计算方法，该方法也适合于任意铺设情形的层合结构，且具有精度更高、实用性更广的特点，设层合板中任意一点的位移如式（3-70）所示：

$$\begin{aligned} u(x,y,z) &= u_o(x,y) + zk_x(x,y) \\ v(x,y,z) &= v_o(x,y) + zk_y(x,y) \\ w(x,y,z) &= w(x,y) \end{aligned} \quad (3\text{-}70)$$

在线弹性范围内应变，受曲率影响的层合板荷载和位移之间的关系如下，如式（3-71）所示：

$$\begin{bmatrix} N_x \\ N_y \\ Q_x \\ Q_y \\ N_{xy} \\ M_x \\ M_y \\ M_{xy} \end{bmatrix} = \begin{bmatrix} A_{11} & A_{12} & 0 & 0 & A_{16} & B_{16} & B_{16} & B_{16} \\ A_{12} & A_{22} & 0 & 0 & A_{26} & B_{16} & B_{16} & B_{16} \\ 0 & 0 & A_{44} & A_{45} & 0 & 0 & 0 & 0 \\ 0 & 0 & A_{54} & A_{55} & 0 & 0 & 0 & 0 \\ A_{16} & A_{26} & 0 & 0 & A_{66} & B_{16} & B_{26} & B_{66} \\ B_{11} & B_{12} & 0 & 0 & B_{16} & D_{11} & D_{12} & D_{16} \\ B_{12} & B_{22} & 0 & 0 & B_{26} & D_{21} & D_{22} & D_{26} \\ B_{16} & B_{26} & 0 & 0 & B_{16} & D_{16} & D_{26} & D_{66} \end{bmatrix} \times \begin{bmatrix} \dfrac{\partial u_o}{\partial x} \\ \dfrac{\partial v_o}{\partial y} \\ \dfrac{\partial w}{\partial y} + k_y \\ \dfrac{\partial w}{\partial x} + k_x \\ \dfrac{\partial u_o}{\partial x} + \dfrac{\partial v_o}{\partial x} \\ \dfrac{\partial k_x}{\partial x} \\ \dfrac{\partial k_y}{\partial y} \\ \dfrac{\partial k_y}{\partial x} + \dfrac{\partial k_x}{\partial y} \end{bmatrix} \quad (3\text{-}71)$$

弯曲单元刚度矩阵如式（3-72）所示：

$$\tilde{K} = \begin{bmatrix} \tilde{k}_{11} & \tilde{k}_{12} & 0 & \tilde{k}_{14} & \tilde{k}_{15} \\ & \tilde{k}_{22} & 0 & \tilde{k}_{24} & \tilde{k}_{25} \\ & & \tilde{k}_{33} & \tilde{k}_{34} & \tilde{k}_{35} \\ & & & \tilde{k}_{44} & \tilde{k}_{45} \\ \text{对称} & & & & \tilde{k}_{55} \end{bmatrix} \quad (3\text{-}72)$$

假设各单层材料为匀质、各向异性、线弹性的连续介质，考虑其应力的边界条件如图 3-12 所示。

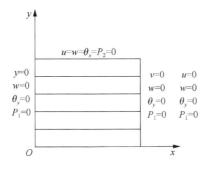

图 3-12　多层结构外应力的边界条件

多层结构内应力的边界条件如图 3-13 所示。

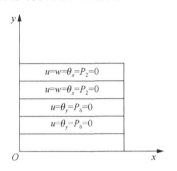

图 3-13　多层结构内应力的边界条件

复合材料层合结构是由不同的横观各向同性的叠层而组成，其具有多个方向的刚度，但对生长轮分析来说，沿轴向长度方向的刚度尤其重要，要想得到类似于各向同性梁的一维刚度，必须对层合梁受力的情况做一定程度的简化，假定层合结构是对称布置的，对称布置能消除拉伸与弯、扭的耦合效应，这样既符合木材弯曲结构特性，同时使生长轮刚度不致降低很多。

3.4.3　木材生长轮层间结构刚度

木材生长轮层间结构刚度通过结构的平面应力增量和平面应变增量而设定，木材生长轮层间结构刚度如式（3-73）所示：

$$[\mathrm{d}\sigma]_k^{(G)} = \left[\left(C_{ij}^G\right)_k\right][\mathrm{d}\varepsilon]_k^{(G)} \tag{3-73}$$

通过层间刚度增量的分析而建立层间失效的本构模型，其在以前的研究中都是采用线弹性刚度矩阵，假设在整个加载过程中荷载恒定不变，若将应力增量问题设定为层间约束，而生长轮和基体产生的应力增量存在的关联如式（3-74）所示：

$$\left[\mathrm{d}\sigma^\mathrm{m}\right]^L = \boldsymbol{A}\left[\mathrm{d}\sigma^\mathrm{f}\right]^l \tag{3-74}$$

其中，$\boldsymbol{A}$ 称为基体刚度矩阵，可视为生长轮的刚度矩阵，单向复合材料的当前柔度矩阵如式（3-75）所示：

$$\boldsymbol{S}^{(L)} = \left(V_\mathrm{f}\boldsymbol{S}^\mathrm{f} + V_\mathrm{m}\boldsymbol{S}^\mathrm{m}\boldsymbol{A}\right)\boldsymbol{B} \tag{3-75}$$

式中，V_f ——纤维的体积分数；

V_m ——基体的体积分数；

$\boldsymbol{S}^\mathrm{f}$ ——纤维的当前柔度矩阵；

$\boldsymbol{S}^\mathrm{m}$ ——基体的当前柔度矩阵。

纤维可以看作直到破坏都是线弹性的，从而生长轮的柔度矩阵在局部坐标系下，如式（3-76）所示：

$$\begin{bmatrix} d\sigma_{11}^m \\ d\sigma_{22}^m \\ d\sigma_{12}^m \end{bmatrix} = \boldsymbol{AB} \begin{bmatrix} d\sigma_{11} \\ d\sigma_{22} \\ d\sigma_{12} \end{bmatrix} \tag{3-76}$$

对于平面问题，生长轮层间结构刚度矩阵可以代入经典的强度破坏准则，来判断单层板是否达到破坏。本文在有限元分析中使用平面壳单元模拟生长轮结构，运用增量理论，对壳单元的各个积分点进行计算。假定单位长度上的内力和内力矩增量分别为 dN_{xx}、dN_{yy}、dN_{xy}、dM_{xx}、dM_{yy}、dM_{xy}，考虑到它们与截面上的应力合力的平衡，如式（3-77）所示：

$$\begin{cases} \begin{bmatrix} dN_{xx} \\ dN_{yy} \\ dN_{xy} \end{bmatrix} = \int_{-\frac{h}{2}}^{\frac{h}{2}} \begin{bmatrix} d\sigma_{xx} \\ d\sigma_{yy} \\ d\sigma_{xy} \end{bmatrix} dz = \sum_{k=1}^{N} \left[\left(C_{ij}^G \right)_k \right] \int_{z_{k-1}}^{z_k} \begin{bmatrix} d\varepsilon_{xx} \\ d\varepsilon_{yy} \\ 2d\varepsilon_{xy} \end{bmatrix} dz \\ \begin{bmatrix} dM_{xx} \\ dM_{yy} \\ dM_{xy} \end{bmatrix} = \int_{-\frac{h}{2}}^{\frac{h}{2}} \begin{bmatrix} d\sigma_{xx} \\ d\sigma_{yy} \\ d\sigma_{xy} \end{bmatrix} zdz = \sum_{k=1}^{N} \left[\left(C_{ij}^G \right)_k \right] \int_{z_{k-1}}^{z_k} \begin{bmatrix} d\varepsilon_{xx} \\ d\varepsilon_{yy} \\ 2d\varepsilon_{xy} \end{bmatrix} zdz \end{cases} \tag{3-77}$$

其中，$h = \sum_{k=1}^{N}(z_k - z_{k-1})$，是层合板的厚度。

式中，z_{k-1}——第 k 层的上顶面的坐标；

z_k——第 k 层的下底面的坐标。

通过试验可测得，运用有限元模拟时可以直接输入。已知增量形式的几何方程为 $d\varepsilon_{xx} = d\varepsilon_{xx}^o + zdk_{xx}^o$，其中，$d\varepsilon^o$ 为面内的应变，dk^o 为曲率增量，均可由对节点平动位移增量[$d\delta$]微分求得，如式（3-78）所示：

$$\begin{bmatrix} dN_{xx} \\ dN_{yy} \\ dN_{xy} \\ dM_{xx} \\ dM_{yy} \\ dM_{xy} \end{bmatrix} = \begin{bmatrix} Q_{11} & Q_{12} & Q_{13} & Q_{11} & Q_{12} & Q_{13} \\ & Q_{22} & Q_{23} & Q_{21} & Q_{22} & Q_{23} \\ & & Q_{33} & Q_{31} & Q_{32} & Q_{33} \\ & & & Q_{11} & Q_{12} & Q_{13} \\ & & & & Q_{22} & Q_{23} \\ \text{对称} & & & & & Q_{33} \end{bmatrix} \tag{3-78}$$

3.4.4 木材层合板结构强度分析

层合板的破坏首先从单层开始，当单层的组合破坏应力达到峰值时，会导致该层的失效，有时影响到不止一层甚至多层，进而影响到层合板的刚度特性。

在外荷载作用下，最先一层失效强度为层合板最先一层失效时的层合板正则化内力，所对应的荷载称为最先一层失效荷载；层合板的极限强度为层合板各单层全部失效时层合板的正则化内力，所对应的荷载称为极限荷载。因此在进行强度分析时，对使用于不同构件上的"失效"可选取不同的状态。

（1）最先一层失效强度的确定：首先做层合板的单层应力分析，然后利用强度比方程计算层合板各个单层的强度比，强度比最小的单层最先失效，即为最先失效层；

（2）极限强度的确定：层合板的失效过程极为复杂，在强度校核时，需要对失效单层做如下准则：

当 $\sigma_1 < X$，则 $Q_{11} = Q_{22} = Q_{66} = 0$；

当 $\sigma_1 > X$，则 $Q_{11} = Q_{12} = Q_{22} = Q_{66} = 0$。

认为单层失效时纵向应力尚未达到纵向强度极限，基体相发生破坏，那么该层纵向模量不变，横向与剪切模量为0。

如果纵向应力已经达到纵向强度时，纤维相发生破坏，那么该层全部模量分量都为0。在研究层合板失效时，先研究单层失效，根据上述降级准则进行分析，然后重新计算层合板的刚度以及各单层的应力，然后进行校核，如此循环。

3.4.5 层合板的工程弹性常数

层合板的弹性性能体现在拉伸刚度 A_{ij}、耦合刚度 B_{ij} 以及弯曲刚度 D_{ij} 之中。工程弹性常数是评价材料弹性性能直观的方法，如杨氏弹性模量、泊松比等。下面讨论如何由层合板的刚度系数来计算其工程弹性常数。大多数情况下，实际工程中的复合材料层合板全部是对称板，下文将讨论对象定为对称层合板。

对称层合板的耦合刚度系数为零，因此，只需讨论拉伸刚度 A、弯曲刚度 D 与弹性常数的关系。纤维角一定的某单层板在层合板中的叠层位置的改变对拉伸刚度不产生影响，但对弯曲刚度的贡献是不同的，因为弯曲刚度不仅取决于单层板自身的性质，还与单层板距离中性面的高度有关。

1. 面内弹性常数

考虑对称层合板受面内拉伸 N_x 的情况,如图 3-14 所示。设 A 的逆矩阵为 a,则由本构关系 $[N] = A[\varepsilon^o]$ 得到 $[\varepsilon^o] = a[N]$,展开后如式(3-79)所示:

$$\begin{cases} \varepsilon_x^o = a_{11}N_x \\ \varepsilon_y^o = a_{12}N_x \\ \gamma_{xy}^o = a_{13}N_x \end{cases} \tag{3-79}$$

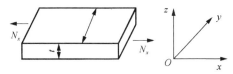

图 3-14 对称层合板受 N_x 作用

N_x 是层合板宽度上的拉力,层合板的总厚度记为 t,则平均应力为 $\sigma_x = N_x/t$。根据弹性模量的定义,得到 x 方向的弹性模量如式(3-80)所示:

$$E_x = \frac{\sigma_x}{\varepsilon_x^o} = \frac{1}{ta_{11}} \tag{3-80}$$

同样,根据泊松比的定义,得到式(3-81):

$$\mu_{xy} = -\frac{\varepsilon_y^o}{\varepsilon_x^o} = -\frac{a_{12}}{a_{11}} \tag{3-81}$$

与单层板偏轴拉伸的情形类似,层合板的剪切耦合系数如式(3-82)所示:

$$m_x = -\frac{\gamma_{xy}^o}{\varepsilon_x^o} = -\frac{a_{13}}{a_{11}} \tag{3-82}$$

用同样的办法,可求得 y 方向的三个弹性常数,其结果如式(3-83)~式(3-85)所示:

$$E_y = \frac{1}{ta_{22}} \tag{3-83}$$

$$\mu_{yx} = -\frac{a_{12}}{a_{22}} \tag{3-84}$$

$$m_y = -\frac{a_{23}}{a_{22}} \tag{3-85}$$

层合板关于功的互等定理如式(3-86)所示:

$$\frac{\mu_{xy}}{E_x} = \frac{\mu_{yx}}{E_y} \tag{3-86}$$

这一关系很容易由式（3-80）～式（3-84）得到。

下面考虑层合板受面内剪切力 N_{xy} 作用，如图 3-15 所示。由本构方程，可得式（3-87）：

$$\begin{cases} \varepsilon_x^o = a_{13}N_{xy} \\ \varepsilon_y^o = a_{23}N_{xy} \\ \gamma_{xy}^o = a_{33}N_{xy} \end{cases} \quad (3\text{-}87)$$

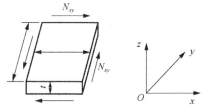

图 3-15　对称层合板受 N_{xy} 作用

由于剪切应力 $\tau_{xy} = N_{xy}/t$，根据剪切弹性模量的定义，可得式（3-88）：

$$G_{xy} = \frac{\tau_{xy}}{\gamma_{xy}^o} = \frac{1}{ta_{33}} \quad (3\text{-}88)$$

2. 弯曲弹性常数

由各向同性材料梁的理论知，弯矩 M、曲率 K 与弹性模量 E 的关系如式（3-89）所示：

$$\frac{M}{K} = EI \quad (3\text{-}89)$$

式中，I——横截面相对于中性轴的惯性矩。

对于层合板，仍然沿用上面的关系来定义弯曲弹性常数。考虑对称层合板（$B_{ij} = 0$）受 M_x 作用的情况，如图 3-16 所示。设 D 矩阵的逆矩阵为 d，则由本构关系 $[M] = D[K]$ 得到 $[K] = d[M]$，展开后如式（3-90）所示：

$$\begin{aligned} K_x &= d_{11}M_x \\ K_y &= d_{12}M_x \\ K_{xy} &= d_{13}M_x \end{aligned} \quad (3\text{-}90)$$

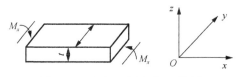

图 3-16　对称层合板受 M_x 作用

定义如式（3-91）所示：

$$\frac{M_x}{K_x} = E_x I \tag{3-91}$$

E_x，即式中 $I = t^3/12$，可得式（3-92）：

$$E_x = \frac{12}{t^3 d_{11}} \tag{3-92}$$

泊松比按式（3-93）定义计算：

$$\mu_{xy} = -\frac{K_y}{K_x} = -\frac{d_{12}}{d_{11}} \tag{3-93}$$

弯扭耦合系数定义如式（3-94）所示：

$$M_x = -\frac{K_{xy}}{K_x} = -\frac{d_{13}}{d_{11}} \tag{3-94}$$

用相同的方法，可求出 y 方向的三个常数，如式（3-95）～式（3-97）所示：

$$E_y = \frac{12}{t^3 d_{22}} \tag{3-95}$$

$$\mu_{yx} = -\frac{d_{12}}{d_{22}} \tag{3-96}$$

$$M_y = -\frac{d_{23}}{d_{22}} \tag{3-97}$$

最后考虑层合板受 M_{xy} 作用的情况，如图 3-17 所示。由本构方程可得式（3-98）：

$$\begin{cases} K_x = d_{13} M_{xy} \\ K_y = d_{23} M_{xy} \\ K_{xy} = d_{33} M_{xy} \end{cases} \tag{3-98}$$

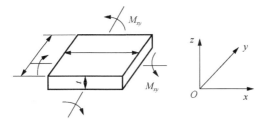

图 3-17　层合板受 M_{xy} 作用

定义如式（3-99）所示：

$$\frac{M_{xy}}{K_{xy}} = G_{xy}I \qquad (3\text{-}99)$$

求得剪切弹性模量如式（3-100）所示：

$$G_{xy} = \frac{12}{t^3 d_{33}} \qquad (3\text{-}100)$$

3.5 本章小结

本章重点介绍了层合板的定义，包括经典层合板、对称层合板等，同时介绍了层合板的刚度分析、层合板的应力分析、层合板的强度分析以及层合板的工程弹性常数等理论知识。通过本章的学习，可以更好地了解层合板的理论知识及适用范围，为读者解决类似的工程问题提供了可借鉴与参考的方法和思路。

第4章 通用单胞模型及有限元方法

通用单胞模型（generalized method of cells，GMC）最早由 Paley 和 Aboudi（1992）提出，是一种建立复合材料本构关系的细观力学方法。通用单胞模型是指将代表性体积元（RVE）划分为若干个矩形子胞，而有限元方法是把待分析的连续体假想分割成一个由有限个单元所组成的组合体。可见两者有很多共同之处，故本章主要介绍利用有限元工具构建通用单胞模型对木材复合材料力学性能进行分析。

4.1 通用单胞模型

通用单胞模型的基本思想是将代表性体积元划分为若干个矩形子胞，假设每个子胞的位移函数，通过子胞边界上的应力和位移边界条件，建立宏观量场和细观量场之间的关系方程，根据已知的宏观量场，求解细观量场，再根据子胞的几何方程及物理方程，得到完整的子胞应力和应变场，即细观力学解，最后根据均匀化方法获得代表性体积元的宏观应力、应变之间的本构关系，流程框图如图 4-1 所示。后来有学者在弹性范围内建立了宏细观力学模型，并提出了纤维增强复合材料结构的宏/细观一体化分析框架。原始 GMC 在解决细观力学问题和多尺度分析方面提供了很好的平台。

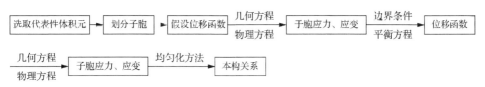

图 4-1 GMC 求解示意图

4.1.1 GMC 的基本理论

1. GMC 的数学描述

复合材料通常由多种单相材料复合而成，复合材料的细观结构和材料的性能确定后，即可获得复合材料的本构关系。除了极少数复合材料细观结构具有严格的周期分布外，大多数材料的细观结构是非常复杂的，但是，在考虑材料的总体行为时，经常对细观结构进行简化，将它们的细观结构看成近似周期分布，也就是整个细观结构由一个个细观单胞排列而成，如图 4-2 所示。在概率统计上，细观单胞的几何特征都趋于常数，这样的细观单胞满足周期性排列条件，单胞作为具有一般性和代表性的细观单元可以用来对材料的真实结构进行模拟，如图 4-3 所示。

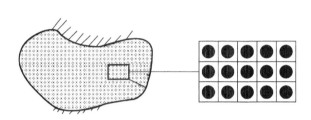

图 4-2 周期性结构材料

图 4-3 代表性单胞

研究目的决定了细观单胞尺寸的选择。例如，要预测铁含量的增加对合金弹性模量和弹性极限的影响，就可以认为合金材料是均匀的，单胞的特征尺寸可取某一相材料的尺寸；要通过钢和铁结晶的方向分布及颗粒的形态，研究合金弹塑性特征的各向异性，可以认为上述两特征在晶体内部是均匀的，即根据铁晶体的尺寸来确定单胞的尺寸；如果要进一步了解颗粒间的细观裂缝在重复荷载作用下损伤的产生和发展情况，就需要更小尺寸的单胞模型。

另外，如果材料的细观结构是周期性的或者近似周期性的，那么在远场作用下的细观结构形变也应该是周期性的。因此在取一个单胞进行分析时，必须考虑单胞与周围材料的形变协调问题。为了反映细观结构中的形变和应力的周期性，需要在单胞上施加相应的周期性边界条件。

以二维情况为例，对于边长为 Y_1 和 Y_2 的矩形单胞，如图 4-4 所示，单胞的周期位移边界条件可以表示为以下形式。

左右两边如式（4-1）所示：

$$\begin{cases} u_1(y_1^o, y_2^o) = u_1(y_1^o + Y_1, y_2^o) \\ u_2(y_1^o, y_2^o) = u_2(y_1^o + Y_1, y_2^o) \end{cases} \quad (4-1)$$

上下两边如式（4-2）所示：

$$\begin{cases} u_1(y_1^o, y_2^o) = u_1(y_1^o, y_2^o + Y_2) \\ u_2(y_1^o, y_2^o) = u_2(y_1^o, y_2^o + Y_2) \end{cases} \quad (4-2)$$

式中，u_1、u_2 —— y_1 与 y_2 方向上的位移分量。

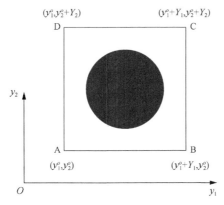

图 4-4 周期性边界条件

应力的反周期边界条件如下。

左右两边如式（4-3）所示。

$$\begin{cases} \sigma_{11}(y_1^o, y_2^o) = -\sigma_{11}(y_1^o + Y_1, y_2^o) \\ \sigma_{12}(y_1^o, y_2^o) = -\sigma_{12}(y_1^o + Y_1, y_2^o) \end{cases} \quad (4\text{-}3)$$

上下两边如式（4-4）所示：

$$\begin{cases} \sigma_{22}(y_1^o, y_2^o) = -\sigma_{22}(y_1^o, y_2^o + Y_2) \\ \sigma_{21}(y_1^o, y_2^o) = -\sigma_{21}(y_1^o, y_2^o + Y_2) \end{cases} \quad (4\text{-}4)$$

对于满足几何对称的单胞，周期性的边界条件可以进一步简化。在有限元分析中，周期性边界条件往往采用多点约束条件来实现。代表性单胞尺寸的选取和计算过程中施加的边界条件，直接影响分析结果的准确性，因此，需要谨慎确定单胞的尺寸和边界条件。

2. 传统的 GMC

GMC 方法为宏、细观协同分析提供了很好的平台，但是其求解效率很低（求解量随着子胞数目的增加成几何级数增长），一般采用粗糙的网格划分，如图 4-5 所示。

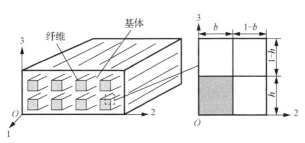

图 4-5 传统的 GMC

子胞界面位移连续条件矩阵形式如式（4-5）所示：

$$A_G \bar{\varepsilon}_s = J\bar{\varepsilon} \tag{4-5}$$

子胞界面应力连续条件矩阵形如式（4-6）所示：

$$A_M \bar{\varepsilon}_s = 0 \tag{4-6}$$

将位移连续条件和应力连续条件合并，可得式（4-7）：

$$\bar{\varepsilon}_s = A\bar{\varepsilon} \tag{4-7}$$

其中，矩阵 A_G 包含子胞的几何尺寸；A_M 包含子胞对应材料的弹性常数；J 包含整体单胞的几何尺寸。

等效宏观刚度矩阵形式如式（4-8）所示：

$$C^* = \frac{1}{hl} \sum_{\beta=1}^{N_\beta} \sum_{\gamma=1}^{N_\gamma} h_\beta l_\gamma c^{(\beta,\gamma)} A^{(\beta,\gamma)} \tag{4-8}$$

3. 单胞模型的应用假设前提

1）纤维周期性分布假设

当复合材料服从周期性分布时，可以选取代表性单胞来研究整体的性能。局部坐标 x_1 代表纤维纵向，x_2、x_3 代表纤维横向。单胞可以划分成 $N_\beta N_\gamma$ 个子细胞，$\beta = 1, 2, \cdots, N_\beta$，$\gamma = 1, 2, \cdots, N_\gamma$，每个子细胞可以单独赋予材料属性，进行多相复合材料的细观微结构力学分析，如图 4-6 所示。

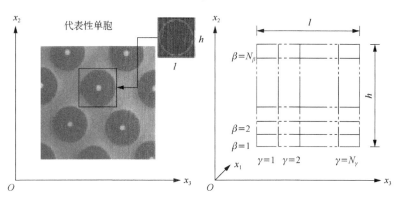

图 4-6　单向复合材料周期性分布微结构及子细胞划分

2）子细胞内一阶线性位移假设

基于一阶线性位移假设，子细胞位移表示如式（4-9）所示：

$$u_i^{(\beta\gamma)} = \omega_i^{(\beta\gamma)} + x_2^\beta \phi_i^{(\beta\gamma)} + x_3^{(\gamma)} \psi_i^{(\beta\gamma)} \quad (i=1,2,3) \tag{4-9}$$

式中，$\omega_i^{(\beta\gamma)}$——子细胞的中心位置；

$\phi_i^{(\beta\gamma)}$、$\psi_i^{(\beta\gamma)}$——与子细胞应变有关的微变量。

3）体积平均假设

基于体积平均假设，单胞宏观平均应力-应变方程如式（4-10）、式（4-11）所示：

$$\bar{\sigma} = \frac{1}{hl}\sum_{\beta=1}^{N_\beta}\sum_{\gamma=1}^{N_\gamma} h_\beta l_\gamma \bar{\sigma}^{(\beta\gamma)} \qquad (4\text{-}10)$$

$$\bar{\varepsilon} = \frac{1}{hl}\sum_{\beta=1}^{N_\beta}\sum_{\gamma=1}^{N_\gamma} h_\beta l_\gamma \bar{\varepsilon}^{(\beta\gamma)} \qquad (4\text{-}11)$$

4）子胞界面位移、应力连续假设

子胞界面位移和应力要求在平均意义上是连续的，位移连续条件如式（4-12）～式（4-17）所示：

$$\bar{\varepsilon}_{11}^{(\beta\gamma)} = \bar{\varepsilon}_{11} \qquad (4\text{-}12)$$

$$\sum_{\beta=1}^{N_\beta} h_\beta \bar{\varepsilon}_{22}^{(\beta\gamma)} = h\bar{\varepsilon}_{22} \qquad (4\text{-}13)$$

$$\sum_{\beta=1}^{N_\beta} h_\beta \bar{\varepsilon}_{12}^{(\beta\gamma)} = h\bar{\varepsilon}_{12} \qquad (4\text{-}14)$$

$$\sum_{\gamma=1}^{N_\gamma} l_\gamma \bar{\varepsilon}_{33}^{(\beta\gamma)} = l\bar{\varepsilon}_{33} \qquad (4\text{-}15)$$

$$\sum_{\gamma=1}^{N_\gamma} l_\gamma \bar{\varepsilon}_{13}^{(\beta\gamma)} = l\bar{\varepsilon}_{13} \qquad (4\text{-}16)$$

$$\sum_{\beta=1}^{N_\beta}\sum_{\gamma=1}^{N_\gamma} h_\beta l_\gamma \bar{\varepsilon}_{23}^{(\beta\gamma)} = hl\bar{\varepsilon}_{23} \qquad (4\text{-}17)$$

γ 列子胞的界面正应力为 T_{22}^γ，界面剪切应力为 T_{21}^γ 和 T_{23}^γ；β 行子胞的界面正应力为 T_{33}^β，界面剪切应力为 T_{31}^β 和 T_{32}^β。利用应力张量的对称性，可得子胞界面应力连续条件如式（4-18）～式（4-23）所示：

$$\bar{\sigma}_{22}^{(1\gamma)} = \bar{\sigma}_{22}^{(2\gamma)} = \cdots = \bar{\sigma}_{22}^{(N_\beta\gamma)} = T_{22}^{(\gamma)} \qquad (4\text{-}18)$$

$$\bar{\sigma}_{33}^{(\beta1)} = \bar{\sigma}_{33}^{(\beta2)} = \cdots = \bar{\sigma}_{33}^{(\beta N_\gamma)} = T_{33}^{(\beta)} \qquad (4\text{-}19)$$

$$\bar{\sigma}_{21}^{(1\gamma)} = \bar{\sigma}_{21}^{(2\gamma)} = \cdots = \bar{\sigma}_{21}^{(N_\beta\gamma)} = T_{21}^{(\gamma)} = T_{12}^{(\gamma)} \qquad (4\text{-}20)$$

$$\bar{\sigma}_{31}^{(\beta1)} = \bar{\sigma}_{31}^{(\beta2)} = \cdots = \bar{\sigma}_{31}^{(\beta N_\gamma)} = T_{31}^{(\beta)} = T_{13}^{(\beta)} \qquad (4\text{-}21)$$

$$\bar{\sigma}_{23}^{(1\gamma)} = \bar{\sigma}_{23}^{(2\gamma)} = \cdots = \bar{\sigma}_{23}^{(N_\beta\gamma)} = T_{23}^{(\gamma)} = T_{23}^{\gamma} \qquad (4\text{-}22)$$

$$\overline{\sigma}_{32}^{(\beta 1)} = \overline{\sigma}_{32}^{(\beta 2)} = \cdots = \overline{\sigma}_{32}^{(\beta N_\gamma)} = T_{23}^{(\beta)} = T_{23}^{\beta} \tag{4-23}$$

4.1.2 二维 GMC

二维 GMC 在求解细观应力-应变场时，是以子胞应变作为基本的未知量的。求解时，未知量的个数有 $6N_\beta N_\gamma$ 个。随着子胞数目的增加，未知量的数目以几何级数增长。例如，100×100 个子胞时，其未知量的数目达到了 60000 个。对于这样规模方程组的求解，计算效率低，时间长。代表性体积元的网格离散化如图 4-7 所示。

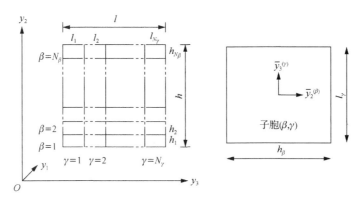

图 4-7　代表性体积元的网格离散化

从 GMC 的子胞应力边界条件可以知道，某一列（行）子胞在其中一个方向上的应力是相等的。如果以子胞应力为基本的细观未知量进行计算，则细观未知量的数目可大大减少。因此，可以将子胞应力作为基本的未知量来改进通用单胞模型的求解算法。

子胞应变-应力关系方程，如式（4-24）所示：

$$\overline{\sigma}_{11}^{(\beta\gamma)} = \frac{1}{s_{11}^{(\beta\gamma)}}\left[\overline{\varepsilon}_{11} - S_{12}^{(\beta\gamma)}\overline{\sigma}_{22}^{(\beta\gamma)} - S_{13}^{(\beta\gamma)}\overline{\sigma}_{22}^{(\beta\gamma)}\right]\overline{\sigma}_{33}^{(\beta\gamma)} + \alpha_{33}^{(\beta\gamma)}\Delta T + \overline{\varepsilon}_{33}^{\rho(\beta\gamma)} \tag{4-24}$$

其中，$\boldsymbol{S}^{(\beta\gamma)} = \left[\boldsymbol{C}^{(\beta\gamma)}\right]^{-1}$，为子胞的柔度矩阵。

式中，$\alpha^{(\beta\gamma)}$——子胞材料的热膨胀系数；

ΔT——温差；

$\overline{\varepsilon}^{\rho(\beta\gamma)}$——子胞的非弹性应变。

把式（4-24）和应力连续条件直接代入位移连续条件式（4-12）～式（4-17）可得到改进的子胞间的位移连续方程，如式（4-25）所示：

$$\overline{\varepsilon}_{11}^{(\beta\gamma)} = \overline{\varepsilon}_{11} \quad (\beta=1,2,\cdots,N_\beta;\ \gamma=1,2,\cdots,N_\gamma) \tag{4-25a}$$

$$\sum_{\beta=1}^{N_\beta} h_\beta \bar{\varepsilon}_{22}^{(\beta\gamma)} = h\bar{\varepsilon}_{22} \quad (\gamma = 1, \cdots, N_\gamma) \tag{4-25b}$$

$$\sum_{\gamma=1}^{N_\gamma} l_\gamma \bar{\varepsilon}_{33}^{(\beta\gamma)} = l\bar{\varepsilon}_{33} \quad (\beta = 1, \cdots, N_\beta) \tag{4-25c}$$

$$\sum_{\beta=1}^{N_\beta} h_\beta \bar{\varepsilon}_{12}^{(\beta\gamma)} = h\bar{\varepsilon}_{12} \quad (\gamma = 1, \cdots, N_\gamma) \tag{4-25d}$$

$$\sum_{\gamma=1}^{N_\gamma} l_\gamma \bar{\varepsilon}_{13}^{(\beta\gamma)} = l\bar{\varepsilon}_{13} \quad (\beta = 1, \cdots, N_\beta) \tag{4-25e}$$

$$\sum_{\beta=1}^{N_\beta}\sum_{\gamma=1}^{N_\gamma} h_\beta l_\gamma \bar{\varepsilon}_{23}^{(\beta\gamma)} = hl\bar{\varepsilon}_{23} \tag{4-25f}$$

式中，h_β、l_γ——子胞（β,γ）的尺寸；

h、l——代表性体积元的尺寸，如图 4-7 所示。

1. 子胞正应力与宏观应变间的关系

当子胞材料为正交各向异性材料时，用式（4-24）中子胞的正应力、非弹性应变和热应变表达子胞正应变，如式（4-26）所示：

$$\bar{\varepsilon}_{11}^{(\beta\gamma)} = S_{11}^{(\beta\gamma)}\bar{\sigma}_{11}^{(\beta\gamma)} + S_{12}^{(\beta\gamma)}\bar{\sigma}_{22}^{(\beta\gamma)} + S_{13}^{(\beta\gamma)}\bar{\sigma}_{33}^{(\beta\gamma)} + \alpha_{11}^{(\beta\gamma)}\Delta T + \bar{\varepsilon}_{11}^{\rho(\beta\gamma)} \tag{4-26a}$$

$$\bar{\varepsilon}_{22}^{(\beta\gamma)} = S_{12}^{(\beta\gamma)}\bar{\sigma}_{11}^{(\beta\gamma)} + S_{22}^{(\beta\gamma)}\bar{\sigma}_{22}^{(\beta\gamma)} + S_{23}^{(\beta\gamma)}\bar{\sigma}_{33}^{(\beta\gamma)} + \alpha_{22}^{(\beta\gamma)}\Delta T + \bar{\varepsilon}_{22}^{\rho(\beta\gamma)} \tag{4-26b}$$

$$\bar{\varepsilon}_{33}^{(\beta\gamma)} = S_{13}^{(\beta\gamma)}\bar{\sigma}_{11}^{(\beta\gamma)} + S_{23}^{(\beta\gamma)}\bar{\sigma}_{22}^{(\beta\gamma)} + S_{33}^{(\beta\gamma)}\bar{\sigma}_{33}^{(\beta\gamma)} + \alpha_{33}^{(\beta\gamma)}\Delta T + \bar{\varepsilon}_{33}^{\rho(\beta\gamma)} \tag{4-26c}$$

用各子胞轴向形变相等的边界条件式（4-25a）代入式（4-26a），可得子胞轴向应力 $\bar{\sigma}_{11}^{(\beta\gamma)}$，如式（4-27）所示：

$$\bar{\sigma}_{11}^{(\beta\gamma)} = \frac{1}{S_{11}^{(\beta\gamma)}}\left[\bar{\varepsilon}_{11} - S_{12}^{(\beta\gamma)}\bar{\sigma}_{22}^{(\beta\gamma)} - S_{13}^{(\beta\gamma)}\bar{\sigma}_{33}^{(\beta\gamma)} - \alpha_{11}^{(\beta\gamma)}\Delta T - \bar{\varepsilon}_{11}^{\rho(\beta\gamma)}\right] \tag{4-27}$$

把式（4-27）代入式（4-26b）、式（4-26c），以消除表达式中子胞轴向正应力 $\bar{\sigma}_{11}^{(\beta\gamma)}$，可得子胞正应变 $\bar{\varepsilon}_{22}^{(\beta\gamma)}$、$\bar{\varepsilon}_{33}^{(\beta\gamma)}$，如式（4-28）所示：

$$\bar{\varepsilon}_{22}^{(\beta\gamma)} = \frac{S_{12}^{(\beta\gamma)}}{S_{11}^{(\beta\gamma)}}\bar{\varepsilon}_{11} + \left(S_{22}^{(\beta\gamma)} - \frac{S_{12}^{(\beta\gamma)2}}{S_{11}^{(\beta\gamma)}}\right)\bar{\sigma}_{22}^{(\beta\gamma)} + \left(S_{23}^{(\beta\gamma)} - \frac{S_{12}^{(\beta\gamma)}S_{13}^{(\beta\gamma)}}{S_{11}^{(\beta\gamma)}}\right)\bar{\sigma}_{33}^{(\beta\gamma)}$$

$$+ \left(\alpha_{22}^{(\beta\gamma)} - \frac{S_{12}^{(\beta\gamma)}}{S_{11}^{(\beta\gamma)}}\alpha_{11}^{(\beta\gamma)}\right)\Delta T + \bar{\varepsilon}_{22}^{\rho(\beta\gamma)} - \frac{S_{12}^{(\beta\gamma)}}{S_{11}^{(\beta\gamma)}}\bar{\varepsilon}_{11}^{\rho(\beta\gamma)} \tag{4-28a}$$

$$\bar{\varepsilon}_{33}^{(\beta\gamma)} = \frac{S_{13}^{(\beta\gamma)}}{S_{11}^{(\beta\gamma)}}\bar{\varepsilon}_{11} + \left(S_{33}^{(\beta\gamma)} - \frac{S_{13}^{(\beta\gamma)2}}{S_{11}^{(\beta\gamma)}}\right)\bar{\sigma}_{33}^{(\beta\gamma)} + \left(S_{23}^{(\beta\gamma)} - \frac{S_{12}^{(\beta\gamma)}S_{13}^{(\beta\gamma)}}{S_{11}^{(\beta\gamma)}}\right)\bar{\sigma}_{22}^{(\beta\gamma)}$$

$$+ \left(\alpha_{33}^{(\beta\gamma)} - \frac{S_{13}^{(\beta\gamma)}}{S_{11}^{(\beta\gamma)}}\alpha_{11}^{(\beta\gamma)}\right)\Delta T + \bar{\varepsilon}_{33}^{\rho(\beta\gamma)} - \frac{S_{13}^{(\beta\gamma)}}{S_{11}^{(\beta\gamma)}}\bar{\varepsilon}_{11}^{\rho(\beta\gamma)} \quad (4\text{-}28b)$$

对于某一固定列子胞 $l_\gamma, \cdots, N_{\beta\gamma}$ 的界面正应力 $T_{22}^{(\gamma)}$ 和某一固定行子胞 $\beta_1, \cdots, \beta_{N_\gamma}$ 的界面正应力 $T_{33}^{(\beta)}$，则子胞界面应力连续条件如式（4-29）所示：

$$\bar{\sigma}_{22}^{(1\gamma)} = \bar{\sigma}_{22}^{(2\gamma)} = \cdots = \bar{\sigma}_{22}^{(N_\beta\gamma)} = T_{22}^{(\gamma)} \quad (\gamma = 1, \cdots, N_\gamma) \quad (4\text{-}29a)$$

$$\bar{\sigma}_{33}^{(1\beta)} = \bar{\sigma}_{33}^{(2\beta)} = \cdots = \bar{\sigma}_{33}^{(N_\gamma\beta)} = T_{33}^{(\beta)} \quad (\beta = 1, \cdots, N_\beta) \quad (4\text{-}29b)$$

把式（4-28）、式（4-29）代入式（4-25b）、式（4-25c），得到改进的界面连续条件式，如式（4-30）所示：

$$A_\gamma T_{22}^{(\gamma)} + \sum_{\beta=1}^{N_\beta} h_\beta B_{\beta\gamma} T_{33}^{(\beta)} = \boldsymbol{h}\bar{\varepsilon}_{22} - c_\gamma \bar{\varepsilon}_{11} + d_\gamma \Delta T + p_1^{(\gamma)} \quad (\gamma = 1, \cdots, N_\gamma) \quad (4\text{-}30a)$$

$$D_\beta T_{33}^{(\gamma)} + \sum_{\gamma=1}^{N_\gamma} l_\beta B_{\beta\gamma} T_{22}^{(\beta)} = \boldsymbol{l}\bar{\varepsilon}_{22} - e_\beta \bar{\varepsilon}_{11} + f_\beta \Delta T + p_2^{(\beta)} \quad (\beta = 1, \cdots, N_\beta) \quad (4\text{-}30b)$$

式（4-30）可写成矩阵形式，如式（4-31）所示：

$$\begin{bmatrix} \boldsymbol{A} & \boldsymbol{B} \\ \boldsymbol{B}' & \boldsymbol{D} \end{bmatrix} \begin{bmatrix} \boldsymbol{T}_2 \\ \boldsymbol{T}_3 \end{bmatrix} = \begin{Bmatrix} \boldsymbol{H} \\ \boldsymbol{0} \end{Bmatrix} \bar{\varepsilon}_{22} + \begin{Bmatrix} \boldsymbol{0} \\ \boldsymbol{L} \end{Bmatrix} \bar{\varepsilon}_{33} - \begin{Bmatrix} \boldsymbol{c} \\ \boldsymbol{e} \end{Bmatrix} \bar{\varepsilon}_{11} + \begin{Bmatrix} \boldsymbol{d} \\ \boldsymbol{f} \end{Bmatrix} \Delta T + \begin{Bmatrix} \boldsymbol{P}_1 \\ \boldsymbol{P}_2 \end{Bmatrix} \quad (4\text{-}31)$$

其中，$\boldsymbol{A}$、$\boldsymbol{B}$、$\boldsymbol{B}'$、$\boldsymbol{D}$ 分别为 $N_\gamma \times N_\gamma$、$N_\gamma \times N_\beta$、$N_\beta \times N_\gamma$ 和 $N_\beta \times N_\beta$ 阶矩阵，这些矩阵的结构和元素在下面给出。对于给定单胞模型的行和列，$\boldsymbol{T}_2 = \left[T_{22}^{(1)}, \cdots, T_{22}^{(N_\gamma)}\right]$ 和 $\boldsymbol{T}_3 = \left[T_{33}^{(1)}, \cdots, T_{33}^{(N_\beta)}\right]$ 分别包含 N_γ 和 N_β 个正应力分量。$\boldsymbol{H}$ 和 $\boldsymbol{L}$ 的元素分别为 $\boldsymbol{h}$ 和 $\boldsymbol{l}$ 的 $N_\gamma \times 1$ 与 $N_\beta \times 1$ 阶向量，向量 $\boldsymbol{c} = \left[c_1, \cdots, c_{N_\gamma}\right]$，$\boldsymbol{d} = \left[d_1, \cdots, d_{N_\gamma}\right]$，$\boldsymbol{e} = \left[e_1, \cdots, e_{N_\beta}\right]$，$\boldsymbol{f} = \left[f_1, \cdots, f_{N_\beta}\right]$，$\boldsymbol{P}_1 = \left[p_1^{(1)}, \cdots, p_1^{(N_\gamma)}\right]$，$\boldsymbol{P}_2 = \left[p_2^{(1)}, \cdots, p_2^{(N_\beta)}\right]$，元素也在下面给出，其中：

$$\boldsymbol{A} = \begin{bmatrix} A_1 & 0 & \cdots & 0 \\ 0 & A_2 & \cdots & 0 \\ \vdots & \vdots & \cdots & \vdots \\ 0 & 0 & \cdots & A_{N_\gamma} \end{bmatrix}$$

第4章 通用单胞模型及有限元方法　127

$$\boldsymbol{B} = \begin{bmatrix} h_1 B_{11} & h_2 B_{21} & \cdots & h_{N_\beta} B_{N_\beta 1} \\ h_1 B_{12} & h_2 B_{22} & \cdots & h_{N_\beta} B_{N_\beta 2} \\ \vdots & \vdots & & \vdots \\ h_1 B_{1N_\gamma} & h_2 B_{2N_\gamma} & \cdots & h_{N_\beta} B_{N_\beta N_\gamma} \end{bmatrix}$$

$$\boldsymbol{B}' = \begin{bmatrix} l_1 B_{11} & l_2 B_{21} & \cdots & l_{N_\gamma} B_{1N_\gamma} \\ l_1 B_{12} & l_2 B_{22} & \cdots & l_{N_\gamma} B_{2N_\gamma} \\ \vdots & \vdots & & \vdots \\ l_1 B_{1N_\beta} & l_2 B_{2N_\beta} & \cdots & l_{N_\gamma} B_{N_\beta N_\gamma} \end{bmatrix}$$

$$\boldsymbol{D} = \begin{bmatrix} D_1 & & & \\ & D_2 & & \\ & & \cdots & \\ & & & D_{N_\beta} \end{bmatrix}$$

由式（4-31），可得子胞在 $\bar{x}_2$ 和 $\bar{x}_3$ 方向上的正应力 $\bar{\sigma}_{22}$、$\bar{\sigma}_{33}$，结合式（4-27）便可以得出 $\bar{x}_1$ 方向的正应力 $\bar{\sigma}_{11}$。

2. 子胞剪应力与宏观剪应变间的关系

式（4-24）中，用子胞的剪应力、非弹性应变和热应变来表达子胞剪应变，如式（4-32）所示：

$$\bar{\varepsilon}_{12}^{(\beta\gamma)} = \frac{1}{2} S_{66}^{(\beta\gamma)} \bar{\sigma}_{12}^{(\beta\gamma)} + \bar{\varepsilon}_{12}^{\rho(\beta\gamma)} \qquad (4\text{-}32\text{a})$$

$$\bar{\varepsilon}_{13}^{(\beta\gamma)} = \frac{1}{2} S_{55}^{(\beta\gamma)} \bar{\sigma}_{13}^{(\beta\gamma)} + \bar{\varepsilon}_{13}^{\rho(\beta\gamma)} \qquad (4\text{-}32\text{b})$$

$$\bar{\varepsilon}_{23}^{(\beta\gamma)} = \frac{1}{2} S_{44}^{(\beta\gamma)} \bar{\sigma}_{23}^{(\beta\gamma)} + \bar{\varepsilon}_{23}^{\rho(\beta\gamma)} \qquad (4\text{-}32\text{c})$$

把式（4-32）代入式（4-25d）、式（4-25e），可得式（4-33）：

$$\frac{1}{2} \sum_{\beta=1}^{N_\beta} h_\beta S_{66}^{(\beta\gamma)} \bar{\sigma}_{12}^{(\beta\gamma)} = h \bar{\varepsilon}_{12} - \sum_{\beta=1}^{N_\beta} h_\beta \bar{\varepsilon}_{12}^{\rho(\beta\gamma)} \quad (\gamma=1,\cdots,N_\gamma) \qquad (4\text{-}33\text{a})$$

$$\frac{1}{2} \sum_{\gamma=1}^{N_\gamma} l_\gamma S_{55}^{(\beta\gamma)} \bar{\sigma}_{13}^{(\beta\gamma)} = l \bar{\varepsilon}_{13} - \sum_{\gamma=1}^{N_\gamma} l_\gamma \bar{\varepsilon}_{13}^{\rho(\beta\gamma)} \quad (\beta=1,\cdots,N_\beta) \qquad (4\text{-}33\text{b})$$

$$\frac{1}{2} \sum_{\beta=1}^{N_\beta} \sum_{\gamma=1}^{N_\gamma} l_\gamma h_\beta S_{44}^{(\beta\gamma)} \bar{\sigma}_{23}^{(\beta\gamma)} = hl \bar{\varepsilon}_{23} - \sum_{\beta=1}^{N_\beta} \sum_{\gamma=1}^{N_\gamma} l_\gamma h_\beta \bar{\varepsilon}_{23}^{\rho(\beta\gamma)} \qquad (4\text{-}33\text{c})$$

对于某固定列子胞 $l_\gamma,\cdots,N_{\beta\gamma}$ 的界面正应力 $T_{21}^{(\gamma)}$ 和某固定行子胞 $\beta_1,\cdots,\beta_{N_\gamma}$ 的界面剪应力 $T_{31}^{(\beta)}$，利用应力张量的对称性，可得到子胞界面应力连续条件，如式（4-34a）、式（4-34b）所示：

$$\bar{\sigma}_{21}^{(1\gamma)} = \bar{\sigma}_{21}^{(2\gamma)} = \cdots = \bar{\sigma}_{21}^{(N_\beta\gamma)} = T_{21}^{(\gamma)} = T_{12}^{(\gamma)} \quad (\gamma=1,\cdots,N_\gamma) \quad (4\text{-}34\text{a})$$

$$\bar{\sigma}_{31}^{(1\beta)} = \bar{\sigma}_{31}^{(2\beta)} = \cdots = \bar{\sigma}_{31}^{(N_\gamma\beta)} = T_{31}^{(\beta)} = T_{13}^{(\beta)} \quad (\beta=1,\cdots,N_\beta) \quad (4\text{-}34\text{b})$$

界面正应力 $T_{23}^{(\gamma)}$ 和界面正应力 $T_{32}^{(\beta)}$，同理可得。子胞界面应力连续条件如式（4-34c）、式（4-34d）所示：

$$\bar{\sigma}_{23}^{(1\gamma)} = \bar{\sigma}_{23}^{(2\gamma)} = \cdots = \bar{\sigma}_{23}^{(N_\beta\gamma)} = T_{23}^{(\gamma)} \quad (\gamma=1,\cdots,N_\gamma) \quad (4\text{-}34\text{c})$$

$$\bar{\sigma}_{32}^{(1\beta)} = \bar{\sigma}_{32}^{(2\beta)} = \cdots = \bar{\sigma}_{32}^{(N_\gamma\beta)} = T_{32}^{(\beta)} \quad (\beta=1,\cdots,N_\beta) \quad (4\text{-}34\text{d})$$

对每个子胞 $\gamma=1,\cdots,N_\gamma$ 和 $\beta=1,\cdots,N_\beta$，利用应力张量的对称性 $\bar{\sigma}_{23}^{(\beta\gamma)} = \bar{\sigma}_{32}^{(\beta\gamma)}$，可得式（4-34e）：

$$T_{23}^{(\gamma)} = T_{32}^{(\beta)} = T_{23} \quad (4\text{-}34\text{e})$$

把式（4-34）代入式（4-33），得改进的界面位移连续条件，如式（4-35）所示：

$$\frac{1}{2}\sum_{\beta=1}^{N_\beta} h_\beta S_{66}^{(\beta\gamma)} \bar{\sigma}_{12}^{(\gamma)} = h\bar{\varepsilon}_{12} \quad (\gamma=1,\cdots,N_\gamma) \quad (4\text{-}35\text{a})$$

$$\frac{1}{2}\sum_{\gamma=1}^{N_\gamma} l_\gamma S_{55}^{(\beta\gamma)} \bar{\sigma}_{13}^{(\beta)} = l\bar{\varepsilon}_{13} \quad (\beta=1,\cdots,N_\beta) \quad (4\text{-}35\text{b})$$

$$\frac{1}{2}\sum_{\beta=1}^{N_\beta}\sum_{\gamma=1}^{N_\gamma} l_\gamma h_\beta S_{44}^{(\beta\gamma)} \bar{\sigma}_{23}^{(\beta\gamma)} = hl\bar{\varepsilon}_{23} \quad (4\text{-}35\text{c})$$

根据式（4-35）和宏观剪应变可求得子胞平均剪切应力。

3. 由细观力学方程推导宏观本构方程

在二维情况下，平均化理论可写成如式（4-36）所示的方程：

$$\bar{\sigma} = \frac{1}{hl}\sum_{\beta=1}^{N_\beta}\sum_{\gamma=1}^{N_\gamma} h_\beta l_\gamma \bar{\sigma}^{(\beta\gamma)} \quad (4\text{-}36)$$

利用式（4-31）、式（4-35）可求出未知的子胞界面应力，再代入式（4-36）中，将所得方程写成 $\bar{\sigma} = C^*(\bar{\varepsilon} - \bar{\varepsilon}^p - \alpha^*\Delta T)$ 形式，就可以得到复合材料的本构关系 C^*。对矩阵 $\begin{bmatrix} A & B \\ B' & D \end{bmatrix}$ 求逆，使逆矩阵乘式（4-31）的两边，可求出未知量 $T_{22}^{(\gamma)}$ 和

$T_{33}^{(\beta)}$,进而得到每个子胞的 $\bar{\sigma}_{22}^{(\beta\gamma)}$ 和 $\bar{\sigma}_{33}^{(\beta\gamma)}$,再由式(4-27)求得 $\bar{\sigma}_{11}^{(\beta\gamma)}$,如式(4-37)所示:

$$\bar{\sigma}_{11}^{(\beta\gamma)} = a_1^{(\beta\gamma)}\bar{\varepsilon}_{11} + b_1^{(\beta\gamma)}\bar{\varepsilon}_{22} + c_1^{(\beta\gamma)}\bar{\varepsilon}_{33} + \Gamma_1^{(\beta\gamma)}\Delta T + \Phi_1^{(\beta\gamma)} \quad (4\text{-}37\text{a})$$

$$\bar{\sigma}_{22}^{(\gamma)} = a_2^{(\gamma)}\bar{\varepsilon}_{11} + b_2^{(\gamma)}\bar{\varepsilon}_{22} + c_2^{(\gamma)}\bar{\varepsilon}_{33} + \Gamma_2^{(\gamma)}\Delta T + \Phi_2^{(\gamma)} \quad (4\text{-}37\text{b})$$

$$\bar{\sigma}_{33}^{(\beta)} = a_3^{(\beta)}\bar{\varepsilon}_{11} + b_3^{(\beta)}\bar{\varepsilon}_{22} + c_3^{(\beta)}\bar{\varepsilon}_{33} + \Gamma_3^{(\beta)}\Delta T + \Phi_3^{(\beta)} \quad (4\text{-}37\text{c})$$

其中,

$$a_1^{(\beta\gamma)} = \frac{1}{S_{11}^{(\beta\gamma)}}\left[1 - S_{12}^{(\beta\gamma)}a_2^{(\gamma)} - S_{13}^{(\beta\gamma)}a_3^{(\beta)}\right]$$

$$b_1^{(\beta\gamma)} = \frac{1}{S_{11}^{(\beta\gamma)}}\left[S_{12}^{(\beta\gamma)}b_2^{(\gamma)} - S_{13}^{(\beta\gamma)}b_3^{(\beta)}\right]$$

$$a_2^{(\gamma)} = -\sum_{\alpha=1}^{N_\gamma} m_{(\gamma,\alpha)} c_\alpha - \sum_{\alpha=1}^{N_\beta} m_{(\gamma,N_\gamma+\alpha)} e_\alpha$$

$$b_2^{(\gamma)} = h\sum_{\alpha=1}^{N_\gamma} m_{(\gamma,\alpha)}$$

$$a_3^{(\gamma)} = -\sum_{\alpha=1}^{N_\gamma} m_{(N_\gamma+\beta,\alpha)} c_\alpha - \sum_{\alpha=1}^{N_\beta} m_{(N_\gamma+\beta,N_\gamma+\alpha)} e_\alpha$$

$$b_3^{(\beta)} = h\sum_{\alpha=1}^{N_\gamma} m_{(N_\gamma+\beta,\alpha)}$$

$$c_1^{(\beta\gamma)} = -\frac{1}{S_{11}^{(\beta\gamma)}}\left[S_{12}^{(\beta\gamma)}c_2^{(\gamma)} + S_{13}^{(\beta\gamma)}c_3^{(\beta)}\right]$$

$$\Gamma_1^{(\beta\gamma)} = -\frac{1}{S_{11}^{(\beta\gamma)}}\left[a_{12}^{(\beta\gamma)} + S_{12}^{(\beta\gamma)}\Gamma_2^{(\gamma)} - S_{13}^{(\beta\gamma)}\Gamma_3^{(\beta)}\right]$$

$$c_2^{(\gamma)} = l\sum_{\alpha=1}^{N_\beta} m_{(\gamma,N_\gamma+\alpha)}$$

$$\Gamma_2^{(\gamma)} = \sum_{\alpha=1}^{N_\gamma} m_{(\gamma,\alpha)} d_\alpha + \sum_{\alpha=1}^{N_\beta} m_{(\gamma,N_\gamma+\alpha)} f_\alpha$$

$$c_3^{(\beta)} = l\sum_{\alpha=1}^{N_\beta} m_{(N_\gamma+\beta,N_\gamma+\alpha)}$$

$$\Gamma_2^{(\beta)} = \sum_{\alpha=1}^{N_\gamma} m_{(N_\gamma+\beta,\alpha)} cd_\alpha - \sum_{\alpha=1}^{N_\beta} m_{(N_\gamma+\beta,N_\gamma+\alpha)} f_\alpha$$

$$\Phi_1^{(\beta\gamma)} = -\frac{1}{S_{11}^{(\beta\gamma)}}\left[\overline{\varepsilon}_{11}^{(\beta\gamma)} + S_{12}^{(\beta\gamma)}\Phi_2^{(\gamma)} - S_{13}^{(\beta\gamma)}\Phi_3^{(\beta)}\right]$$

$$\Phi_2^{(\gamma)} = \sum_{\alpha=1}^{N_\gamma} m_{(\gamma,\alpha)} p_1^\alpha + \sum_{\alpha=1}^{N_\beta} m_{(\gamma,N_\gamma+\alpha)} p_2^{(\alpha)}$$

$$\Phi_3^{(\beta)} = \sum_{\alpha=1}^{N_\gamma} m_{(N_\gamma+\beta,\alpha)} p_1^\alpha + \sum_{\alpha=1}^{N_\beta} m_{(N_\gamma+\beta,N_\gamma+\alpha)} p_2^{(\alpha)}$$

其中，m_{ij} 为 $\begin{bmatrix} A & B \\ B' & D \end{bmatrix}^{-1}$ 中的元素，$i,j=1,2,3,\cdots,N_\gamma+N_\beta$。

将式（4-37）给出的平均子胞正应力代入式（4-36）的前三个方程，可得宏观刚度矩阵（$C^* = \begin{bmatrix} c_1^* & 0 \\ 0 & c_2^* \end{bmatrix}$）的左上角部分，具体的表达式如式（4-38a）所示：

$$\begin{bmatrix} c_{11}^* & c_{12}^* & c_{13}^* \\ c_{21}^* & c_{22}^* & c_{23}^* \\ c_{31}^* & c_{32}^* & c_{33}^* \end{bmatrix} = \begin{bmatrix} \frac{1}{hl}\sum_{\beta=1}^{N_\beta}\sum_{\gamma=1}^{N_\gamma} h_\beta l_\gamma a_1^{(\beta\gamma)} & \frac{1}{hl}\sum_{\beta=1}^{N_\beta}\sum_{\gamma=1}^{N_\gamma} h_\beta l_\gamma b_1^{(\beta\gamma)} & \frac{1}{hl}\sum_{\beta=1}^{N_\beta}\sum_{\gamma=1}^{N_\gamma} h_\beta l_\gamma c_1^{(\beta\gamma)} \\ \frac{1}{l}\sum_{\gamma=1}^{N_\gamma} l_\gamma a_2^{(\gamma)} & \frac{1}{l}\sum_{\gamma=1}^{N_\gamma} l_\gamma b_2^{(\gamma)} & \frac{1}{l}\sum_{\gamma=1}^{N_\gamma} l_\gamma c_2^{(\gamma)} \\ \frac{1}{h}\sum_{\beta=1}^{N_\beta} h_\beta a_3^{(\beta)} & \frac{1}{h}\sum_{\beta=1}^{N_\beta} h_\beta b_3^{(\beta)} & \frac{1}{h}\sum_{\beta=1}^{N_\beta} h_\beta c_3^{(\beta)} \end{bmatrix}$$

（4-38a）

虽然式（4-38）中弹性刚度矩阵 C^* 在形式上是不对称的，但具体数值计算结果表明其仍然是对称的。宏观热膨胀系数及塑性应变如式（4-38b）、式（4-38c）所示：

$$\begin{bmatrix} \alpha_{11}^* \\ \alpha_{22}^* \\ \alpha_{33}^* \end{bmatrix} = -\begin{bmatrix} c_{11}^* & c_{12}^* & c_{13}^* \\ c_{21}^* & c_{22}^* & c_{23}^* \\ c_{31}^* & c_{32}^* & c_{33}^* \end{bmatrix} \begin{Bmatrix} \frac{1}{hl}\sum_{\beta=1}^{N_\beta}\sum_{\gamma=1}^{N_\gamma} h_\beta l_\gamma \Gamma_1^{(\beta\gamma)} \\ \frac{1}{l}\sum_{\gamma=1}^{N_\gamma} l_\gamma \Gamma_2^{(\gamma)} \\ \frac{1}{h}\sum_{\beta=1}^{N_\beta} h_\beta \Gamma_3^{(\beta)} \end{Bmatrix}$$ （4-38b）

$$\begin{bmatrix} \overline{\varepsilon}_{11}^{(p)} \\ \overline{\varepsilon}_{22}^{(p)} \\ \overline{\varepsilon}_{33}^{(p)} \end{bmatrix} = - \begin{bmatrix} c_{11}^* & c_{12}^* & c_{13}^* \\ c_{21}^* & c_{22}^* & c_{23}^* \\ c_{31}^* & c_{32}^* & c_{33}^* \end{bmatrix}^{-1} \begin{Bmatrix} \dfrac{1}{hl}\sum_{\beta=1}^{N_\beta}\sum_{\gamma=1}^{N_\gamma} h_\beta l_\gamma \Phi_1^{(\beta\gamma)} \\ \dfrac{1}{l}\sum_{\gamma=1}^{N_\gamma} l_\gamma \Phi_2^{(\gamma)} \\ \dfrac{1}{h}\sum_{\beta=1}^{N_\beta} h_\beta \Phi_3^{(\beta)} \end{Bmatrix} \quad (4\text{-}38\text{c})$$

同理，求解式（4-35）可得子胞平均剪应力、塑性应变与宏观应变之间的关系，如式（4-39）所示：

$$a_{12}^{(\beta\gamma)} = \frac{1}{E_\gamma}[h\overline{\varepsilon}_{12} - p_{12}^{(\gamma)}], \quad a_{13}^{(\beta\gamma)} = \frac{1}{F_\gamma}[l\overline{\varepsilon}_{13} - p_{13}^{(\beta)}], \quad a_{13}^{(\beta\gamma)} = \frac{1}{G}[hl\overline{\varepsilon}_{23} - p_{23}] \quad (4\text{-}39)$$

其中，

$$E_\gamma = \frac{1}{2}\sum_{\beta=1}^{N_\beta} h_\beta S_{66}^{(\beta\gamma)}$$

$$F_\beta = \frac{1}{2}\sum_{\gamma=1}^{N_\gamma} l_\gamma S_{55}^{(\beta\gamma)}$$

$$G = \frac{1}{2}\sum_{\gamma=1}^{N_\gamma}\sum_{\beta=1}^{N_\beta} h_\beta l_\gamma S_{44}^{(\beta\gamma)}$$

$$p_{12}^{(\gamma)} = \sum_{\beta=1}^{N_\beta} h_\beta \overline{\varepsilon}_{12}^{p(\beta\gamma)}$$

$$p_{13}^{(\beta)} = \sum_{\gamma=1}^{N_\gamma} l_\gamma \overline{\varepsilon}_{13}^{p(\beta\gamma)}$$

$$p_{23} = \sum_{\gamma=1}^{N_\gamma}\sum_{\beta=1}^{N_\beta} h_\beta l_\gamma \overline{\varepsilon}_{23}^{p(\beta\gamma)}$$

将式（4-37）给出的子胞平均剪应力代入式（4-36）的后三个方程，可以得到宏观剪应力方向的本构关系。具体表达式如式（4-40）所示：

$$\begin{bmatrix} C_{44}^* & & \\ & 0 & \\ & & C_{66}^* \end{bmatrix} = \begin{bmatrix} \dfrac{1}{2}\dfrac{hl}{G} & & \\ & \dfrac{1}{2}\dfrac{l}{h}\sum_{\beta=1}^{N_\beta}\dfrac{h_\beta}{F_\beta} & \\ & & \dfrac{1}{2}\dfrac{h}{l}\sum_{\gamma=1}^{N_\gamma}\dfrac{l_\gamma}{E_\gamma} \end{bmatrix} \quad (4\text{-}40\text{a})$$

$$\begin{bmatrix} \overline{\varepsilon}_{23}^{(p)} \\ \overline{\varepsilon}_{13}^{(p)} \\ \overline{\varepsilon}_{12}^{(p)} \end{bmatrix} = -\begin{Bmatrix} \dfrac{1}{2C_{44}^*}\dfrac{p_{23}}{G} \\ \dfrac{1}{2C_{55}^*h}\sum_{\beta=1}^{N_\beta}\dfrac{h_\beta}{F_\beta}p_{13}^{(\beta)} \\ \dfrac{1}{2C_{66}^*l}\sum_{\gamma=1}^{N_\gamma}\dfrac{l_\gamma}{E_\gamma}p_{12}^{(\gamma)} \end{Bmatrix} \qquad (4\text{-}40\text{b})$$

由式（4-38）和式（4-40）可知，复合材料的宏观弹性刚度矩阵 $\boldsymbol{C}^*$、热膨胀系数 $\boldsymbol{\alpha}^*$ 与子胞的材料、几何参数有关，而塑性应变 $\overline{\varepsilon}^p$ 除了与上述因素有关外，还与材料有关。

4.1.3 三维 GMC

复合材料的三维代表性体积元的离散模型如图 4-8 所示。在三个方向上划分的子胞数分别为 N_α、N_β、N_γ。

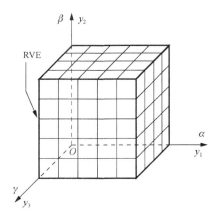

图 4-8 N_α、N_β、N_γ 规模单元

三维 GMC 中，子胞应变-应力的关系方程如式（4-41）所示：

$$\overline{\boldsymbol{\varepsilon}}^{(\alpha\beta\gamma)} = \boldsymbol{S}^{(\alpha\beta\gamma)}\overline{\boldsymbol{\sigma}}^{(\alpha\beta\gamma)} + \overline{\boldsymbol{\varepsilon}}^{p(\alpha\beta\gamma)} + \boldsymbol{\alpha}^{(\alpha\beta\gamma)}\Delta T \qquad (4\text{-}41)$$

式中，$\boldsymbol{S}^{(\alpha\beta\gamma)} = [\boldsymbol{C}^{(\alpha\beta\gamma)}]^{-1}$——子胞的柔度矩阵；

$\boldsymbol{\alpha}^{(\alpha\beta\gamma)}$——子胞材料的热膨胀系数；

ΔT——温差；

$\overline{\boldsymbol{\varepsilon}}^{p(\alpha\beta\gamma)}$——子胞的非弹性应变。

在三维 GMC 中，位移的连续条件表达式如式（4-42）所示：

$$\sum_{\alpha=1}^{N_\alpha} d_\alpha \bar{\varepsilon}_{11}^{(\alpha\beta\gamma)} = d\bar{\varepsilon}_{11} \quad (\beta=1,\cdots,N_\beta;\ \gamma=1,\cdots,N_\gamma) \tag{4-42a}$$

$$\sum_{\beta=1}^{N_\beta} h_\beta \bar{\varepsilon}_{22}^{(\alpha\beta\gamma)} = h\bar{\varepsilon}_{22} \quad (\alpha=1,\cdots,N_\alpha;\ \gamma=1,\cdots,N_\gamma) \tag{4-42b}$$

$$\sum_{\gamma=1}^{N_\gamma} l_\gamma \bar{\varepsilon}_{33}^{(\alpha\beta\gamma)} = l\bar{\varepsilon}_{33} \quad (\alpha=1,\cdots,N_\alpha;\ \beta=1,\cdots,N_\beta) \tag{4-42c}$$

$$\sum_{\gamma=1}^{N_\gamma}\sum_{\beta=1}^{N_\beta} h_\beta l_\gamma \bar{\varepsilon}_{23}^{(\alpha\beta\gamma)} = hl\bar{\varepsilon}_{23} \quad (\alpha=1,\cdots,N_\alpha) \tag{4-42d}$$

$$\sum_{\alpha=1}^{N_\alpha}\sum_{\gamma=1}^{N_\gamma} l_\gamma d_\alpha \bar{\varepsilon}_{13}^{(\alpha\beta\gamma)} = dl\bar{\varepsilon}_{13} \quad (\beta=1,\cdots,N_\beta) \tag{4-42e}$$

$$\sum_{\alpha=1}^{N_\alpha}\sum_{\beta=1}^{N_\beta} h_\beta d_\alpha \bar{\varepsilon}_{12}^{(\alpha\beta\gamma)} = dh\bar{\varepsilon}_{12} \quad (\gamma=1,\cdots,N_\gamma) \tag{4-42f}$$

假设子胞之间的力是连续的，如图 4-8 所示的任意子胞的表面至少与其中一个坐标轴垂直，因此表面的力分量是与坐标轴平行的，其应力分量与单位面积的力分量 $t_i^{(n)}$ 是相等的，如式（4-43）所示：

$$t_i^{(n)} = \sigma_{ij}n_j = \begin{cases} \sigma_{ij} & (n_j=1) \\ 0 & (n_j=0) \end{cases} \tag{4-43}$$

通过式（4-43），可将力连续条件转化成应力的表达式。沿着某坐标轴方向，该方向的正应力分量是一个常数。以 $\sigma_{11}^{(\alpha\beta\gamma)}$ 为例，在图 4-8 所示的 x_1 方向该应力是常量，如式（4-44a）所示：

$$\sigma_{11}^{(1\beta\gamma)} = \sigma_{11}^{(2\beta\gamma)} = \cdots = \sigma_{11}^{(N_\alpha\beta\gamma)} = T_{22}^{(\beta\gamma)} \quad (\beta=1,\cdots,N_\beta;\ \gamma=1,\cdots,N_\gamma) \tag{4-44a}$$

式中，$T_{11}^{(\beta\gamma)}$——沿着 x_1 方向的正应力。

类比可得式（4-44b）、（4-44c）：

$$\sigma_{22}^{(1\alpha\gamma)} = \sigma_{22}^{(2\alpha\gamma)} = \cdots = \sigma_{22}^{(N_\alpha\alpha\gamma)} = T_{22}^{(\alpha\gamma)} \quad (\alpha=1,\cdots,N_\alpha;\ \gamma=1,\cdots,N_\gamma) \tag{4-44b}$$

$$\sigma_{33}^{(1\alpha\beta)} = \sigma_{33}^{(2\alpha\beta)} = \cdots = \sigma_{33}^{(N_\alpha\alpha\beta)} = T_{33}^{(\alpha\beta)} \quad (\alpha=1,\cdots,N_\alpha;\ \beta=1,\cdots,N_\beta) \tag{4-44c}$$

与剪应力相关的应力连续条件与上述的相似，不同之处在于剪应力分量具有对称性，即 $\sigma_{ij}=\sigma_{ji}$，与该剪应力相关的两个力的连续条件具有相同的关系。例如，

在平行于 x_2 方向 $\sigma_{23}^{(\alpha\beta\gamma)}$ 为常量,在平行于 x_3 方向 $\sigma_{32}^{(\alpha\beta\gamma)}$ 为常量,由于 $\sigma_{23}^{(\alpha\beta\gamma)} = \sigma_{32}^{(\alpha\beta\gamma)}$,因此在第 α 层内,剪应力 $\sigma_{23}^{(\alpha\beta\gamma)}$ 为一常数,如式(4-44d)所示:

$$\left.\begin{array}{l}\sigma_{23}^{(1\alpha\gamma)} = \sigma_{23}^{(2\alpha\gamma)} = \cdots = \sigma_{23}^{(N_g\alpha\gamma)} \\ \sigma_{32}^{(1\alpha\beta)} = \sigma_{32}^{(2\alpha\beta)} = \cdots = \sigma_{32}^{(N_\alpha\alpha\beta)}\end{array}\right\} \Rightarrow \sigma_{23}^{(\alpha\beta\gamma)} = \sigma_{32}^{(\alpha\beta\gamma)} = T_{23}^{(\alpha)} \quad (\alpha = 1, \cdots, N_a) \quad (4\text{-}44\text{d})$$

式中,$T_{23}^{(\alpha)}$ ——第 α 层的剪应力 $\sigma_{23}^{(\alpha\beta\gamma)}$。

同理可得式(4-44e)、式(4-44f):

$$\left.\begin{array}{l}\sigma_{13}^{(1\beta\gamma)} = \sigma_{13}^{(2\beta\gamma)} = \cdots = \sigma_{13}^{(N_\alpha\beta\gamma)} \\ \sigma_{31}^{(1\beta\gamma)} = \sigma_{31}^{(2\beta\gamma)} = \cdots = \sigma_{31}^{(N_\alpha\beta\gamma)}\end{array}\right\} \Rightarrow \sigma_{13}^{(\alpha\beta\gamma)} = \sigma_{31}^{(\alpha\beta\gamma)} = T_{13}^{(\beta)} \quad (\beta = 1, \cdots, N_\beta) \quad (4\text{-}44\text{e})$$

$$\left.\begin{array}{l}\sigma_{12}^{(1\beta\gamma)} = \sigma_{12}^{(2\beta\gamma)} = \cdots = \sigma_{12}^{(N_\alpha\beta\gamma)} \\ \sigma_{21}^{(1\alpha\gamma)} = \sigma_{21}^{(2\alpha\gamma)} = \cdots = \sigma_{21}^{(N_\beta\alpha\gamma)}\end{array}\right\} \Rightarrow \sigma_{12}^{(\alpha\beta\gamma)} = \sigma_{21}^{(\alpha\beta\gamma)} = T_{12}^{(\gamma)} \quad (\gamma = 1, \cdots, N_\gamma) \quad (4\text{-}44\text{f})$$

由上述分析可以看出,力连续条件仅有 $N_\beta N_\gamma + N_\alpha N_\gamma + N_\alpha N_\beta + N_\alpha + N_\beta + N_\gamma$ 个独立的应力分量,而应变分量有 $6N_\alpha N_\beta N_\gamma$ 个,因此将子胞应力作为基本的未知量,会使求解方程的数目大幅减少,提高计算效率。

把式(4-44)代入本构方程式(4-41),表达子胞的应变,再代入弱化位移连续条件式(4-42),可得方程式(4-45):

$$\sum_{\alpha=1}^{N_\alpha} d_\alpha S_{11}^{(\alpha\beta\gamma)} T_{11}^{(\beta\gamma)} + \sum_{\alpha=1}^{N_\alpha} d_\alpha S_{12}^{(\alpha\beta\gamma)} T_{22}^{(\alpha\gamma)} + \sum_{\alpha=1}^{N_\alpha} d_\alpha S_{13}^{(\alpha\beta\gamma)} T_{33}^{(\alpha\beta)}$$
$$+ \sum_{\alpha=1}^{N_\alpha} d_\alpha S_{14}^{(\alpha\beta\gamma)} T_{23}^{(\alpha)} + \sum_{\alpha=1}^{N_\alpha} d_\alpha S_{15}^{(\alpha\beta\gamma)} T_{13}^{(\beta)} + \sum_{\alpha=1}^{N_\alpha} d_\alpha S_{16}^{(\alpha\beta\gamma)} T_{12}^{(\gamma)}$$
$$= d\bar{\varepsilon}_{11} - \sum_{\alpha=1}^{N_\alpha} d_\alpha \alpha_{11}^{(\alpha\beta\gamma)} \Delta T - \sum_{\alpha=1}^{N_\alpha} d_\alpha \varepsilon_{11}^{p(\alpha\beta\gamma)}$$
$$(\beta = 1, \cdots, N_\beta; \; \gamma = 1, \cdots, N_\gamma) \quad (4\text{-}45\text{a})$$

$$\sum_{\beta=1}^{N_\beta} h_\beta S_{21}^{(\alpha\beta\gamma)} T_{11}^{(\beta\gamma)} + \sum_{\beta=1}^{N_\beta} h_\beta S_{22}^{(\alpha\beta\gamma)} T_{22}^{(\alpha\gamma)} + \sum_{\beta=1}^{N_\beta} h_\beta S_{23}^{(\alpha\beta\gamma)} T_{33}^{(\alpha\beta)}$$
$$+ \sum_{\beta=1}^{N_\beta} h_\beta S_{24}^{(\alpha\beta\gamma)} T_{23}^{(\alpha)} + \sum_{\beta=1}^{N_\beta} h_\beta S_{24}^{(\alpha\beta\gamma)} T_{13}^{(\beta)} + \sum_{\beta=1}^{N_\beta} h_\beta S_{26}^{(\alpha\beta\gamma)} T_{12}^{(\gamma)}$$
$$= h\bar{\varepsilon}_{22} - \sum_{\beta=1}^{N_\beta} h_\beta \alpha_{22}^{(\alpha\beta\gamma)} \Delta T - \sum_{\beta=1}^{N_\beta} h_\beta \varepsilon_{22}^{p(\alpha\beta\gamma)}$$
$$(\alpha = 1, \cdots, N_\alpha; \; \gamma = 1, \cdots, N_\gamma) \quad (4\text{-}45\text{b})$$

$$\sum_{\gamma=1}^{N_\gamma} l_\gamma S_{31}^{(\alpha\beta\gamma)} T_{11}^{(\beta\gamma)} + \sum_{\gamma=1}^{N_\gamma} l_\gamma S_{31}^{(\alpha\beta\gamma)} T_{22}^{(\alpha\gamma)} + \sum_{\gamma=1}^{N_\gamma} l_\gamma S_{31}^{(\alpha\beta\gamma)} T_{33}^{(\alpha\beta)}$$

$$+ \sum_{\gamma=1}^{N_\gamma} l_\gamma S_{34}^{(\alpha\beta\gamma)} T_{23}^{(\alpha)} + \sum_{\gamma=1}^{N_\gamma} l_\gamma S_{35}^{(\alpha\beta\gamma)} T_{13}^{(\beta)} + \sum_{\gamma=1}^{N_\gamma} l_\gamma S_{36}^{(\alpha\beta\gamma)} T_{12}^{(\gamma)}$$

$$= l\bar{\varepsilon}_{33} - \sum_{\gamma=1}^{N_\gamma} l_\gamma \alpha_{33}^{(\alpha\beta\gamma)} \Delta T - \sum_{\gamma=1}^{N_\gamma} l_\gamma \varepsilon_{33}^{p(\alpha\beta\gamma)}$$

$$(\alpha = 1, \cdots, N_\alpha;\ \beta = 1, \cdots, N_\beta) \qquad (4\text{-}45\text{c})$$

$$\sum_{\beta=1}^{N_\beta} \sum_{\gamma=1}^{N_\gamma} h_\beta l_\gamma S_{41}^{(\alpha\beta\gamma)} T_{11}^{(\beta\gamma)} + \sum_{\beta=1}^{N_\beta} \sum_{\gamma=1}^{N_\gamma} h_\beta l_\gamma S_{42}^{(\alpha\beta\gamma)} T_{22}^{(\alpha\gamma)}$$

$$\sum_{\beta=1}^{N_\beta} \sum_{\gamma=1}^{N_\gamma} h_\beta l_\gamma S_{43}^{(\alpha\beta\gamma)} T_{33}^{(\alpha\beta)} + \sum_{\beta=1}^{N_\beta} \sum_{\gamma=1}^{N_\gamma} h_\beta l_\gamma S_{44}^{(\alpha\beta\gamma)} T_{23}^{(\alpha)}$$

$$+ \sum_{\beta=1}^{N_\beta} \sum_{\gamma=1}^{N_\gamma} h_\beta l_\gamma S_{45}^{(\alpha\beta\gamma)} T_{13}^{(\beta\gamma)} + \sum_{\beta=1}^{N_\beta} \sum_{\gamma=1}^{N_\gamma} h_\beta l_\gamma S_{46}^{(\alpha\beta\gamma)} T_{12}^{(\gamma)}$$

$$= 2hl\bar{\varepsilon}_{23} - 2\sum_{\beta=1}^{N_\beta} \sum_{\gamma=1}^{N_\gamma} h_\beta l_\gamma \alpha_{23}^{(\alpha\beta\gamma)} \Delta T - 2\sum_{\beta=1}^{N_\beta} \sum_{\gamma=1}^{N_\gamma} h_\beta l_\gamma \varepsilon_{23}^{p(\alpha\beta\gamma)}$$

$$(\alpha = 1, \cdots, N_\alpha) \qquad (4\text{-}45\text{d})$$

$$\sum_{\alpha=1}^{N_\alpha} \sum_{\gamma=1}^{N_\gamma} d_\alpha l_\gamma S_{51}^{(\alpha\beta\gamma)} T_{11}^{(\beta\gamma)} + \sum_{\alpha=1}^{N_\alpha} \sum_{\gamma=1}^{N_\gamma} d_\alpha l_\gamma S_{52}^{(\alpha\beta\gamma)} T_{22}^{(\alpha\gamma)}$$

$$+ \sum_{\alpha=1}^{N_\alpha} \sum_{\gamma=1}^{N_\gamma} d_\alpha l_\gamma S_{53}^{(\alpha\beta\gamma)} T_{33}^{(\alpha\beta)} + \sum_{\alpha=1}^{N_\alpha} \sum_{\gamma=1}^{N_\gamma} d_\alpha l_\gamma S_{54}^{(\alpha\beta\gamma)} T_{23}^{(\alpha)}$$

$$+ \sum_{\alpha=1}^{N_\alpha} \sum_{\gamma=1}^{N_\gamma} d_\alpha l_\gamma S_{55}^{(\alpha\beta\gamma)} T_{13}^{(\beta)} + \sum_{\alpha=1}^{N_\alpha} \sum_{\gamma=1}^{N_\gamma} d_\alpha l_\gamma S_{56}^{(\alpha\beta\gamma)} T_{12}^{(\gamma)}$$

$$= 2dl\bar{\varepsilon}_{13} - 2\sum_{\alpha=1}^{N_\alpha} \sum_{\gamma=1}^{N_\gamma} d_\alpha l_\gamma \alpha_{13}^{(\alpha\beta\gamma)} \Delta T - 2\sum_{\alpha=1}^{N_\alpha} \sum_{\gamma=1}^{N_\gamma} d_\alpha l_\gamma \alpha_{13}^{p(\alpha\beta\gamma)}$$

$$(\beta = 1, \cdots, N_\beta) \qquad (4\text{-}45\text{e})$$

$$\sum_{\alpha=1}^{N_\alpha} \sum_{\beta=1}^{N_\beta} d_\alpha h_\beta S_{61}^{(\alpha\beta\gamma)} T_{11}^{(\beta\gamma)} + \sum_{\alpha=1}^{N_\alpha} \sum_{\beta=1}^{N_\beta} d_\alpha h_\beta S_{62}^{(\alpha\beta\gamma)} T_{22}^{(\alpha\gamma)} + \sum_{\alpha=1}^{N_\alpha} \sum_{\beta=1}^{N_\beta} d_\alpha h_\beta S_{63}^{(\alpha\beta\gamma)} T_{33}^{(\alpha\beta)}$$

$$+ \sum_{\alpha=1}^{N_\alpha} \sum_{\beta=1}^{N_\beta} d_\alpha h_\beta S_{64}^{(\alpha\beta\gamma)} T_{23}^{(\alpha)} + \sum_{\alpha=1}^{N_\alpha} \sum_{\beta=1}^{N_\beta} d_\alpha h_\beta S_{65}^{(\alpha\beta\gamma)} T_{13}^{(\beta)} + \sum_{\alpha=1}^{N_\alpha} \sum_{\beta=1}^{N_\beta} d_\alpha h_\beta S_{66}^{(\alpha\beta\gamma)} T_{12}^{(\gamma)}$$

$$= 2dh\bar{\varepsilon}_{12} - 2\sum_{\alpha=1}^{N_\alpha} \sum_{\beta=1}^{N_\beta} d_\alpha h_\beta \alpha_{12}^{(\alpha\beta\gamma)} \Delta T - 2\sum_{\alpha=1}^{N_\alpha} \sum_{\beta=1}^{N_\beta} d_\alpha h_\beta \alpha_{12}^{p(\alpha\beta\gamma)}$$

$$(\gamma = 1, \cdots, N_\gamma) \qquad (4\text{-}45\text{f})$$

把式（4-45）中弱化位移条件表达式写成矩阵形式，如式（4-46）所示：

$$\tilde{G}T = f''' + f'\Delta T \tag{4-46}$$

其中，$\tilde{G}$ 是 $N_\beta N_\gamma + N_\alpha N_\gamma + N_\alpha N_\beta + N_\alpha + N_\beta + N_\gamma$ 阶方阵，是包含子胞几何尺寸及子胞柔度信息的矩阵。T、f'''、f' 均为 $N_\beta N_\gamma + N_\alpha N_\gamma + N_\alpha N_\beta + N_\alpha + N_\beta + N_\gamma$ 阶列向量，分别包含未知的子胞应力、子胞尺寸、宏观应变与子胞热膨胀系数等信息。$\tilde{G}$ 是由 36 个子矩阵组成的，只要确定其中的 12 个，即可用这 12 个子矩阵来表达其他的子矩阵。对式（4-46）求逆，可得到未知的子胞应力。子胞应力由宏观应变表示，如式（4-47）所示：

$$\begin{bmatrix} T_{11}^{(\beta\gamma)} \\ T_{22}^{(\alpha\gamma)} \\ T_{33}^{(\alpha\beta)} \\ T_{23}^{(\alpha)} \\ T_{13}^{(\beta)} \\ T_{12}^{(\gamma)} \end{bmatrix} = \begin{bmatrix} A_{11}^{(\beta\gamma)} & B_{11}^{(\beta\gamma)} & X_{11}^{(\beta\gamma)} & \Lambda_{11}^{(\beta\gamma)} & \Omega_{11}^{(\beta\gamma)} & \Psi_{11}^{(\beta\gamma)} \\ A_{22}^{(\alpha\gamma)} & B_{22}^{(\alpha\gamma)} & X_{22}^{(\alpha\gamma)} & \Lambda_{22}^{(\alpha\gamma)} & \Omega_{22}^{(\alpha\gamma)} & \Psi_{22}^{(\alpha\gamma)} \\ A_{33}^{(\alpha\beta)} & B_{33}^{(\alpha\beta)} & X_{33}^{(\alpha\beta)} & \Lambda_{33}^{(\alpha\beta)} & \Omega_{33}^{(\alpha\beta)} & \Psi_{33}^{(\alpha\beta)} \\ A_{23}^{(\alpha)} & B_{23}^{(\alpha)} & X_{23}^{(\alpha)} & \Lambda_{23}^{(\alpha)} & \Omega_{23}^{(\alpha)} & \Psi_{23}^{(\alpha)} \\ A_{13}^{(\beta)} & B_{13}^{(\beta)} & X_{13}^{(\beta)} & \Lambda_{13}^{(\beta)} & \Omega_{13}^{(\beta)} & \Psi_{13}^{(\beta)} \\ A_{12}^{(\gamma)} & B_{12}^{(\gamma)} & X_{12}^{(\gamma)} & \Lambda_{12}^{(\gamma)} & \Omega_{12}^{(\gamma)} & \Psi_{12}^{(\gamma)} \end{bmatrix} \times \begin{bmatrix} \bar{\varepsilon}_{11} \\ \bar{\varepsilon}_{22} \\ \bar{\varepsilon}_{33} \\ \bar{\varepsilon}_{23} \\ \bar{\varepsilon}_{13} \\ \bar{\varepsilon}_{12} \end{bmatrix} + \begin{bmatrix} \Gamma_{11}^{(\beta\gamma)} \\ \Gamma_{22}^{(\alpha\gamma)} \\ \Gamma_{33}^{(\alpha\beta)} \\ \Gamma_{23}^{(\alpha)} \\ \Gamma_{13}^{(\beta)} \\ \Gamma_{12}^{(\gamma)} \end{bmatrix} \Delta T + \begin{bmatrix} \Phi_{11}^{(\beta\gamma)} \\ \Phi_{22}^{(\alpha\gamma)} \\ \Phi_{33}^{(\alpha\beta)} \\ \Phi_{23}^{(\alpha)} \\ \Phi_{13}^{(\beta)} \\ \Phi_{12}^{(\gamma)} \end{bmatrix} \tag{4-47}$$

式（4-47）中的符号可以用 $\tilde{G}$、T、f'''、f' 来表示。

在三维情况下，平均化理论如式（4-48）所示：

$$\bar{\sigma} = \frac{1}{dhl} \sum_{\alpha=1}^{N_\alpha} \sum_{\beta=1}^{N_\beta} \sum_{\gamma=1}^{N_\gamma} l_\gamma d_\alpha h_\beta \bar{\sigma}^{(\alpha\beta\gamma)} \tag{4-48}$$

复合材料的弹性矩阵和热膨胀系数矩阵的具体表达式，如式（4-49）所示：

$$\bar{\sigma} = C^*(\bar{\varepsilon} - \bar{\varepsilon}^p - \alpha^* \Delta T) \tag{4-49}$$

其中，C^*、α^* 仅仅是子胞细观几何结构和子胞力学特征性能的函数。

由式（4-46）可以看出，GMC 中假设了应力连续条件，在采用以应力为未知量的改进型三维 GMC 时，实际上只有 $N_\beta N_\gamma + N_\alpha N_\gamma + N_\alpha N_\beta + N_\alpha + N_\beta + N_\gamma$ 个未知量，而以应变为未知量的原始三维 GMC 的未知量个数为 $6N_\alpha N_\beta N_\gamma$。

4.1.4 弱界面黏合 GMC

目前，对复合材料界面的数值模拟方法主要分为两类：细观力学方法和有限元法。细观力学方法主要以经典的等效夹杂理论和剪滞理论为基础，通过修改界面上的位移连续条件和力平衡条件来模拟界面对复合材料力学性能的影响。细观力学方法具有计算速度快的优点，但是无法模拟复杂的细观结构，具有较大的局限性。有限元法通用性强，能模拟复杂的细观结构，通过修改节点之间的位移连续条件就能模拟界面的力学性能，因此绝大部分的工作是在细观力学有限元的基础上展开的。然而，有限元法无法直接给出材料宏观弹性性能的表达式，不利于进行结构的宏细观一体化分析，另外，当细观结构比较复杂时，需要划分大量单元，时间过长。

由 Aboudi（1992）提出的 GMC 是一种基于代表性体积元（RVE）的宏细观本构模型。该模型通过平均意义上的子胞边界位移连续条件和力平衡条件以及满足子胞内积分形式的平衡方程建立材料细观结构、组分材料常数与宏观材料常数的关系。该模型不仅能模拟复杂的细观结构，而且具有较高的计算效率。以 GMC 模型为基础，将弱界面分离模型与 GMC 模型结合，可以建立能够模拟复合材料界面脱黏响应的 GMC 模型。

大多数的界面分离过程是非线性的，需要用到增量型本构关系，因此需要对增量型 GMC 模型进行理论研究。假设复合材料的细观结构具有统计意义上的周期性，可以采用代表性体积元法来描述其细观结构。采用矩形网格将 RVE 离散成 $N_\beta N_\gamma$ 个子胞。子胞的平均应变增量定义如式（4-50）所示：

$$\mathrm{d}\bar{\varepsilon}_{ij}^{(\beta\gamma)} = \frac{1}{h_\beta l_\gamma} \int_{V_{\beta\gamma}} \mathrm{d}\varepsilon_{ij}^{(\beta\gamma)} \mathrm{d}V \tag{4-50}$$

式中，h_β——第 β 行子胞高度；

l_γ——第 γ 列子胞长度，子胞体积为 $V_{\beta\gamma} = h_\beta l_\gamma$。

由 GMC 模型采用了线性位移假设，因此子胞内的应变增量为常数，等于子胞的平均应变增量。通过子胞之间平均意义上的位移增量连续条件可建立子胞平均应变增量与宏观应变增量之间的一组方程，如式（4-51）～式（4-56）所示：

$$\mathrm{d}\bar{\varepsilon}_{11}^{(\beta\gamma)} = \mathrm{d}\bar{\varepsilon}_{11} \quad (\beta=1,\cdots,N_\beta;\ \gamma=1,\cdots,N_\gamma) \tag{4-51}$$

$$\sum_{\beta=1}^{N_\beta} h_\beta \mathrm{d}\bar{\varepsilon}_{12}^{(\beta\gamma)} = h\mathrm{d}\bar{\varepsilon}_{12} \quad (\gamma=1,\cdots,N_\gamma) \tag{4-52}$$

$$\sum_{\gamma=1}^{N_\gamma} l_\gamma \mathrm{d}\bar{\varepsilon}_{13}^{(\beta\gamma)} = l\mathrm{d}\bar{\varepsilon}_{13} \quad (\beta=1,\cdots,N_\beta) \tag{4-53}$$

$$\sum_{\beta=1}^{N_\beta} h_\beta \mathrm{d}\bar{\varepsilon}_{33}^{(\beta\gamma)} = l\mathrm{d}\bar{\varepsilon}_{33} \quad (\gamma=1,\cdots,N_\gamma) \tag{4-54}$$

$$\sum_{\gamma=1}^{N_\gamma} l_\gamma \mathrm{d}\bar{\varepsilon}_{33}^{(\beta\gamma)} = l\mathrm{d}\bar{\varepsilon}_{33} \quad (\beta=1,\cdots,N_\beta) \tag{4-55}$$

$$\sum_{\beta=1}^{N_\beta}\sum_{\gamma=1}^{N_\gamma} l_\gamma h_\beta \mathrm{d}\bar{\varepsilon}_{23}^{(\beta\gamma)} = hl\mathrm{d}\bar{\varepsilon}_{23} \tag{4-56}$$

其中,

$$h = \sum_{\beta=1}^{N_\beta} h_\beta, \quad l = \sum_{\gamma=1}^{N_\gamma} l_\gamma$$

方程组中共含有 $N_\beta N_\gamma + 2(N_\beta + N_\gamma) + 1$ 个方程,以子胞平均位移为基本未知量,包含 $6N_\beta N_\gamma$ 个未知量。此外,子胞间还应满足力平衡条件。由此可建立余下的 $5N_\beta N_\gamma - 2(N_\beta + N_\gamma) - 1$ 个方程,如式(4-57)、式(4-58)所示:

$$\mathrm{d}\bar{\sigma}_{12}^{(\beta\gamma)} = \mathrm{d}\bar{\sigma}_{12}^{(\beta+1,\gamma)} \quad (\beta=1,\cdots,N_\beta-1;\ \gamma=1,\cdots,N_\gamma) \tag{4-57}$$

$$\mathrm{d}\bar{\sigma}_{22}^{(\beta\gamma)} = \mathrm{d}\bar{\sigma}_{22}^{(\beta+1,\gamma)} \quad (\beta=1,\cdots,N_{\beta-1};\ \gamma=1,\cdots,N_\gamma) \tag{4-58}$$

图 4-9 为典型的金属基复合材料横向拉伸应力-应变曲线,存在三个阶段:第一阶段由于界面黏结完好,应力-应变关系表现为线弹性;第二阶段,由于界面发生脱黏,应力-应变曲线起始于转折点,界面发生脱黏并分离,基体发生了塑性形变;第三阶段,界面进一步分离乃至失效,基体发生明显的塑性形变。

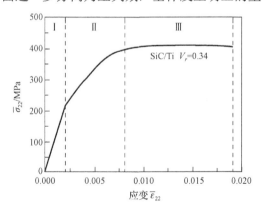

图 4-9 金属基复合材料拉伸响应曲线

因此,对复合材料宏细观性能的预测精度很大程度上取决于对界面分离的正确描述。Jones 和 Whittier(2005)及 Achenbach 和 Zhu 等(2005)采用界面分离模型来模拟界面特性。假设一旦发生脱黏，则存在于整个界面上，并且界面层的厚度非常小，可以忽略不计，在界面处基体和纤维之间在各个方向的应力分量相等，而位移分量不连续，即在界面上，如式（4-59）、式（4-60）所示：

$$\left[\sigma_i^{\mathrm{m}}\right]^{\mathrm{I}} = \left[\sigma_i^{\mathrm{f}}\right]^{\mathrm{I}} = \sigma_i^{\mathrm{I}} \quad (i=n,\tau,b) \tag{4-59}$$

$$\left[u_i^{\mathrm{m}}\right]^{\mathrm{I}} = \left[u_i^{\mathrm{f}}\right]^{\mathrm{I}} + u_i^{\mathrm{I}} \quad (i=n,\tau,b) \tag{4-60}$$

式中，$\left[\sigma_i^{\mathrm{m}}\right]^{\mathrm{I}}$、$\left[\sigma_i^{\mathrm{f}}\right]^{\mathrm{I}}$——基体、纤维在界面上的应力；

σ_i^{I}——界面应力；

$\left[u_i^{\mathrm{m}}\right]^{\mathrm{I}}$、$\left[u_i^{\mathrm{f}}\right]^{\mathrm{I}}$——基体、纤维在界面处的位移；

u_i^{I}——界面位移；

n、τ、b——界面上的法向和两个切向，如图 4-10 所示。

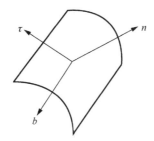

图 4-10　复合材料的界面坐标系

界面位移可以表示成界面应力的函数，如式（4-61）所示：

$$u_i^{\mathrm{I}} = R_i \sigma_i^{\mathrm{I}} \tag{4-61}$$

式（4-61）称为界面分离函数，其中，R_i 表示分离系数，与界面应力和界面位移有关，一般采用增量形式的分离函数，如式（4-62）所示：

$$\mathrm{d}u_i^{\mathrm{I}} = R_i \mathrm{d}\sigma_i^{\mathrm{I}} + \sigma_i^{\mathrm{I}} \mathrm{d}R_i \tag{4-62}$$

式中 R_i 的表达式决定了界面分离模型的类型。

1. 柔性界面分离模型

Jones 和 Whittier（2005）将式（4-62）中的界面分离系数 R_i 取为常数，即界面位移和界面应力之间存在线性关系，可得式（4-63）：

$$u_n^{\mathrm{I}} = R_n \sigma_n^{\mathrm{I}}, \quad u_\tau^{\mathrm{I}} = R_\tau \sigma_\tau^{\mathrm{I}} \tag{4-63}$$

这样的界面模型始终是柔性的，称为柔性界面分离模型（flexible interface，

FI)。当界面分离系数 R_i 趋近于 0 时,表示界面是理想黏结的,不存在界面分离;当 R_i 趋近于 ∞ 时,则表示界面完全脱黏。

2. 常响应界面分离模型

从柔性界面模型的定义可以看出,这个界面分离模型有着明显的缺点。首先,其界面黏结强度不足,即从一开始就发生了分离。再者,其界面分离系数保持不变,不能改变界面分离形变的程度。

实际的复合材料界面上由于残余压应力和化学、物理结合作用的存在,界面必须克服这些应力才能发生分离,为了使柔性界面模型具有更准确的模拟能力,Achenbach 和 Zhu(2005)对其进行了改进,引入了界面黏结强度的概念,界面分离函数表达式如式(4-64)所示:

$$\begin{cases} du_i^I = 0 & (\sigma_i^I < \sigma_{DB}) \\ du_i^I = R_i d\sigma_i^I & (\sigma_i^I > \sigma_{DB}) \end{cases} \quad (4\text{-}64)$$

其中,σ_{DB} 表示界面黏结强度,界面在应力低于 σ_{DB} 时界面黏结完好,大于 σ_{DB} 时就发生脱黏。这样的模型被称为常响应界面(constant compliant interface,CCI)模型。和 FI 模型一样,大的分离系数 R_i 可以模拟界面完全分离的情况。

3. 渐进适应界面模型

常响应界面模型也有局限性,一旦界面发生分离,界面分离程度将不会增加(界面分离系数 R_i 保持为常数)。Levy(2011)采用一种新的界面分离模型,在这个模型中允许界面分离系数随界面应力、位移状态的变化而变化,因此这一模型被称为渐进适应界面模型,界面应力和界面位移之间的分离函数描述如式(4-65)所示:

$$\sigma_i^I = \sigma_{i,\max} \left[\frac{u_i^I}{\rho}\right] \exp\left[1 - \frac{u_i^I}{\rho}\right] \quad (i = n, \tau, b) \quad (4\text{-}65)$$

式中,$\sigma_{i,\max}$ ——界面所能承受的最大应力;

ρ ——界面特征长度。

4. 考虑弱界面黏结的 GMC

将式(4-63)与 GMC 的基本方程相结合,可推导出用于模拟界面脱黏的 GMC。

当界面处存在脱黏时,由式(4-59)与式(4-60)可知,界面上相邻子胞之间的力仍然保持平衡，但是平均位移不再连续。假设在子胞 β 与 $\hat{\beta}$ 之间存在横向界面，在 γ 与 $\hat{\gamma}$ 之间存在纵向界面，如图 4-11 所示，则子胞之间的位移连续条件如式（4-66）、式（4-67）所示：

$$\mathrm{d}u_i^{(\beta,\gamma)}\bigg|_{\bar{x}_2^\beta} = \frac{h_\beta}{2} + \mathrm{d}u_i^{(\beta,\gamma)}\bigg|_{\bar{x}_2^\beta} = -\frac{h_\beta}{2} \quad (i=1,2,3) \tag{4-66}$$

$$\mathrm{d}u_i^{(\beta,\gamma)}\bigg|_{\bar{x}_3^\gamma} = \frac{l_\gamma}{2} + \mathrm{d}u_i^{(\beta,\gamma)}\bigg|_{\bar{x}_3^\gamma} = -\frac{l_\gamma}{2} \quad (i=1,2,3) \tag{4-67}$$

式中，$\mathrm{d}u_i^\mathrm{I}$——界面位移增量。

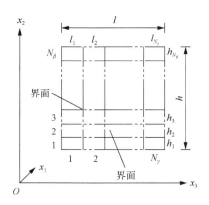

图 4-11 存在界面的代表性体积元

由于界面位移必然对代表性体积元的宏观应变产生影响，如式（4-68）~式（4-70）所示：

$$\mathrm{d}\bar{\varepsilon}_{11}^{(\beta\gamma)} = \mathrm{d}\bar{\varepsilon}_{11} \quad (\beta=1,\cdots,N_\beta;\ \gamma=1,\cdots,N_\gamma) \tag{4-68}$$

$$\sum_{\beta=1}^{N_\beta} h_\beta \mathrm{d}\bar{\varepsilon}_{22}^{(\beta)} + n^\gamma \mathrm{d}u_2^\mathrm{I} = h\mathrm{d}\bar{\varepsilon}_{22} \quad (\gamma=1,\cdots,N_\gamma) \tag{4-69}$$

$$\sum_{\gamma=1}^{N_\gamma} l_\gamma \mathrm{d}\bar{\varepsilon}_{33}^{(\beta\gamma)} + n^\beta \mathrm{d}u_3^\mathrm{I} = l\mathrm{d}\bar{\varepsilon}_{33} \tag{4-70}$$

假设平均应变为已知量，以子胞应力增量为未知量，联解方程可得子胞应力增量的表达式。再将其代入平均应力的表达式，可得式（4-71）：

$$\mathrm{d}\bar{\sigma}_{ij} = \frac{1}{hl}\int_V \mathrm{d}\sigma_{ij}\mathrm{d}V = \frac{1}{hl}\sum_{\beta=1}^{N_\beta}\sum_{\gamma=1}^{N_\gamma}\mathrm{d}\bar{\sigma}_{ij}^{(\beta\gamma)}h_\beta l_\gamma \tag{4-71}$$

采用前向差分法进行界面分离 GMC 模型的计算。首先将等式线性化，即将等式中的无穷小增量 d 近似为增量 Δ。假设第 n 个荷载步为已知状态，采用 ${}^n\bar{\sigma}_{ij}^{(\beta\gamma)}$、${}^n\bar{\varepsilon}_{ij}^{(\beta\gamma)}$、${}^n\bar{\varepsilon}_n$、${}^n\bar{\sigma}$、${}^nu_i^I$、${}^n\sigma_j^I$、${}^nR_i$ 分别表示第 n 个荷载步的子胞平均应力、子胞平均应变、平均应变、平均应力、界面位移、界面应力和界面分离系数。然后以宏观应变增量 $\Delta^n\varepsilon_{ij}$ 为输入量，由线性化后的方程计算出子胞的平均应力增量，$\Delta^n\sigma_{ij}^{(\beta\gamma)}$。将子胞平均应力增量与第 n 步的平均子胞应力叠加得到第 $n+1$ 步的子胞平均应力，如式（4-72）所示：

$$^{n+1}\bar{\sigma}_{ij}^{(\beta\gamma)} = {}^n\bar{\sigma}_{ij}^{(\beta\gamma)} + \Delta^n\bar{\sigma}_{ij}^{(\beta\gamma)} \tag{4-72}$$

由此可计算出第 $n+1$ 步所有的变量，重复上述步骤可确定每一荷载步的子胞平均应力 $\sigma_{ij}^{(\beta\gamma)}$ 和宏观应力 σ_{ij}。然后可确定材料的应力-应变曲线。

4.1.5 复合材料参数化随机细观单胞模型

建立合适的单胞模型是进行复合材料细观力学模拟分析的前提。当考虑的模型较简单时（如纤维增强复合材料同心圆模型），单胞模型可以在一些有限元计算软件中直接建立，如果要考虑单胞内夹杂的形状，一般需要用专门的 CAD 软件建立模型，然后导入有限元软件中进行分析。随着模型的复杂化，比如单胞内不仅要考虑含多个夹杂，而且夹杂的形状不再是简单的圆形或者球形，夹杂分布为随机分布等，模型的建立就需要同时用到数学编程软件、专业的 CAD 模型软件和有限元软件等。例如，在 MATLAB 中编辑源程序，然后在 CAD 软件中生成模型，因其模型图元多甚至需要导入网格划分软件进行网格划分，最后再导入有限元软件进行计算。这样一来，不仅需要研究者熟练运用多种软件，而且需要各软件之间具备良好的兼容性，但是因为大多软件之间不能实现无缝链接，模型在不同软件间的导入、导出过程经常会出现错误（如模型图元丢失等），会严重影响工作效率。

1. 二维参数化随机细观单胞模型

二维单胞模型适用于纤维增强复合材料或者薄膜材料的细观力学建模，弹性力学把它们分别简化为平面应变和平面应力问题进行求解。对于一些不满足平面应力（应变）条件的材料，经过一些近似化也可以让其满足平面假设，可以用二维的模型表示。二维单胞模型已经从简单的含有一个纤维的单胞模型发展到一个较为复杂的模型。简单的二维模型只能模拟形状和分布都相当特殊的复合材料，可用于计算复合材料的等效模量以及初步探讨分散相体积分数对复合材料力学性能的影响等。复杂模型能更好地反映材料的细观结构，是单胞模型的发展方向。

1)简单分布夹杂的二维单胞模型

简单周期性微结构复合材料是指细观结构高度周期化的材料。例如,纤维增强材料的纤维大小和形状都是一定的,而且在基体中呈严格周期性的排列,可以简单地将这类材料近似为一个二维的、纤维被基体包围的单胞模型,如图 4-12 所示。

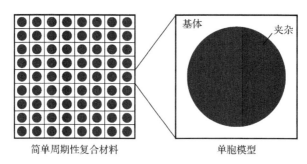

图 4-12 纤维增强复合材料细观结构示意图

ANSYS 中建立此类模型较为简单,基本过程如图 4-13 所示,首先根据单胞大小建立方形区域,在该区域内根据夹杂含量计算圆形夹杂的面积,然后在区域内安排相应位置建立夹杂模型,最后用布尔运算得到复合材料单胞模型。这是在 ANSYS 中建立复合材料单胞模型的基本方法。采用该方法建立的单夹杂单胞模型如图 4-14 所示,多夹杂单胞模型如图 4-15 所示。

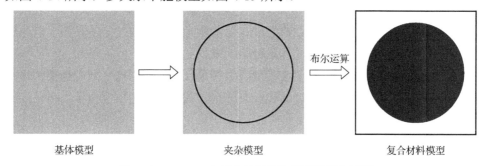

图 4-13 ANSYS 中复合材料单胞模型的建立过程

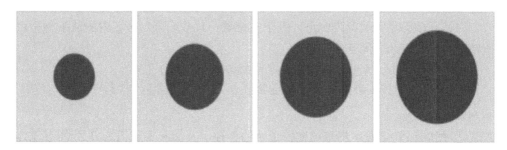

图 4-14 不同含量的单夹杂单胞模型(夹杂含量:10%~40%)

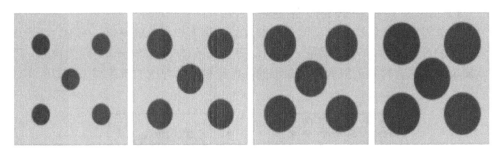

图 4-15　不同含量的多夹杂单胞模型（夹杂含量：10%～40%）

2）随机分布夹杂的二维单胞模型

简单周期性单胞模型关于材料结构的假设显然不够真实，如夹杂大小一定、绝对规则的排列等。简单分布单胞模型只适用于少数材料或者说一些简单的分析。增强相在一定的体积分数下，多个夹杂、不同粒径大小的单胞模型显然能更真实地反映复合材料的结构特征。

但利用 ANSYS 对这种单胞进行建模时存在一些困难。首先，因为需要考虑不同大小的夹杂，每次建模都要按照夹杂体积分数安排粒子大小；其次，若夹杂之间不能相交、重合，位置的安排也比较困难；最后，在模型建好以后，夹杂个数的增加会导致图元的增多，这就加大了后期有限元网格划分的工作量。在考虑夹杂粒子数目较多且粒径分布较广时，这些困难尤其明显。鉴于此，一般采用 ANSYS 编程语言 APDL 进行二次开发，目的是把模型参数化，使其不仅能生成更加复杂的模型，而且使建模过程流程化，减少工作量。

在建立复杂单胞模型时，要使模型能很好地反映真实结构，同时也要使算法尽量简单实用。权衡复合材料特性和计算效率，我们对单胞模型做了以下几点基本假设：

（1）材料是由基体和夹杂组成的非均质复合材料。

（2）基体与夹杂之间的界面层是理想连接的。

（3）模拟区域假设为 B^2 大小的方形区域。

（4）夹杂的形状近似为圆形，夹杂的位置、尺寸在某一区域内服从某种特定概率分布，且夹杂之间互不接触。

在上述假设下，ANSYS 生成复杂单胞模型的步骤如下：

① 定义模型控制参数为区域大小参数 B，夹杂粒子含量 f_p，粒子尺寸均值 R_u 和均方差 R_σ。

② 生成一个随机数 R_i 来描述粒子 i 的半径，R_i 服从期望值为 R_u 和均方差为 R_σ 的正态分布。

③ 生成随机向量 x_i 来描述粒子 i 的位置，$|x_i|=\eta B, \eta \in [0,1]$，为随机数。

④ 计算粒子 i、$j(j=1,2,\cdots,\ i=1)$ 相互之间的距离，$L_{ij}=\left(x_j-x_i\right)^{1/2}$ 计算粒子 i 与投放区域边界距离，$L_{ri}=|x_i|-R_i$。

⑤ 进行相交判断，图 4-16 为第 i 个粒子生成过程示意图。$R_i+R_j \geqslant L_{ij}$ 或者 $R_i \geqslant L_{ri}$（如图 4-16 中虚线圆所示）都判定为相交，返回②。如不相交，则以 R_i 为半径在 x_i 处生成粒子 i（如图 4-16 中画√的深色粒子所示）。

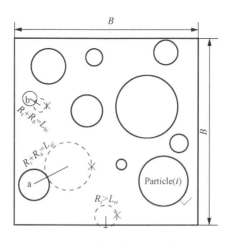

图 4-16　夹杂粒子形成过程

通过对夹的面积统计可以控制圆形夹杂的含量 f_p，由于粒子的位置和尺寸都是随机的，这使得精确控制夹杂含量较为困难，而且考虑到后面还需要建立更加一般的具有不同轮廓形状的模型，这也使得到的生成的夹杂含量与预定的 f_p 存在偏差。为了解决这一问题，我们在经过步骤⑤判断为不相交后，通过设置动态数组 $A_i\left(A_i=\sum_{k=1}^{i}A_k\right)$（$A_k$ 是第 k 个粒子的面积）计算和控制粒子总含量，然后创建夹杂粒子，最后将补粒子随机插入到空隙位置处。值得注意的是，为了不影响统计特征，同时为了避免补粒子太大使得投放困难或者太小影响后面的网格划分，补粒子尺寸也应当尽量落在其整体分布范围内，我们采取预先定义夹杂含量控制参数 $\varepsilon=1-\pi R_u^2/\left(B\times B\times f_p\right)$ 来实现这一要求。

结合投放算法、相交判断和夹杂含量控制，可以生成不同参数下的单胞模型。设定参数 $B=150\text{mm}$，$R_u=0.08B$，$R_\sigma=0.01B$，分别生成了 f_p 为 20%、30%、40% 和 50% 四种单胞模型，如图 4-17 所示。

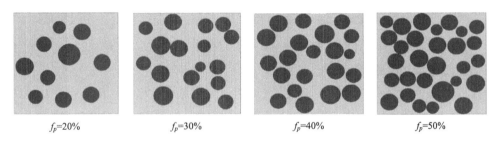

图 4-17　不同含量的圆形夹杂随机单胞模型

3）任意形状夹杂的二维单胞模型

相对于简单周期性单胞模型，随机模型能够更好地反映材料内部在细观结构上的随机分布。虽然材料的整体等效性能对夹杂形状不敏感，但是在处理细观应力和细观破坏机制中，这些微结构的形态影响却不容忽视。例如，对于二维混凝土骨料常采用圆形骨料近似模拟，这样的简化对卵石形状比较好的混凝土是可行的，而对于卵石形状不规则的和碎石形状的混凝土，仍然采用圆状骨料来近似模拟可能会有一定的误差。另外，在一些研究中，需要考虑基体和夹杂之间的界面，有的还需要考虑材料为多相复合体，这时模型就会更加复杂。为了反映材料的微结构特性，有必要对夹杂形状的几何特征采用更为细致的方法来进行模拟，因此在前面随机分布算法的基础上，引入一组形状控制参数，建立一种具有任意轮廓形状的随机单胞模型。

以圆形随机参数化单胞模型算法为基础，按照某种规律控制圆向内收缩，得到任意形状的随机单胞模型，不同的收缩方式将生成不同形状的夹杂颗粒。为创建基体与夹杂之间的黏结界面层，将任意形状夹杂轮廓向内收缩给定尺寸 d，即黏结界面层厚度，d 的大小依材料而定。为了精确控制夹杂含量，采取和前面相同的方法，每执行一次收缩算法生成一个夹杂后，就统计一次夹杂的截面面积，通过动态数组 A_j 控制粒子的创建。下面分别对具有椭圆形、任意多边形和任意曲线轮廓夹杂的复合材料细观结构进行模拟。

首先在圆形随机单胞模型基础上建立了椭圆形夹杂随机单胞模型。具体过程为：通过步骤⑤进行相交判断后，选取圆中心为坐标中心，在随机角度 θ 方向对圆形夹杂进行压缩操作形成椭圆形模型。在此算法中，随机角度使椭圆夹杂在空间取向上具有随机性，压缩程度通过参数 C 来描述，可以将它理解为形状控制参数。另外，在进行夹杂含量控制时，需要对压缩后的椭圆面积进行计算，以保证同圆形模型一样的体积分数的精确性。图 4-18 为该算法生成的椭圆形夹杂随机单胞模型，其参数 $B=150$mm，$f_p=0.3$，$R_u=0.08B$，$R_\sigma=0.02B$，$d=0.1R_u$，$C=0.9$。

为建立任意多边形和任意曲线轮廓夹杂随机单胞模型，首先，在圆形夹杂基础上作圆的内接任意多边形得到任意多边形模型，如图 4-19 所示；然后，在任意多边形基础上采用样条插值曲线依次连接各顶点，即可得到相应的任意曲线轮廓的随机单胞模型，如图 4-20 所示。

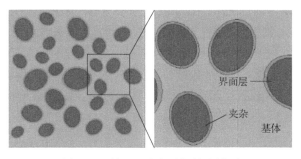

图 4-18　椭圆形夹杂随机单胞模型

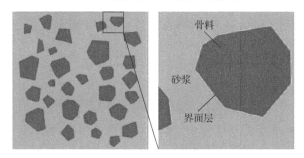

图 4-19　任意多边形夹杂随机单胞模型

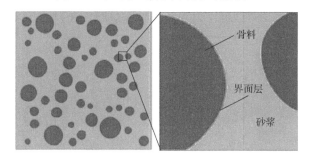

图 4-20　任意曲线轮廓夹杂随机单胞模型

2. 颗粒填充复合材料三维参数化随机细观单胞模型

复合材料的三维细观单胞模型，可以更好地还原材料的真实微结构特性。然而，三维模型的生成较二维模型更加困难，而且网格复杂，计算量大，因此，许多学者还是愿意将夹杂的形状考虑成简单的球形。如果想进一步追求真实性，考虑三维填充颗粒的真实形状等，则涉及材料真实微结构的模拟。将前述二维参数化随机细观单胞模型向三维推广，发展球形夹杂参数化随机单胞模型和椭球夹杂参数化随机单胞模型，用来模拟颗粒填充复合材料的力学性能。

1）球形夹杂参数化随机单胞模型

在周期性假设的前提下，把三维复合材料单胞模型投放区域假设为一个棱长为 B 的立方体，单胞内部夹杂颗粒形状近似成球形，采用与前述二维参数化随机单胞模型类似的夹杂相交判断，考虑粒径大小满足某种统计分布，颗粒在基体空间中的位置也是随机的，可以将材料看成是由基体、夹杂和两者间的黏结界面层组成的三相复合材料。夹杂颗粒体积分数、粒子尺寸均值和均方差分别为 f_p、R_μ 和 R_σ，界面层厚度设为 d。图 4-21 所示为球形夹杂随机单胞模型，其参数 $B=0.5\text{mm}$，$f_p=0.3$，$R_u=0.1B$，$R_\sigma=0.02B$，$d=0.1R_u$。

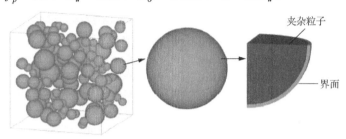

图 4-21 球形夹杂随机单胞模型

球形夹杂随机单胞模型具有和二维模型同样的参数化特点，因此，可以通过设置模型参数来获得不同的单胞模型，如特定夹杂体积分数模型、特定粒径分布模型等。图 4-22～图 4-24 所示为不同参数下生成的球形夹杂随机单胞模型。与二维模型一样，这些模型都很好地诠释了模型参数的含义。

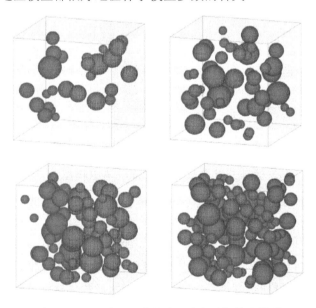

图 4-22 不同体积分数的球形夹杂随机单胞模型

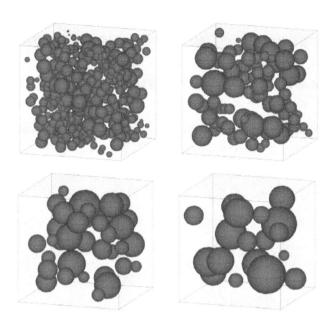

图 4-23 不同粒径大小的球形夹杂随机单胞模型

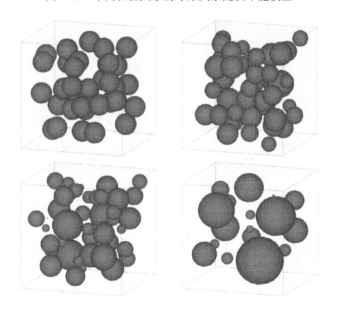

图 4-24 不同粒径方差的球形夹杂随机单胞模型

2）椭球夹杂参数化随机单胞模型

椭球夹杂参数化随机单胞模型的建模比球形夹杂随机单胞模型更具代表性。在球形夹杂随机单胞模型的生成过程中，对球形夹杂进行压缩操作即可得到椭球夹杂随机单胞模型。与椭圆夹杂随机模型生成过程类似，在球形夹杂随机单胞模型生成后，选取球心为坐标中心，对球形夹杂进行压缩操作形成椭球夹杂，引入参数 X_c、Y_c 和 Z_c 来分别描述 x、y、z 轴方向压缩程度；然后在空间旋转任意角度 α、β 和 θ（α、β 和 θ 分别为绕 x、y、z 轴旋转的角度），从而得到随机取向的任意椭球夹杂随机单胞模型。在此算法中，参数 X_c、Y_c 和 Z_c 为椭球形状控制参数。图 4-25 所示为该算法生成的不同形状的椭球夹杂随机单胞模型，其参数为 B=150mm，f_p=0.2，R_μ=0.08B，R_σ=0.02B，Y_c 和 Z_c 取为 1（即定义这两个方向上不压缩），X_c 分别在不同的范围内随机取值。图 4-26 所示为参数 X_c、Y_c 和 Z_c 同时随机取值时生成的单胞模型，可见，参数 X_c、Y_c 和 Z_c 很好地控制了椭球夹杂的凸扁形状。

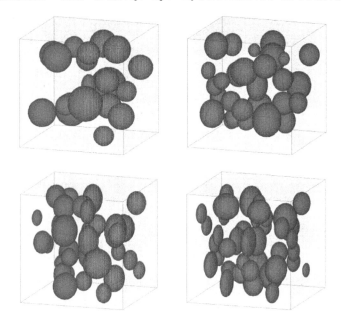

图 4-25　不同形状的椭球夹杂随机单胞模型

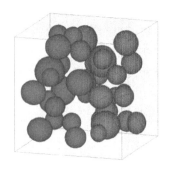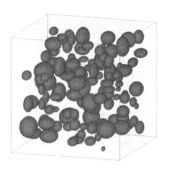

图 4-26　任意椭球夹杂随机单胞模型

4.2 有限元方法

有限元方法的基本原理是把待分析的连续体假想分割成一个由有限个单元所组成的组合体，这一过程叫作离散化。这些单元体只在顶角处互相连接，起连接作用的点称为节点。与真实的弹性体相比，离散化后的组合体的特点如下。

组合体中单元与单元之间的连接除了节点之外再无其他联系，但是节点间的连接要满足形变协调条件，即既不允许出现裂缝，也不允许发生重叠。单元之间只有通过节点才能传递内力，这种由节点所传递的内力称为节点力，作用在节点上的荷载被称为节点荷载。当连续体受到外力作用而发生形变时，组成它的各个单元也将随之发生形变，同时各个节点都要产生不同程度的位移，这种位移则称为节点位移。在有限元分析当中，常常把节点位移当作最基本的未知量，并以每个单元分块近似为依据，用假设的一个简单函数近似地表示出单元内位移的分布规律，再根据变分原理或其他方法，建立出节点力和位移之间的关系，建立一组以节点位移为未知量的代数方程，从而求得节点的位移分量。然后根据插值函数来确定单元集合体上的场函数。可见，如果单元能够满足问题收敛性的要求，那么随着求解区域内单元数目的增加、单元尺寸的缩小，解的近似程度将不断增进，最后近似解将收敛于精确解。

有限元方法采用矩阵式的表达形式，方便编写程序。目前在国内外有许多通用有限元程序，可以直接套用，操作十分方便，比较著名的有限元分析软件有ABAQUS、ANSYS、ADINA、NASTRAN、MARK-10 和 DEFORM 等。

4.2.1 有限元法理论基础

运用有限元方法的基础是加权余量法和虚功原理，其基本求解思想是把计算域划分为有限个互不重叠的单元，在每个单元内，选择一些合适的节点作为求解函数的插值点，将微分方程中的变量改写成由各变量或其导数的节点值与所选用的插值函数组成的线性表达式，借助于变分原理或加权余量法，将微分方程离散求解。采用不同的权函数和插值函数形式，便构成不同的有限元方法。

1. 加权余量法

加权余量法（weighted residual method，WRM）是指采用使余量的加权积分为零的等效积分的"弱"形式来求得微分方程近似解的方法，是一种直接从所需求解的微分方程及边界条件出发，寻求边值问题近似解的数学方法。WRM 是求解微分方程近似解的一种有效的方法。

设问题的控制微分方程如式（4-73）、式（4-74）所示：
在 V 域内，有
$$L(u) - f = 0 \qquad (4\text{-}73)$$
在 S 边界上，有
$$B(u) - g = 0 \qquad (4\text{-}74)$$

式中，L、B——微分方程和边界条件中的微分算子；

f、g——与未知函数 u 无关的已知函数域值；

u——问题待求的未知函数。

当利用 WRM 求近似解时，首先在求解域上建立一个试函数 $\mathcal{R}$，如式（4-75）所示：
$$\mathcal{R} = \sum_{i=1}^{n} C_i N_i = NC \qquad (4\text{-}75)$$

式中，C_i——待定系数，也可以称为广义坐标；

N_i——取自完备函数集的线性无关的基函数。

由于 $\mathcal{R}$ 一般只是待求函数 u 的近似值，因此将式（4-75）代入式（4-73）、式（4-74）后将得不到满足，若记：

在 V 域内，有
$$R_I = L(\mathcal{R}) - f \qquad (4\text{-}76)$$
在 S 边界上，有
$$R_B = B(\mathcal{R}) - g \qquad (4\text{-}77)$$

显然，R_I、R_B 反映了试函数与真实解之间的偏差，它们分别称作内部和边界余量。

若在域 V 内引入内部权函数 W_I，在边界 S 上引入边界权函数 W_B，则可建立 n 个消除余量的条件，一般可表示为式（4-78）：
$$\int_V W_{Ii} R_I \mathrm{d}V + \int_S W_{Bi} R_B \mathrm{d}S = 0 \quad (i = 1, 2, \cdots, n) \qquad (4\text{-}78)$$

不同的权函数 W_{Ii} 和 W_{Bi} 反映了不同的消除余量的法则。从式（4-78）可以得到求解待定系数矩阵 C 的代数方程组。一经解得待定系数，由式（4-75）即可得到所需求解边值问题的近似解。

由于试函数 $\mathcal{R}$ 的不同，余量 R_I、R_B 可有如下三种情况。

（1）内部法：试函数满足边界条件，即 $R_B = B(\mathcal{R}) - g = 0$，此时消除余量的条件如式（4-79）所示。

$$\int_V W_B R_I \mathrm{d}V = 0 \quad (i=1,2,\cdots,n) \tag{4-79}$$

（2）边界法：试函数只满足控制方程，即 $R_I - L(\mathcal{R}) - f = 0$，此时消除余量的条件如式（4-80）所示。

$$\int_S W_{Bi} R_B \mathrm{d}S = 0 \quad (i=1,2,\cdots,n) \tag{4-80}$$

（3）混合法：试函数既不满足边界条件也不满足控制方程，此时用式（4-78）消除余量。

混合法对于试函数的选取最方便，但在相同精度条件下，工作量最大。对内部法和边界法必须使基函数事先满足一定条件，这对复杂结构分析往往有一定困难，但试函数一经建立，其工作量较小。

无论采用何种方法，在建立试函数时均应注意以下几点：

① 试函数应由完备函数集的子集构成。已被采用过的试函数有幂级数、三角级数、样条函数、贝赛尔函数、切比雪夫多项式和勒让德多项式等。

② 试函数应具有直到比消除余量的加权积分表达式中最高阶导数低一阶的导数连续性。

③ 试函数应与问题的解析解或问题的特解相关联。若计算问题具有对称性，应充分利用其对称性进行求解。

显然，任何独立的完全函数集都可以作为权函数。按照对权函数的不同选择得到不同的加权余量计算方法，主要有配点法、子域法、最小二乘法、力矩法和伽辽金法，其中，伽辽金法的精度最高。

2. 虚功原理

虚功原理是虚位移原理和虚应力原理的总称，可以认为是与某些控制方程相等效的积分"弱"形式。虚功原理：形变体中任意满足平衡的力系在任意满足协调条件的形变状态上做的虚功等于零，即体系外力的虚功与内力的虚功之和等于零。

虚位移原理是平衡方程和力的边界条件的等效积分的"弱"形式；虚应力原理是几何方程和位移边界条件的等效积分"弱"形式。

虚位移原理的力学意义：如果力系是平衡的，则它们在虚位移和虚应变上所做功的总和为零。反之，如果力系在虚位移（及虚应变）上所做功的和等于零，则它们一定满足平衡方程。所以，虚位移原理表述了力系平衡的必要而充分条件。一般而言，虚位移原理不仅适用于线弹性问题，也适用于非线性弹性及弹塑性等非线性问题。

虚应力原理的力学意义：如果位移是协调的，则虚应力和虚边界约束反力在它们上面所做功的总和为零。反之，如果上述虚力系所做功的和为零，则它们一定是满足位移协调的。所以，虚应力原理表述了位移协调的必要而充分条件。

虚应力原理可以应用于线弹性及非线性弹性等不同的力学问题。但是必须指出，无论是虚位移原理还是虚应力原理，它们所依赖的几何方程和平衡方程都是基于小形变理论的，它们不能直接应用于基于大形变理论的力学问题。

4.2.2 有限元法计算步骤

（1）求解区域离散化。用网格将求解区域（或结构）分为有限个单元，这是进行有限元分析的第一步。部分逼近是有限元法的基本概念。

（2）选择位移插值函数（或称位移模式）。对单元中的位移分布做出一定假设，也就是假定位移是坐标的某种简单函数，这种函数称为插值函数或位移模式。通常选择多项式作为场变量的插值函数，因为多项式易于积分和微分。有限元法采用分片近似，只需对一个单元选择一个插值函数，而不必对整个求解域选择插值函数。有限元法开始则不必考虑边界条件，只需考虑单元之间位移连续就可以了，这样比在整个区域中选取连续函数简单得多，特别是对复杂的几何形状或材料性质、作用荷载有突变的结构，采用分片（段）函数就显得更为合理了。

（3）分析单元的（力学）特性。应用物理直接法、变分原理和加权残值法中任意一种，确定单元特性的矩阵方程。这一步是单元特性分析的核心内容。同时需要将作用在单元边界的集中力或表面力、体积力都等效地移动到节点上去，也就是通过等效节点力来代替所有作用在单元上的力。

$$\varPi_p^\ell = a^{eT} \int_{\Omega_\ell} \frac{1}{2} \boldsymbol{B}^T \boldsymbol{DB} t \mathrm{d}x\mathrm{d}y a^\ell - a^{eT} \int_{\Omega_\ell} \boldsymbol{N}^T ft\mathrm{d}x\mathrm{d}y - a^{eT} \int_{S_\sigma^\ell} \boldsymbol{N}^T T t \mathrm{d}S \qquad (4\text{-}81)$$

由式（4-81）导出单元方程 $\boldsymbol{K}^\ell \boldsymbol{a}^\ell = \boldsymbol{P}^\ell$。

式中，$\varPi_p^\ell$——单元总势能；

$\boldsymbol{a}^\ell$——单元节点位移列向量；

$\boldsymbol{N}$——插值函数矩阵；

$\boldsymbol{B}$——应变矩阵；

$\boldsymbol{D}$——弹性模量矩阵；

f——体积力；

T——面积力；

t——单元厚度；

$\boldsymbol{K}^\ell$——单元刚度矩阵；

P^e——单元节点力向量；

e——单元编号。

（4）建立平衡方程组。集合所有单元的平衡方程，以建立整个求解问题的平衡方程组，包括：一是将各个单元的刚度矩阵集合成整个系统的刚度矩阵；二是将作用于各单元的等效节点力矩阵集合成总体荷载列阵。得出总体的有限元方程：$Ka=P$。

（5）求解系统的总体方程组。在求解之前，必须考虑边界条件，需对它们加以修正，才能求出未知的物理量。

（6）根据需要进行附加计算，如求应力应变等。

4.2.3 平面结构问题的有限单元法

严格地说，任何弹性体都处于三维受力状态，因而都是空间问题，但是在一定条件下，许多空间问题可以简化成平面问题。平面问题可以分为两类：平面应力问题和平面应变问题。

1. 平面应力和应变问题

平面问题的应力状态如图 4-27 所示。

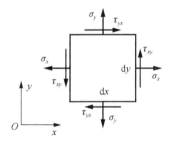

图 4-27 平面问题的应力状态

平面应力问题的应力-应变转换矩阵即弹性矩阵，如式（4-82）所示：

$$[D] = \frac{E}{1-\mu^2} \begin{bmatrix} 1 & \mu & 0 \\ \mu & 1 & 0 \\ 0 & 0 & \frac{1-\mu}{2} \end{bmatrix} \quad (4-82)$$

平面应变问题的弹性矩阵只需将式（4-82）中的 E 换成 $\dfrac{E}{1-\mu^2}$，u 换成 $\dfrac{\mu}{1-\mu}$ 即可，得到式（4-83）：

$$[D] = \frac{E(1-u)}{(1+\mu)(1-2\mu)} \begin{bmatrix} 1 & \frac{\mu}{1-\mu} & 0 \\ \frac{\mu}{1-\mu} & 1 & 0 \\ 0 & 0 & \frac{1-2\mu}{2(1-\mu)} \end{bmatrix} \quad (4\text{-}83)$$

总之,无论是平面应力问题还是平面应变问题,应力$\{\sigma\}$与应变$\{\varepsilon\}$之间的关系如式(4-84)所示:

$$\{\sigma\} = [D](\{\varepsilon\} - \{\varepsilon_0\}) \quad (4\text{-}84)$$

其中,

$$\{\sigma\} = \begin{bmatrix} \sigma_x & \sigma_y & \tau_{xy} \end{bmatrix}^{\mathrm{T}}$$

$$\{\varepsilon\} = \begin{bmatrix} \varepsilon_x & \varepsilon_y & \varepsilon_{xy} \end{bmatrix}^{\mathrm{T}}$$

2. 平面三节点三角形单元

平面三节点三角形单元如图 4-28 所示。

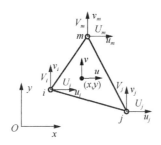

图 4-28 平面三节点三角形单元

(1) 位移插值函数。如果把弹性体离散成有限个小单元体,就很容易利用其节点的位移,构造出单元的位移插值函数,即位移函数。位移函数矩阵如式(4-85)所示:

$$\begin{Bmatrix} u(x,y) \\ v(x,y) \end{Bmatrix} = \begin{bmatrix} 1 & x & y & 0 & 0 & 0 \\ 0 & 0 & 0 & 1 & x & y \end{bmatrix} \begin{Bmatrix} \alpha_1 \\ \alpha_2 \\ \alpha_3 \\ \alpha_4 \\ \alpha_5 \\ \alpha_6 \end{Bmatrix} \quad (4\text{-}85)$$

式(4-84)可简写为式(4-86):

$$\{f\} = [M]\{\alpha\} \tag{4-86}$$

由于位移函数适用于单元中的任意一点,因此代入三个节点的坐标后,得出节点处位移函数,如式(4-87)所示:

$$\begin{Bmatrix} u_i \\ v_i \\ u_j \\ v_j \\ u_m \\ v_m \end{Bmatrix} = \begin{bmatrix} 1 & x_i & y_i & 0 & 0 & 0 \\ 0 & 0 & 0 & 1 & x_i & y_j \\ 1 & x_j & y_j & 0 & 0 & 0 \\ 0 & 0 & 0 & 1 & x_j & y_j \\ 1 & X_m & y_m & 0 & 0 & 0 \\ 0 & 0 & 0 & 1 & X_m & y_m \end{bmatrix} \begin{Bmatrix} \alpha_1 \\ \alpha_2 \\ \alpha_3 \\ \alpha_4 \\ \alpha \\ \alpha_6 \end{Bmatrix} \tag{4-87}$$

式(4-87)可简写为式(4-88):

$$\{\delta\}^e = [A]\{\alpha\} \tag{4-88}$$

(2)形函数矩阵。解出 $\{\alpha\} = [A]^{-1}\{\delta\}^e$,可得式(4-89):

$$[A]^{-1} = \frac{1}{2\Delta} \begin{bmatrix} a_i & 0 & a_j & 0 & a_m & 0 \\ b_i & 0 & b_j & 0 & b_m & 0 \\ c_i & 0 & c_j & 0 & c_m & 0 \\ 0 & a_i & 0 & a_j & 0 & a_m \\ 0 & b_i & 0 & b_j & 0 & b_m \\ 0 & c_i & 0 & c_j & 0 & c_m \end{bmatrix} \tag{4-89}$$

式中,Δ——三角形单元的面积。

当三角形单元节点 i、j、m 按逆时针次序排列时,如式(4-90)、式(4-91)所示:

$$\Delta = \frac{1}{2}|\Delta| = \frac{1}{2}(x_j y_j + x_j y_m + x_m y_m) - \frac{1}{2}(x_j y_i + x_m y_j + x_j y_m) \tag{4-90}$$

$$\begin{cases} a_i = \begin{vmatrix} x_j & y_j \\ x_m & y_m \end{vmatrix} = x_j y_m - x_m y \\ b_i = -\begin{vmatrix} 1 & y_j \\ 1 & y_m \end{vmatrix} = y_j - y_m \\ c_i = \begin{vmatrix} 1 & x_j \\ 1 & x_m \end{vmatrix} = x_s - x_j \end{cases} \overrightarrow{i,j,m} \tag{4-91}$$

单元位移函数为节点位移的插值函数，如式（4-92）所示：

$$\begin{cases} u = \dfrac{1}{2\Delta}\left[(a_i+b_ix+c_iy)u_i+(a_j+b_jx+c_jy)u_j+(a_m+b_mX+c_my)u_m\right] \\ \quad = \dfrac{1}{2\Delta_i}\sum(a_i+b_ix+c_iy)u_i \\ V = \dfrac{1}{2\Delta}\left[(a_i+b_ix+c_iy)_{V_i}+(a_j+b_jx+c_jy)_{V_j}+(a_m+b_mx+c_my)_{V_m}\right] \\ \quad = \dfrac{1}{2\Delta_i}\sum(a_i+b_ix+c_iy)_{V_i} \end{cases} \overrightarrow{i、j、m}$$

(4-92)

式（4-91）、式（4-92）中，记号 $\overrightarrow{i、j、m}$ 表示将 $i、j、m$ 进行轮换后，可得出另外两组带角标的 $a、b、c$ 的公式。

令 $N_i=\dfrac{1}{2\Delta}(a_i+b_ix+c_iy)$，$N_j$、$N_m$ 同理，则在式（4-93）中表示的 N_i、N_j、N_m 称为形函数。

$$\begin{cases} u = N_iu_i+N_ju_j+N_mu_m = \sum_{i,j,m}N_iu_i \\ v = N_iv_i+N_jv_j+N_mv_m = \sum_{i,j,m}N_iv_i \end{cases}$$

(4-93)

写成矩阵形式如式（4-94）所示：

$$\{f\}=\begin{Bmatrix}u\\v\end{Bmatrix}=\begin{bmatrix}N_i & 0 & N_j & 0 & N_m & 0 \\ 0 & N_i & 0 & N_j & 0 & N_m\end{bmatrix}\begin{Bmatrix}u_i\\v_i\\u_j\\v_j\\u_m\\v_m\end{Bmatrix}=\begin{bmatrix}IN_i+IN_j+IN_m\end{bmatrix}\{\delta\}^e \quad (4\text{-}94)$$

3. 单元的应力与应变

由几何方程可得式（4-95）：

$$\{\varepsilon\}=\begin{Bmatrix}\varepsilon_x\\\varepsilon_y\\\gamma_{xy}\end{Bmatrix}=\begin{bmatrix}\dfrac{\partial}{\partial x} & 0 \\ 0 & \dfrac{\partial}{\partial y} \\ \dfrac{\partial}{\partial y} & \dfrac{\partial}{\partial x}\end{bmatrix}\begin{Bmatrix}u\\v\end{Bmatrix} \quad (4\text{-}95)$$

将式（4-90）代入式（4-95）中，并求偏导数，如式（4-96）所示：

$$\left\{\begin{matrix} \varepsilon_x \\ \varepsilon_y \\ \gamma_{xy} \end{matrix}\right\} = \begin{bmatrix} \dfrac{1}{2\Delta}(b_i u_i + b_j u_j + b_m u_m) \\ \dfrac{1}{2\Delta}(c_i v_i + c_j v_j + c_m v_m) \\ \dfrac{1}{2\Delta}(c_i u_i + c_j u_j + c_m u_m) + (b_i v_i + b_j v_j + b_m v_m) \end{bmatrix} \qquad (4\text{-}96)$$

简写为式（4-97）：

$$\{\varepsilon\} = [B]\{\delta\}^e \qquad (4\text{-}97)$$

式（4-98）中$[B]$是常量，单元内各点应变分量也都是常量，这是由于采用了线性位移函数的缘故，这种单元称为常应变三角形单元。

$$[B] = \frac{1}{2\Delta} \begin{bmatrix} b_i & 0 & b_j & 0 & b_m & 0 \\ 0 & c_i & 0 & c_j & 0 & c_m \\ c_i & b_i & c_j & b_j & c_m & b_m \end{bmatrix} = \begin{bmatrix} B_i & B_j & B_m \end{bmatrix} \qquad (4\text{-}98)$$

由弹性力学的物理方程可知，其应力与应变的关系如式（4-99）所示：

$$\{\sigma\} = [\boldsymbol{D}]\{\varepsilon\} \qquad (4\text{-}99)$$

将式（4-96）代入式（4-99），得到方程式（4-100）：

$$\{\sigma\} = [\boldsymbol{D}][B]\{\delta\}^e = [S]\{\delta\}^e \qquad (4\text{-}100)$$

其中，

$$[S] = [\boldsymbol{D}][B] = \begin{bmatrix} S_i & S_j & S_m \end{bmatrix}$$

$[S]$称为应力转换矩阵，对平面应力问题，其子矩阵如式（4-101）所示：

$$[S_i] = \frac{E}{2(1-\mu^2)\Delta} \begin{bmatrix} b_i & \mu c_i \\ \mu b_i & c_i \\ \dfrac{1-\mu}{2}c_i & \dfrac{1-\mu}{2}b_i \end{bmatrix} \quad \overrightarrow{i, j, m} \qquad (4\text{-}101)$$

由式（4-101）看出，应力分量也是一个常量。在一个三角形单元中各点应力相同，一般用中心一点表示，其应变也可同样表示。

4. 三角形单元刚度矩阵

用虚功原理来建立节点力和节点位移间的关系式，从而得出三角形单元的刚度矩阵，如图 4-29 所示。

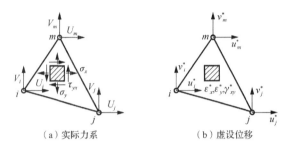

（a）实际力系　　　　　　　　（b）虚设位移

图 4-29　弹性体虚功原理的应用

节点力列向量和应力列向量分别如式（4-102）、式（4-103）所示：

$$\{F\}^e = \begin{bmatrix} F_i & F_j & F_m \end{bmatrix}^T = \begin{bmatrix} U_i & V_i & U_j & V_j & U_m & V_m \end{bmatrix}^T \quad (4\text{-}102)$$

$$\{\sigma\} = \begin{bmatrix} \sigma_x & \sigma_y & \tau_{xy} \end{bmatrix}^T \quad (4\text{-}103)$$

节点虚位移列向量和虚应变列向量分别如式（4-104）、式（4-105）所示：

$$\{\delta^*\}^e = \begin{bmatrix} \delta_i^* & \delta_j^* & \delta_m^* \end{bmatrix}^T = \begin{bmatrix} u_i^* & V_i^* & u_j^* & V_j^* & u_m^* & V_m^* \end{bmatrix}^T \quad (4\text{-}104)$$

$$\{\varepsilon^*\} = \begin{bmatrix} \varepsilon_x^* & \varepsilon_y^* & \gamma_{xy}^* \end{bmatrix}^T \quad (4\text{-}105)$$

用虚功原理建立三角形单元的虚功方程如式（4-106）所示：

$$\left(\{\delta^*\}^e\right)^T \{F\}^e = \iint \{\varepsilon^*\}^T \{\sigma\} t \mathrm{d}x \mathrm{d}y \quad (4\text{-}106)$$

由式（4-94）可得式（4-107）：

$$\begin{cases} \{\varepsilon^*\} = [B]\{\delta^*\}^e \\ \{\varepsilon^*\}^T = (\{\delta^*\}^e)^T [B]^T \end{cases} \quad (4\text{-}107)$$

代入式（4-106）得式（4-108）：

$$(\{\delta^*\}^e)^T \{F\}^e = (\{\delta^*\}^e)^T \iint [B]^T \{\sigma\} t \mathrm{d}x \mathrm{d}y \quad (4\text{-}108)$$

由于虚位移是任意的，式（4-108）等号两边可乘 $\left[\{\delta^*\}^e\right]^T\right]^{-1}$，得式（4-109）：

$$\{F\}^e = \iint [B]^T \{\sigma\} t \mathrm{d}x \mathrm{d}y = [k]^e \{\delta\} = \iint [B]^T D[B] t \mathrm{d}x \mathrm{d}y \{\delta\}^e \quad (4\text{-}109)$$

三角形单元的刚度矩阵如式（4-110）所示：

$$[k]^e = [B]^T[D][B]t\iint dxdy = [B]^T[D][B]t\Delta \quad (4\text{-}110)$$

用分块矩阵形式表示如式（4-111）所示：

$$[k]^e = \begin{Bmatrix} k_{ii} & k_{ij} & k_{im} \\ k_{ji} & k_{ij} & k_{jm} \\ k_{mi} & k_{mj} & k_{mm} \end{Bmatrix} \quad (4\text{-}111)$$

5. 整体刚度矩阵

结构的平衡条件可用所有节点的平衡条件表示。假定 i 节点为结构中的任一公共节点，则该节点平衡条件如式（4-112）所示：

$$\{F_i\} = \{P_i\} \quad (4\text{-}112)$$

i 节点的节点力列向量表达式如式（4-113）所示：

$$\{F_i\} = \begin{Bmatrix} \sum_e U_i \\ \sum_e V_i \end{Bmatrix} \quad (4\text{-}113)$$

式中，$\sum_e$ ——围绕 i 节点所有单元的节点力的向量和；

$\{P_i\}$ —— i 节点的荷载列向量，$\{P_i\} = \begin{Bmatrix} X_i \\ Y_i \end{Bmatrix}$，如式（4-114）所示。

$$\sum_{i=1}^n \{P_i\} = \{P\} = \begin{bmatrix} P_1 & P_2 & P_3 & \cdots & P_n \end{bmatrix}^T = \begin{bmatrix} X_1 & Y_1 & X_2 & Y_2 & \cdots & X_n & Y_n \end{bmatrix}^T \quad (4\text{-}114)$$

每个节点由两个平衡方程组成，若结构共有 n 个节点，则有 $2n$ 个平衡方程。整个结构的平衡条件由式（4-114）求和，可得式（4-115）、式（4-116）：

$$\sum_{i=1}^n \{F_i\} = \sum_{i=1}^n \{P_i\} \quad (i=1,2,\cdots,n) \quad (4\text{-}115)$$

$$\sum_{i=1}^n \{F_i\} = \sum_{e=1}^{n_e}[k]^e\{\delta\}^e = [\boldsymbol{K}]\{\delta\} \quad (4\text{-}116)$$

式中，$[\boldsymbol{K}]$ ——结构整体刚度矩阵，如式（4-117）所示；
$\{\delta\}$ ——结构的节点位移列向量，如式（4-118）所示。

$$[K] = \sum_{e=1}^n [k]^e = \sum_{e=1}^n \iint [B]^T[D][B]t dxdy \quad (4\text{-}117)$$

$$\{\delta\} = \begin{bmatrix} \delta_1 & \delta_2 & \cdots & \delta_n \end{bmatrix}^T = \begin{bmatrix} u_1 & v_1 & u_2 & v_2 & \cdots & u_n & v_n \end{bmatrix}^T \tag{4-118}$$

整体刚度矩阵也可按节点写成分块矩阵，如式（4-119）所示：

$$[\boldsymbol{K}] = \begin{bmatrix} \boldsymbol{K}_{11} & \boldsymbol{K}_{12} & \cdots & \boldsymbol{K}_{1n} \\ \boldsymbol{K}_{21} & \boldsymbol{K}_{22} & \cdots & \boldsymbol{K}_{2n} \\ \vdots & \vdots & \vdots & \vdots \\ \boldsymbol{K}_{n1} & \boldsymbol{K}_{n2} & \cdots & \boldsymbol{K}_{nn} \end{bmatrix} \tag{4-119}$$

同杆系结构一样，整体刚度方程经过约束处理后，即可求出节点位移，进而求出所需要的应力场。

4.2.4 等参元

1. 坐标变换与平面四节点等参元

图 4-30（a）为一个任意四边形单元，称为实际单元。在实际单元内以对边的中点连线建立起一个局部坐标系，通过坐标转换把实际单元映射为如图 4-30（b）所示的一个正方形，此坐标系称为单元的自然坐标系或等参数坐标系，正方形称为基本单元，基本单元内任一点 $P(\xi,\eta)$ 与实际单元内的一点 $P(x,y)$ 唯一对应。

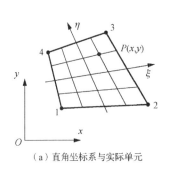

（a）直角坐标系与实际单元　　　　（b）自然坐标系与基本单元

图 4-30　四节点等参元

实际单元与基本单元的对应关系如式（4-120）所示：

$$\begin{Bmatrix} x \\ y \end{Bmatrix} = \sum_{i=1}^{4} N_i \begin{Bmatrix} x_i \\ y_i \end{Bmatrix} \text{ 或 } \begin{Bmatrix} x \\ y \end{Bmatrix} = \begin{bmatrix} N_1 & 0 & N_2 & 0 & N_3 & 0 & N_4 & 0 \\ 0 & N_1 & 0 & N_2 & 0 & N_3 & 0 & N_4 \end{bmatrix} \begin{Bmatrix} x_1 \\ y_1 \\ x_2 \\ y_2 \\ x_3 \\ y_3 \\ x_4 \\ y_4 \end{Bmatrix} \tag{4-120}$$

其中，

$$\begin{cases} N_1 = \dfrac{1}{4}(1-\varepsilon)(1-\eta) \\ N_2 = \dfrac{1}{4}(1+\varepsilon)(1-\eta) \\ N_3 = \dfrac{1}{4}(1+\varepsilon)(1+\eta) \\ N_4 = \dfrac{1}{4}(1-\varepsilon)(1+\eta) \end{cases} \tag{4-121}$$

用同样的形状函数来插值单元内任意一点 (x,y) 的位移为式（4-122）：

$$\begin{Bmatrix} u \\ v \end{Bmatrix} = \begin{bmatrix} N_1 & 0 & N_2 & 0 & N_3 & 0 & N_4 & 0 \\ 0 & N_1 & 0 & N_2 & 0 & N_3 & 0 & N_4 \end{bmatrix} \begin{Bmatrix} u_1 \\ v_1 \\ u_2 \\ v_2 \\ u_3 \\ v_3 \\ u_4 \\ v_4 \end{Bmatrix} \tag{4-122}$$

式（4-122）可以简写为式（4-123）：

$$\begin{Bmatrix} u \\ v \end{Bmatrix} = \sum_{i=1}^{4} N_i \begin{Bmatrix} u_i \\ v_i \end{Bmatrix} = [N]\{\delta\}^e \tag{4-123}$$

式中，$\{\delta\}^e$——此单元的节点位移列向量；

[N]——形状函数矩阵。

2. 平面八节点等参元

类似地，可以推广到具有更多节点的单元，如图4-31所示。

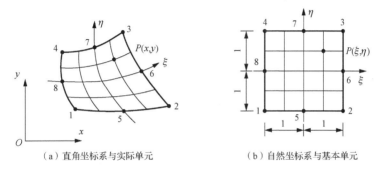

（a）直角坐标系与实际单元　　（b）自然坐标系与基本单元

图4-31　八节点等参元

该基本单元的位移函数如式（4-124）所示：

$$\begin{Bmatrix} u \\ v \end{Bmatrix} = \sum_{i=1}^{8} N_i \begin{Bmatrix} u_i \\ v_i \end{Bmatrix} = [N]\{\delta\}^e \quad (i=1,2,\cdots,8) \tag{4-124}$$

其中，在顶角节点与边中点上的形函数分别如式（4-125）、式（4-126）所示：

$$\begin{cases} N_1 = \dfrac{1}{4}(1-\xi)(1-\eta)(-\xi-\eta-1) \\ N_2 = \dfrac{1}{4}(1+\xi)(1-\eta)(\xi-\eta-1) \\ N_3 = \dfrac{1}{4}(1-\xi)(1+\eta)(-\xi+\eta-1) \\ N_4 = \dfrac{1}{4}(1+\xi)(1+\eta)(\xi+\eta-1) \end{cases} \tag{4-125}$$

$$\begin{cases} N_5 = \dfrac{1}{2}\left(1-\xi^2\right)(1-\eta) \\ N_6 = \dfrac{1}{2}\left(1-\xi^2\right)(1+\eta) \\ N_7 = \dfrac{1}{2}\left(1-\eta^2\right)(1-\xi) \\ N_8 = \dfrac{1}{2}\left(1-\eta^2\right)(1+\xi) \end{cases} \tag{4-126}$$

3. 单元刚度矩阵

首先给出单元内的应变列向量，对平面问题，应满足如式（4-127）所示的方程：

$$\begin{Bmatrix} \varepsilon_x \\ \varepsilon_y \\ \gamma_{xy} \end{Bmatrix} = \begin{bmatrix} \dfrac{\partial}{\partial x} & 0 \\ 0 & \dfrac{\partial}{\partial y} \\ \dfrac{\partial}{\partial y} & \dfrac{\partial}{\partial x} \end{bmatrix} \begin{Bmatrix} u \\ v \end{Bmatrix} = \begin{bmatrix} \dfrac{\partial}{\partial x} & 0 \\ 0 & \dfrac{\partial}{\partial y} \\ \dfrac{\partial}{\partial y} & \dfrac{\partial}{\partial x} \end{bmatrix} [N]\{\delta\}^e \tag{4-127}$$

坐标变换关系如式（4-128）、式（4-129）所示：

$$\frac{\partial N_i}{\partial \xi} = \frac{\partial N_i}{\partial x}\frac{\partial x}{\partial \xi} + \frac{\partial N_i}{\partial y}\frac{\partial y}{\partial \xi} \tag{4-128}$$

$$\frac{\partial N_i}{\partial \eta} = \frac{\partial N_i}{\partial x}\frac{\partial x}{\partial \eta} + \frac{\partial N_i}{\partial y}\frac{\partial y}{\partial \eta} \tag{4-129}$$

写成矩阵，如式（4-130）所示：

$$\left\{\begin{array}{c}\dfrac{\partial N_i}{\partial \xi} \\ \dfrac{\partial N_i}{\partial \eta}\end{array}\right\} = \left[\begin{array}{cc}\dfrac{\partial x}{\partial \xi} & \dfrac{\partial y}{\partial \xi} \\ \dfrac{\partial x}{\partial \eta} & \dfrac{\partial y}{\partial \eta}\end{array}\right]\left\{\begin{array}{c}\dfrac{\partial N_i}{\partial x} \\ \dfrac{\partial N_i}{\partial y}\end{array}\right\} = [\boldsymbol{J}]\left\{\begin{array}{c}\dfrac{\partial N_i}{\partial x} \\ \dfrac{\partial N_i}{\partial y}\end{array}\right\} \tag{4-130}$$

由式（4-130）可解出式（4-131）：

$$\left\{\begin{array}{c}\dfrac{\partial N_i}{\partial x} \\ \dfrac{\partial N_i}{\partial y}\end{array}\right\} = [\boldsymbol{J}]^{-1}\left\{\begin{array}{c}\dfrac{\partial N_i}{\partial \xi} \\ \dfrac{\partial N_i}{\partial \eta}\end{array}\right\} \tag{4-131}$$

$[\boldsymbol{J}]$ 称为坐标变换的雅可比（Jacabian）矩阵，如式（4-132）所示：

$$[\boldsymbol{J}] = \left[\begin{array}{cc}\dfrac{\partial x}{\partial \xi} & \dfrac{\partial y}{\partial \xi} \\ \dfrac{\partial x}{\partial \eta} & \dfrac{\partial y}{\partial \eta}\end{array}\right] \tag{4-132}$$

其中，

$$\frac{\partial x}{\partial \xi} = \sum \frac{\partial N_i}{\partial \xi} x_i$$

$$\frac{\partial y}{\partial \xi} = \sum \frac{\partial N_i}{\partial \xi} y_i$$

$$\frac{\partial x}{\partial \eta} = \sum \frac{\partial N_i}{\partial \eta} x_i$$

$$\frac{\partial y}{\partial \eta} = \sum \frac{\partial N_i}{\partial \eta} y_i$$

合写成矩阵形式，如式（4-133）所示：

$$[\boldsymbol{J}] = \left[\begin{array}{cccc}\dfrac{\partial N_i}{\partial \xi} & \dfrac{\partial N_i}{\partial \xi} & \dfrac{\partial N_3}{\partial \xi} & \dfrac{\partial N_4}{\partial \xi} \\ \dfrac{\partial N_1}{\partial \eta} & \dfrac{\partial N_2}{\partial \eta} & \dfrac{\partial N_3}{\partial \eta} & \dfrac{\partial N_4}{\partial \eta}\end{array}\right]\left[\begin{array}{cc}x_1 & y_1 \\ x_2 & y_2 \\ x_3 & y_3 \\ x_4 & y_4\end{array}\right] \tag{4-133}$$

将式（4-122）代入式（4-127）中，可得式（4-134）：

$$\begin{Bmatrix}\varepsilon_x\\\varepsilon_y\\\varepsilon_z\end{Bmatrix}=\begin{bmatrix}\dfrac{\partial}{\partial x}&0\\0&\dfrac{\partial}{\partial y}\\\dfrac{\partial}{\partial y}&\dfrac{\partial}{\partial x}\end{bmatrix}\begin{bmatrix}N_1&0&N_2&0&N_3&0&N_4&0\\0&N_1&0&N_2&0&N_3&0&N_4\end{bmatrix}\{\delta\}^e=[\boldsymbol{B}]\{\delta\}^e \quad (4\text{-}134)$$

$[\boldsymbol{B}]$ 为应变转换矩阵，按节点分块表示如式（4-135）所示：

$$[\boldsymbol{B}]=\begin{bmatrix}\boldsymbol{B}_1&\boldsymbol{B}_2&\boldsymbol{B}_3&\boldsymbol{B}_4\end{bmatrix} \quad (4\text{-}135)$$

$[B_i]$ 可用式（4-136）表示：

$$[B_i]=\begin{bmatrix}\dfrac{\partial N_i}{\partial x}&0\\0&\dfrac{\partial N_i}{\partial y}\\\dfrac{\partial N_i}{\partial y}&\dfrac{\partial N_i}{\partial x}\end{bmatrix}\quad (i=1,2,3,4) \quad (4\text{-}136)$$

将式（4-131）代入式（4-136），即可得出此单元的应变转换矩阵 $[\boldsymbol{B}]$，进而求出 $\{\varepsilon\}$。

同上，单元内的应力可表示为式（4-137）：

$$\{\sigma\}=\begin{Bmatrix}\sigma_x\\\sigma_y\\\sigma_z\end{Bmatrix}=[\boldsymbol{D}][\boldsymbol{B}]\{\delta\}^e \quad (4\text{-}137)$$

单元刚度矩阵由虚功原理求得，如式（4-138）所示：

$$[k]^e=\int_{\Omega^e}[\boldsymbol{B}]^{\mathrm{T}}[\boldsymbol{D}][\boldsymbol{B}]t\mathrm{d}\Omega \quad (4\text{-}138)$$

上述积分在自然坐标系内进行，可得式（4-139）：

$$\mathrm{d}\Omega=\begin{vmatrix}\dfrac{\partial x}{\partial \xi}&\dfrac{\partial y}{\partial \xi}\\\dfrac{\partial x}{\partial \eta}&\dfrac{\partial y}{\partial \eta}\end{vmatrix}\mathrm{d}\xi\mathrm{d}\eta=|\boldsymbol{J}|\mathrm{d}\xi\mathrm{d}\eta \quad (4\text{-}139)$$

刚度矩阵如式（4-140）所示：

$$[k]^e = \int_{-1}^{1}\int_{-1}^{1} [\boldsymbol{B}]^{\mathrm{T}}[\boldsymbol{D}][\boldsymbol{B}]t|\boldsymbol{J}|\mathrm{d}\xi\mathrm{d}\eta \tag{4-140}$$

一般参数单元的计算都采用数值积分求近似值，同时，为了减少计算点的数目和便于编写程序，多采用高斯数值积分方法。二维积分法的高斯求积公式，如式（4-141）所示：

$$I = \int_{-1}^{1}\int_{-1}^{1} f(\xi\eta)\mathrm{d}\xi\mathrm{d}\eta = \sum_{i=1}^{L}\sum_{j=1}^{M} f(\xi_i\eta_i)w_i w_j \tag{4-141}$$

式中，$f(\xi_i\eta_i)$——对应坐标位置（ξ_i, η_i）的值；

w_i、w_j——权重系数；

L、M——沿ξ、η方向的积分点数目。

4.2.5 空间问题的有限单元法

1. 三维应力状态

木材工程的结构一般都是三维的弹性体。受力作用后，其内部各点将沿x、y、z坐标轴方向产生位移，是三维空间问题，其应力状态如图4-32所示。

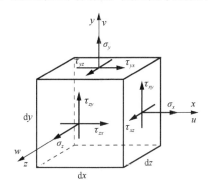

图4-32 空间结构应力状态

由弹性力学知，应变与位移间的几何关系如式（4-142）所示：

$$\begin{cases} \varepsilon_x = \dfrac{\partial u}{\partial x}, & \gamma_{xy} = \dfrac{\partial u}{\partial y}+\dfrac{\partial v}{\partial x} \\ \varepsilon_y = \dfrac{\partial v}{\partial y}, & \gamma_{yz} = \dfrac{\partial v}{\partial z}+\dfrac{\partial w}{\partial y} \\ \varepsilon_z = \dfrac{\partial w}{\partial z}, & \gamma_{zx} = \dfrac{\partial w}{\partial x}+\dfrac{\partial u}{\partial z} \end{cases} \tag{4-142}$$

三维弹性体的应变分量，用矩阵表示为式（4-143）：

$$\{\varepsilon\} = \begin{Bmatrix} \varepsilon_x \\ \varepsilon_y \\ \varepsilon_z \\ \gamma_{xy} \\ \gamma_{yz} \\ \gamma_{zx} \end{Bmatrix} = \begin{bmatrix} \dfrac{\partial}{\partial x} & 0 & 0 \\ 0 & \dfrac{\partial}{\partial y} & 0 \\ 0 & 0 & \dfrac{\partial}{\partial z} \\ \dfrac{\partial}{\partial y} & \dfrac{\partial}{\partial x} & 0 \\ 0 & \dfrac{\partial}{\partial z} & \dfrac{\partial}{\partial y} \\ \dfrac{\partial}{\partial z} & 0 & \dfrac{\partial}{\partial x} \end{bmatrix} \begin{Bmatrix} u \\ v \\ w \end{Bmatrix} \quad (4\text{-}143)$$

弹性体受力作用，内部任意一点的应力状态也是三维的，用列向量表示如式（4-144）所示：

$$\{\sigma\} = \begin{bmatrix} \sigma_x & \sigma_y & \sigma_z & \tau_{xy} & \tau_{yz} & \tau_{zx} \end{bmatrix}^T \quad (4\text{-}144)$$

在线弹性范围内，应力与应变间的物理关系矩阵表达式如式（4-145）所示：

$$\{\sigma\} = [D]\{\varepsilon\} \quad (4\text{-}145)$$

对于各向同性弹性体，在三维应力状态下，弹性矩阵$[D]$的形式如式（4-146）所示：

$$[D] = \dfrac{E(1-\mu)}{(1+\mu)(1-2\mu)} \begin{bmatrix} 1 & & & & & \\ \dfrac{\mu}{1-\mu} & 1 & & \text{对} & & \\ \dfrac{\mu}{1-\mu} & \dfrac{\mu}{1-\mu} & 1 & & \text{称} & \\ 0 & 0 & 0 & \dfrac{1-2\mu}{2(1-\mu)} & & \\ 0 & 0 & 0 & 0 & \dfrac{1-2\mu}{2(1-\mu)} & \\ 0 & 0 & 0 & 0 & 0 & \dfrac{1-2\mu}{2(1-\mu)} \end{bmatrix} \quad (4\text{-}146)$$

2. 空间结构的离散化

空间问题所选用的单元形状如图 4-33 所示。其中，四面体是最简单的空间单元。采用四面体单元和线性位移函数处理空间问题，可以看作平面三角形单元的推广。如图 4-33（b）所示，一个平行六面体可由五个四面体组成，其基本单元仍是四面体，它们分别由如下节点组成：

2→3→4→7，1→2→4→5，2→4→7→5，2→6→7→5，4→7→5→8。

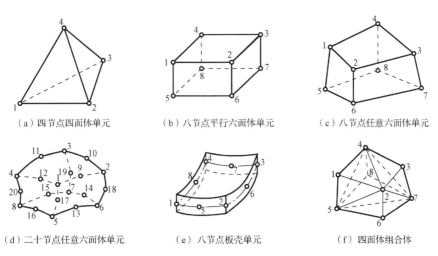

（a）四节点四面体单元　　（b）八节点平行六面体单元　　（c）八节点任意六面体单元

（d）二十节点任意六面体单元　　（e）八节点板壳单元　　（f）四面体组合体

图 4-33　空间结构单元类型

3. 简单四面体单元

图 4-33（a）表示任一简单四面体单元，其中四个节点编号设为 i、j、m、n（或 1、2、3、4）。单元形变时，各节点沿 x、y、z 方向上的位移，以列向量表示，如式（4-147）所示：

$$\{\delta\}^e = \begin{bmatrix} u_i & v_i & w_i & u_j & v_j & w_j & u_m & v_m & w_m & u_n & v_n & w_n \end{bmatrix}^T \quad (4\text{-}147)$$

单元形变时，单元内各点也有沿 x、y、z 方向的位移 u、v、w，一般应为坐标 x、y、z 的函数。对于这种简单的四面体单元，其内部位移可假设为坐标的线性函数，满足形变协调条件，如式（4-148）所示：

$$\begin{cases} u = \alpha_1 + \alpha_2 x + \alpha_3 y + \alpha_4 z \\ v = \alpha_5 + \alpha_6 x + \alpha_7 y + \alpha_8 z \\ w = \alpha_9 + \alpha_{10} x + \alpha_{11} y + \alpha_{12} z \end{cases} \quad (4\text{-}148)$$

式（4-148）含有 12 个待定系数 α，可由单元的 12 项节点位移决定，将四个节点的坐标值代入式（4-148）的 u 中。i、j、m、n 共四个节点，可得式（4-149）：

$$\begin{cases} u_i = \alpha_1 + \alpha_2 x_i + \alpha_3 y_i + \alpha_4 z_i \\ u_j = \alpha_1 + \alpha_2 x_j + \alpha_3 y_j + \alpha_4 z_j \\ u_m = \alpha_1 + \alpha_2 x_m + \alpha_3 y_m + \alpha_4 z_m \\ u_n = \alpha_1 + \alpha_2 x_n + \alpha_3 y_n + \alpha_4 z_n \end{cases} \quad (4\text{-}149)$$

由式（4-149）求出 α_1、α_2、α_3 和 α_4，再代回式（4-148）中，整理可得式（4-150）：

$$u = N_i u_i + N_j u_j + N_m u_m + N_n u_n \quad \overrightarrow{i、j、m、n} \quad (4\text{-}150)$$

其中，N_i、V（四面体的体积）关系如式（4-151）所示：

$$N_i = \frac{1}{6V}(a_i + b_i x + c_i y + d_i z) \quad (4\text{-}151)$$

其中，

$$V = \frac{1}{6}\begin{vmatrix} 1 & x_i & y_i & z_i \\ 1 & x_j & y_j & z_j \\ 1 & x_m & y_m & z_m \\ 1 & x_n & y_n & z_n \end{vmatrix}$$

$$\begin{cases} a_i = \begin{vmatrix} x_j & y_j & z_j \\ x_m & y_m & z_m \\ x_n & y_n & z_n \end{vmatrix} \\ b_i = -\begin{vmatrix} 1 & y_j & z_j \\ 1 & y_m & z_m \\ 1 & y_n & z_n \end{vmatrix} \\ c_i = \begin{vmatrix} 1 & x_j & z_j \\ 1 & x_m & z_m \\ 1 & x_n & z_n \end{vmatrix} \\ d_i = -\begin{vmatrix} 1 & x_j & y_j \\ 1 & x_m & y_m \\ 1 & x_n & y_n \end{vmatrix} \end{cases} \quad \overrightarrow{i、j、m、n}$$

为使四面体的体积 V 不为负值，在右手坐标系中，使右手旋转按着由 i-j-m 的转向转动时，是向法向 n 方向前进。用求位移 u 同样的方法，可得式（4-152）、式（4-153）：

$$v = N_i v_i + N_j v_j + N_m v_m + N_n v_n = \sum_{i,j,m,n} N_i v_i \qquad (4\text{-}152)$$

$$w = N_i w_i + N_j w_j + N_m w_m + N_n w_n = \sum_{i,j,m,n} N_i w_i \qquad (4\text{-}153)$$

将位移的三个线性方程形成的线性方程组用矩阵表示，如式（4-154）所示：

$$\begin{Bmatrix} u \\ v \\ w \end{Bmatrix} = [N]\{\delta\}^e \qquad (4\text{-}154)$$

其中，

$$[N] = \begin{bmatrix} N_i I & N_j I & N_m I & N_n I \end{bmatrix}$$

4. 单元刚度矩阵

将式（4-154）代入式（4-143），经过微分运算，可得单元内应变，如式（4-155）、式（4-156）所示：

$$\{\varepsilon\} = [\boldsymbol{B}]\{\delta\}^e = \begin{bmatrix} \boldsymbol{B}_i & \boldsymbol{B}_j & \boldsymbol{B}_m & \boldsymbol{B}_n \end{bmatrix}\{\delta\}^e \qquad (4\text{-}155)$$

$$[\boldsymbol{B}_i] = \begin{bmatrix} \dfrac{\partial N_i}{\partial x} & 0 & 0 \\ 0 & \dfrac{\partial N_i}{\partial y} & 0 \\ 0 & 0 & \dfrac{\partial N_i}{\partial z} \\ \dfrac{\partial N_i}{\partial y} & \dfrac{\partial N_i}{\partial x} & 0 \\ 0 & \dfrac{\partial N_i}{\partial z} & \dfrac{\partial N_i}{\partial y} \\ \dfrac{\partial N_i}{\partial z} & 0 & \dfrac{\partial N_i}{\partial x} \end{bmatrix} = \dfrac{1}{6V} \begin{bmatrix} b_i & 0 & 0 \\ 0 & c_i & 0 \\ 0 & 0 & d_i \\ c_i & b_i & 0 \\ 0 & d_i & c_i \\ d_i & 0 & b_i \end{bmatrix} \quad i、j、m、n \qquad (4\text{-}156)$$

简单四面体单元内，各点的应变都是一样的，这是一种常应变单元。由于单元内位移都假定为线性变化的，因而由位移一阶导数组成的应变也为常量。同样，用虚功原理建立节点力和节点位移间的关系式，可得简单四面体单元的刚度矩阵，如式（4-157）、式（4-158）所示：

$$[k]^e = \iiint [\boldsymbol{B}]^T [\boldsymbol{D}][\boldsymbol{B}] \mathrm{d}x \mathrm{d}y \mathrm{d}z = \int_{V^e} [\boldsymbol{B}]^T [\boldsymbol{D}][\boldsymbol{B}] \mathrm{d}V \qquad (4\text{-}157)$$

$$[k]^e = [\boldsymbol{B}]^{\mathrm{T}}[\boldsymbol{D}][\boldsymbol{B}]V^e \tag{4-158}$$

按节点分块表示，此单元刚度矩阵如式（4-159）所示：

$$[k]^e = \begin{bmatrix} k_{ii} & k_{ij} & k_{im} & k_{in} \\ k_{ji} & k_{jj} & k_{jm} & k_{jn} \\ k_{mi} & k_{mj} & k_{mm} & k_{mn} \\ k_{ni} & k_{nj} & k_{nm} & k_{nn} \end{bmatrix} \tag{4-159}$$

其中，子矩阵如式（4-160）、式（4-161）所示：

$$[k_{rs}] = [B_r]^{\mathrm{T}}[\boldsymbol{D}][B_s]V^e = \frac{E(1-\mu)}{36(1+\mu)(1-2\mu)V} \tag{4-160}$$

$$\begin{bmatrix} b_r b_s + A_2(c_r c_s + d_r d_s) & A_1 b_r c_s + A_2 c_r b_s & A_1 b_r d_s + A_2 d_r b_s \\ A_1 c_r b_s + A_2 b_r c_s & c_r c_s + A_2(b_r b_s + d_r d_s) & A_1 c_r d_s + A_2 d_r c_s \\ A_1 d_r b_s + A_2 b_r d_s & A_1 d_r c_s + A_2 c_r d_s & d_r d_s + A_2(b_r b_s + c_r c_s) \end{bmatrix}$$

$$(r = i, j, m, n;\ S = i, j, m, n) \tag{4-161}$$

其中，

$$A_1 = \frac{\mu}{1-\mu}$$

$$A_2 = \frac{1-2\mu}{2(1-\mu)}$$

弹性体三维（空间）问题的原始平衡方程组如式（4-162）、式（4-163）所示：

$$[\boldsymbol{K}]\{\delta\} = \{P\} \tag{4-162}$$

$$[\boldsymbol{K}] = \sum_{e=1}^{n_e}[k]^e \tag{4-163}$$

5. 整体结构荷载列向量

整体结构的节点荷载列向量如式（4-164）所示：

$$\{P\} = \sum_{e=1}^{n_e}\{P\}^e = \sum_{e=1}^{n_e}\left(\{P\}_p^e + \{P\}_q^e + \{P\}_g^e + \{P\}_R^e\right) \tag{4-164}$$

式中，$\{P\}_p^e$——单元上集中力等效节点荷载列向量；

$\{P\}_q^e$——单元上表面力等效节点荷载列向量；

$\{P\}_g^e$——单元上体积力等效节点荷载列向量；

$\{P\}_R^e$——单元节点荷载列向量。

等效节点力公式如式（4-165）所示：

$$\{P\}_p^e = [N]^T\{P\} \qquad (4\text{-}165)$$

其中，

$$\{P\}_q^e = \int_{S^e}[N]^T\{q\}\mathrm{d}s$$

$$\{P\}_g^e = \int_{V^e}[N]^T\{g\}\mathrm{d}V$$

$$\{P\} = \begin{bmatrix} P_x & P_y & P_z \end{bmatrix}^T$$

6. 二十节点等参元

为适应三维结构的曲面边界，可以采用曲面六面体单元。正方体基本单元内任一点与实际曲面单元内的点一一对应，节点也一一对应。实际单元边界线中间的节点9、10、…、20，都映射成为正方体的棱边中点，如图4-34所示。

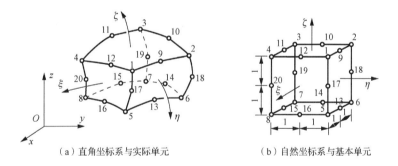

（a）直角坐标系与实际单元　　（b）自然坐标系与基本单元

图4-34　二十节点三维等参元

位移函数和几何坐标的变换式应取为相同的参数，其坐标变换关系表示如式（4-166）所示：

$$\begin{Bmatrix} x \\ y \\ z \end{Bmatrix} = \sum_{i=1}^{20} N_i \begin{Bmatrix} x_i \\ y_i \\ z_i \end{Bmatrix} \qquad (4\text{-}166)$$

单元的位移函数可写成式（4-167）：

$$\begin{Bmatrix} u \\ v \\ w \end{Bmatrix} = \sum_{i=1}^{20} N_i \begin{Bmatrix} u_i \\ v_i \\ w_i \end{Bmatrix} \tag{4-167}$$

式中，x_i、y_i、z_i——节点 i 的坐标；

u_i、v_i、w_i——节点 i 沿 x、y、z 方向的位移；

N_i——对应于 i 节点的形状函数。

在自然坐标系中，各节点的形状函数可写成如下形式，对于八个顶角节点（$i=1,2,\cdots,8$）时，方程如式（4-168）所示：

$$N_i = \frac{1}{8}(1+\xi\xi_i)(1+\eta\eta_i)(1+\zeta\zeta_i)(\xi\xi_i + \eta\eta_i + \zeta\zeta_i - 2) \tag{4-168}$$

对于 $\xi_i = 0$ 的边上点（$i = 9,11,13,15$）时，可写成式（4-169）：

$$N_i = \frac{1}{4}(1-\xi^2)(1+\eta\eta_i)(1+\zeta\zeta_i) \tag{4-169}$$

对于 $\eta_i = 0$ 的边上点（$i = 10,12,14,16$）时，可写成式（4-170）：

$$N_i = \frac{1}{4}(1-\eta^2)(1+\xi\xi_i)(1+\zeta\zeta_i) \tag{4-170}$$

对于 $\zeta_i = 0$ 的边上点（$i = 17,18,19,20$）时，可写成式（4-171）：

$$N_i = \frac{1}{4}(1-\zeta^2)(1+\xi\xi_i)(1+\eta\eta_i) \tag{4-171}$$

7. 单元刚度矩阵

三维形变状态下，任意一点的应变与位移的几何关系如式（4-172）所示：

$$\{\varepsilon\} = \begin{Bmatrix} \varepsilon_x \\ \varepsilon_y \\ \varepsilon_z \\ \gamma_{xy} \\ \gamma_{yz} \\ \gamma_{zx} \end{Bmatrix} = \begin{bmatrix} \frac{\partial}{\partial x} & 0 & 0 \\ 0 & \frac{\partial}{\partial y} & 0 \\ 0 & 0 & \frac{\partial}{\partial z} \\ \frac{\partial}{\partial y} & \frac{\partial}{\partial x} & 0 \\ 0 & \frac{\partial}{\partial z} & \frac{\partial}{\partial y} \\ \frac{\partial}{\partial z} & 0 & \frac{\partial}{\partial x} \end{bmatrix} \begin{Bmatrix} u \\ v \\ w \end{Bmatrix} = [\boldsymbol{B}]\{\delta\}^e \tag{4-172}$$

单元应变转换矩阵$[B]$可按节点分块表示为$[B]=\begin{bmatrix} B_1 & B_2 & \cdots & B_{20} \end{bmatrix}$,其中每个子矩阵又可分为上下两块,如式(4-173)所示:

$$[B_i] = \begin{Bmatrix} T_i \\ \vdots \\ S_i \end{Bmatrix} = \begin{bmatrix} \dfrac{\partial N_i}{\partial x} & 0 & 0 \\ 0 & \dfrac{\partial N_i}{\partial y} & 0 \\ 0 & 0 & \dfrac{\partial N_i}{\partial z} \\ \dfrac{\partial N_i}{\partial y} & \dfrac{\partial N_i}{\partial x} & 0 \\ 0 & \dfrac{\partial N_i}{\partial z} & \dfrac{\partial N_i}{\partial y} \\ \dfrac{\partial N_i}{\partial z} & 0 & \dfrac{\partial N_i}{\partial x} \end{bmatrix} \quad (i=1,2,\cdots,20) \quad (4\text{-}173)$$

单元的刚度矩阵如式(4-174)所示:

$$[k]^e = \int_{V^e} [B]^T [D] [B] \mathrm{d}V = \int_{V^e} \begin{bmatrix} B_1 & B_2 & \cdots & B_{20} \end{bmatrix}^T \begin{bmatrix} B_1 & B_2 & \cdots & B_{20} \end{bmatrix} \mathrm{d}V \quad (4\text{-}174)$$

为了便于计算,弹性矩阵$[D]$可写为分块矩阵,如式(4-175)所示:

$$[D] = \begin{bmatrix} D_1 & 0 \\ 0 & D_2 \end{bmatrix} \quad (4\text{-}175)$$

令

$$\lambda = \frac{E\mu}{(1+\mu)(1-2\mu)}$$

$$G = \frac{E}{2(1+\mu)}$$

$$D_1 = \begin{bmatrix} \lambda+2G & \lambda & \lambda \\ \lambda & \lambda+2G & \lambda \\ \lambda & \lambda & \lambda+2G \end{bmatrix}$$

$$D_2 = \begin{bmatrix} G & 0 & 0 \\ 0 & G & 0 \\ 0 & 0 & G \end{bmatrix}$$

$[k]^e$ 为方形矩阵，可按节点写为子块形式，如式（4-176）所示：

$$[k]^e = \begin{bmatrix} k_{11} & k_{12} & \cdots & k_{1\,20} \\ k_{21} & k_{22} & \cdots & k_{2\,20} \\ \vdots & \vdots & & \vdots \\ k_{20\,1} & k_{20\,2} & \cdots & k_{20\,20} \end{bmatrix} \quad (4\text{-}176)$$

式（4-176）中，第 i 行 j 列的子矩阵如式（4-177）所示：

$$[k_{ij}]^e_{3\times 3} = \int_{V^e} [B_i]^T [D] [B_j] \mathrm{d}V \quad (4\text{-}177)$$

将式（4-172）、式（4-174）代入式（4-175），其被积函数可写为式（4-178）：

$$[B_i]^T [D] [B_j] = \begin{Bmatrix} T_i \\ S_i \end{Bmatrix}^T \begin{bmatrix} D_1 & 0 \\ 0 & D_2 \end{bmatrix} \begin{Bmatrix} T_j \\ S_j \end{Bmatrix} = \begin{bmatrix} H_{xx} & H_{xy} & H_{xz} \\ H_{yx} & H_{yy} & H_{yz} \\ H_{zx} & H_{zy} & H_{zz} \end{bmatrix} \quad (4\text{-}178)$$

其中，

$$H_{xx} = (\lambda + 2G) \frac{\partial N_i}{\partial x} \frac{\partial N_j}{\partial x} + G \left(\frac{\partial N_i}{\partial y} \frac{\partial N_j}{\partial y} + \frac{\partial N_i}{\partial z} \frac{\partial N_j}{\partial z} \right)$$

$$H_{xy} = \lambda \frac{\partial N_i}{\partial x} \frac{\partial N_j}{\partial y} + G \frac{\partial N_i}{\partial y} \frac{\partial N_j}{\partial x}$$

$$H_{yz} = \lambda \frac{\partial N_i}{\partial y} \frac{\partial N_j}{\partial x} + G \frac{\partial N_i}{\partial x} \frac{\partial N_j}{\partial y}$$

与式（4-175）相似，按坐标变换式（4-167），可得式（4-179）：

$$\begin{Bmatrix} \dfrac{\partial N_i}{\partial x} \\ \dfrac{\partial N_i}{\partial y} \\ \dfrac{\partial N_i}{\partial z} \end{Bmatrix} = [J]^{-1} \begin{Bmatrix} \dfrac{\partial N_i}{\partial \xi} \\ \dfrac{\partial N_i}{\partial \eta} \\ \dfrac{\partial N_i}{\partial \xi} \end{Bmatrix} \quad (4\text{-}179)$$

同样可得式（4-180）：

$$\mathrm{d}V = |J| \mathrm{d}\xi \mathrm{d}\eta \mathrm{d}\zeta \quad (4\text{-}180)$$

三维六面体的雅可比矩阵如式（4-181）所示：

$$[\boldsymbol{J}] = \begin{bmatrix} \dfrac{\partial x}{\partial \xi} & \dfrac{\partial y}{\partial \xi} & \dfrac{\partial z}{\partial \xi} \\ \dfrac{\partial x}{\partial \eta} & \dfrac{\partial y}{\partial \eta} & \dfrac{\partial z}{\partial \eta} \\ \dfrac{\partial x}{\partial \zeta} & \dfrac{\partial y}{\partial \zeta} & \dfrac{\partial z}{\partial \zeta} \end{bmatrix} = \begin{bmatrix} \sum \dfrac{\partial N_i}{\partial \xi} x_i & \sum \dfrac{\partial N_i}{\partial \xi} y_i & \sum \dfrac{\partial N_i}{\partial \xi} z_i \\ \sum \dfrac{\partial N_i}{\partial \eta} x_i & \sum \dfrac{\partial N_i}{\partial \eta} y_i & \sum \dfrac{\partial N_i}{\partial \eta} z_i \\ \sum \dfrac{\partial N_i}{\partial \zeta} x_i & \sum \dfrac{\partial N_i}{\partial \zeta} y_i & \sum \dfrac{\partial N_i}{\partial \zeta} z_i \end{bmatrix} \quad (4\text{-}181)$$

同理，采用三维高斯求积公式计算单元刚度矩阵，如式（4-182）所示：

$$[k_{ij}]^e = \int_{V^e} [\boldsymbol{B}_i]^{\mathrm{T}} [\boldsymbol{D}] [\boldsymbol{B}_j] \mathrm{d}V = \int_{-1}^{1} \int_{-1}^{1} \int_{-1}^{1} \begin{bmatrix} H_{xx} & H_{xy} & H_{xz} \\ H_{yx} & H_{yy} & H_{yz} \\ H_{zx} & H_{xz} & H_{zz} \end{bmatrix} |\boldsymbol{J}| \mathrm{d}\xi \mathrm{d}\eta \mathrm{d}\zeta$$

$$= \sum_{i}^{L} \sum_{j}^{M} \sum_{k}^{N} w_i w_j w_k \begin{bmatrix} H_{xx} & H_{xy} & H_{xz} \\ H_{yx} & H_{yy} & H_{yz} \\ H_{zx} & H_{xz} & H_{zz} \end{bmatrix} \quad (\xi = \xi_i, \eta = \eta_j, \zeta = \zeta_k) \quad (4\text{-}182)$$

4.2.6 轴对称旋转单元有限元方法

轴对称结构在工程中应用比较广泛。轴对称结构是由任意平面图形绕着某直线旋转一周而形成的回转体，如图 4-35 所示，该直线称为对称轴，旋转平面称为子午面。如果轴对称结构的约束条件以及作用的荷载都对称于对称轴，则在荷载作用下产生的位移、应变和应力也对称于此对称轴，这种问题称为轴对称问题。

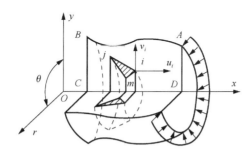

图 4-35　轴对称旋转体

当几何形状、约束条件以及作用的荷载全部沿着对称轴周向保持不变时，结构产生轴对称形变，且其位移、应变、应力都与夹角 θ 无关，而仅是径向坐标 r 和轴向坐标 x 的函数。也就是说，在任何一个过 x 轴的子午面上的位移、应变和应力的分布规律都相同。这类轴对称问题可称为完全轴对称问题，结构分析时可简化为平面问题，否则按空间问题处理。对完全轴对称问题进行计算时，只需取任意一个子午面离散化，然后进行分析。

1. *应力与应变关系*

图 4-36 给出了轴对称旋转体问题中的应力与应变分量。令旋转轴为 x，径向轴为 r，环向坐标为 θ。沿轴 x 和轴 r 的位移分量分别为 u 和 v，它们都是关于 r、x 的函数。在轴对称情况下，任一径向位移都会引起周向应变，所以必须考虑周向应变和应力的分量。

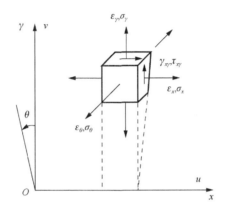

图 4-36　轴对称问题中应力与应变状态

应变位移关系如式（4-183）所示：

$$\{\varepsilon\} = \begin{Bmatrix} \varepsilon_x \\ \varepsilon_y \\ \varepsilon_\theta \\ \gamma_{rx} \end{Bmatrix} = \begin{Bmatrix} \dfrac{\partial u}{\partial x} \\ \dfrac{\partial v}{\partial r} \\ \dfrac{v}{r} \\ \dfrac{\partial u}{\partial r} + \dfrac{\partial v}{\partial x} \end{Bmatrix} \quad (4\text{-}183)$$

应力-应变关系矩阵如式（4-184）所示：

$$\{\sigma\} = \begin{Bmatrix} \sigma_x \\ \sigma_y \\ \sigma_\theta \\ \sigma_{rx} \end{Bmatrix} = [\boldsymbol{D}]\big(\{\varepsilon\}-\{\varepsilon_0\}\big) + \{\sigma_0\} \quad (4\text{-}184)$$

式中，[**D**]——弹性矩阵；
　　　$\{\varepsilon_0\}$——初应变；
　　　$\{\sigma_0\}$——初应力。

对于各向同性材料如式（4-185）所示：

$$[\boldsymbol{D}] = \frac{E(1-\mu)}{(1+\mu)(1-2\mu)} \begin{bmatrix} 1 & \frac{\mu}{1-\mu} & \frac{\mu}{1-\mu} & 0 \\ \frac{\mu}{1-\mu} & 1 & \frac{\mu}{1-\mu} & 0 \\ \frac{\mu}{1-\mu} & \frac{\mu}{1-\mu} & 1 & 0 \\ 0 & 0 & 0 & \frac{1-2\mu}{2(1+\mu)} \end{bmatrix} \quad (4\text{-}185)$$

由温度变化而引起的初应变，对于各向同性材料如式（4-186）所示：

$$\{\varepsilon_0\} = \begin{Bmatrix} aT \\ aT \\ aT \\ 0 \end{Bmatrix} \quad (4\text{-}186)$$

式中，T——单元的平均温升热膨胀系数。

2. 单元刚度矩阵

如上所述完全轴对称问题的分析，可以转化为对其任意子午面的分析，可将此截面离散为许多三节点三角形单元。与平面问题相似，每个单元的位移向量如式（4-187）所示：

$$\begin{cases} u(r \quad x) = \alpha_1 + \alpha_2 r + \alpha_3 x \\ v(r \quad x) = \alpha_4 + \alpha_5 r + \alpha_6 x \end{cases} \quad (4\text{-}187)$$

假定单元内位移为坐标的线性函数，与平面问题三角形单元类似，位移函数可表示为式（4-188）：

$$\begin{cases} u(r \quad x) = \alpha_1 + \alpha_2 r + \alpha_3 x \\ v(r \quad x) = \alpha_4 + \alpha_5 r + \alpha_6 x \end{cases} \quad (4\text{-}188)$$

用形函数表达的单元内任意点位移如式（4-189）所示：

$$\{f\} = \begin{Bmatrix} u \\ v \end{Bmatrix} = \begin{bmatrix} N_i & 0 & N_j & 0 & N_m & 0 \\ 0 & N_i & 0 & N_j & 0 & N_m \end{bmatrix} \begin{Bmatrix} u_i \\ v_i \\ u_j \\ v_j \\ u_m \\ v_m \end{Bmatrix} \quad (4\text{-}189)$$

其中，$\{f\} = [N]\{\delta\}^e$ 也可写为 $N_i = \dfrac{(a_i + b_i r + c_i x)}{2\Delta}$。

四边形旋转体单元，设旋转轴为 x 轴，径向轴为 y 轴，节点按逆时针方向排序，如图 4-37 所示。

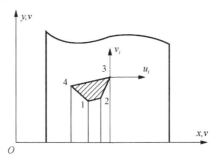

图 4-37 四边形旋转体单元

单元坐标变换如式（4-190）所示：

$$\begin{Bmatrix} x \\ y \end{Bmatrix} = \sum_{i=1}^{4} N_i(\xi \quad \eta) \begin{Bmatrix} x_i \\ y_i \end{Bmatrix} \quad (4\text{-}190)$$

式中，N_i ——形函数。

单元位移列向量用单元节点位移插值函数，如式（4-191）所示：

$$\begin{Bmatrix} u \\ v \end{Bmatrix} = \sum_{i=1}^{4} N_i(\xi \quad \eta) \begin{Bmatrix} u_i \\ v_i \end{Bmatrix} \quad (4\text{-}191)$$

$$\{\varepsilon\} = \begin{Bmatrix} \dfrac{\partial u}{\partial x} \\ \dfrac{\partial v}{\partial y} \\ \dfrac{v}{y} \\ \dfrac{\partial u}{\partial y} + \dfrac{\partial v}{\partial x} \end{Bmatrix} = \sum_{i=1}^{4} \begin{Bmatrix} \dfrac{\partial N_i}{\partial x} u_i \\ \dfrac{\partial N_i}{\partial y} v_i \\ \dfrac{N_i v_i}{y} \\ \dfrac{\partial N_i}{\partial y} u_i + \dfrac{\partial N_i}{\partial x} v_i \end{Bmatrix} \quad (4\text{-}192)$$

写成矩阵形式,如式(4-193)所示:

$$\{\varepsilon\} = [\boldsymbol{B}]\{\delta\}^e = \begin{bmatrix} \boldsymbol{B}_1 & \boldsymbol{B}_2 & \boldsymbol{B}_3 & \boldsymbol{B}_4 \end{bmatrix}\{\delta\}^e$$

$$[\boldsymbol{B}_i] = \begin{bmatrix} \dfrac{\partial N_i}{\partial x} & 0 \\ 0 & \dfrac{\partial N_i}{\partial y} \\ 0 & \dfrac{N_i}{y} \\ \dfrac{\partial N_i}{\partial y} & \dfrac{\partial N_i}{\partial x} \end{bmatrix} \quad (i=1,2,3,4) \tag{4-193}$$

单元刚度矩阵的积分是在环体上进行的,可得式(4-194):

$$[\boldsymbol{k}]^e = \int_{v^e}[\boldsymbol{B}]^{\mathrm{T}}[\boldsymbol{D}][\boldsymbol{B}]\mathrm{d}V = 2\pi\int_{-1}^{1}\int_{-1}^{1}[\boldsymbol{B}]^{\mathrm{T}}[\boldsymbol{D}][\boldsymbol{B}]y|\boldsymbol{J}|\mathrm{d}\xi\mathrm{d}\eta \tag{4-194}$$

采用高斯数值积分方法,得到四边形旋转体单元的刚度矩阵,如式(4-195)所示:

$$[\boldsymbol{k}]^e = 2\pi\sum_{i=1}^{2}\sum_{j=1}^{2}([\boldsymbol{B}]^{\mathrm{T}}[\boldsymbol{D}][\boldsymbol{B}]y|\boldsymbol{J}|)\xi_i\eta_jW_iW_j \tag{4-195}$$

4.3 本章小结

本章主要介绍了通用单胞模型(GMC)的基本概念和有限元分析方法特点,利用通用单胞模型的架构与有限元分析方法的思路的相似之处,综合两者特点,利用通用单胞模型的有限元分析方法对参数化木质复合材料进行了建模和力学行为分析。

文中以模型构建的过程阐释了二维平面 GMC、三维立体 GMC 的构建原理,以及宏观量场和细观量场的关系方程,简要介绍了有限元方法的理论基础和计算过程,解释了有限元方法的 GMC 本构关系理论在木质复合材料力学行为分析上的应用方法。

第5章 木材复合材料宏细观力学行为研究

木材是一种复杂的天然纤维增强复合材料,在木材中存在几种不同层次的复合作用,在宏观结构上,可以将木材视为由不同的生长轮层合而成,因此复合材料力学应是木材宏观力学性能研究的首要工具。从细观上看,木材是典型的纤维增强材料,纤维增强复合材料与普通材料最明显的区别就是具有各向异性,其性能不仅与复合结构有关,而且还与方向有关,只有在考虑其方向以后,研究纤维增强复合材料的强度才有计算的价值,因此考虑其主要受力方向的弹性模量即可。

5.1 基于复合材料理论的木材宏观结构建模

木材宏观结构建模过程中可认为生长轮是木材宏观结构的基本单元,在研究木材层合结构材料性能时,假定基本单元材料是均匀的。单层板是单向扁平形式的层片,它属于正交各向异性体。与各向同性材料不同,层合结构的宏观力学分析必须立足于对每一单层的分析。层合结构沿厚度方向具有非均质性,因此层合结构各层单元性能不同,单层板的宏观力学分析是层合结构分析的基础,单层板是层合结构分析的基本单元。在工程上,一般层合板的厚度小于结构上的其他尺寸,作为层合结构材料的基本单元使用的单层板和其平面方向尺寸相比就很小,因此,在复合材料分析和设计中,通常将单层板假设为平面应力状态,即只考虑面内应力分量。

5.1.1 单层生长轮单元的模型

生长轮多层模型的基本单元见图 2-1。设任意一层的厚度为 η_{ih},η_i 为第 i 层所占体积比,轴 X_2 垂直各层,基本单元厚度为 h。由于材料的非均匀性只沿 X_2 方向变化,试件结构的一阶位移场 $\chi^{kl}(x) = \chi^{kl}(X_2)$,$C_{ijkl}$ 也只与 X_3 有关,代入微观变量微分的平衡方程,如式(5-1)所示:

$$\frac{\partial}{\partial y_2}\left[C_{i2k2}(x)\bar{\varepsilon}_{ij}(x)\right] + \frac{\partial}{\partial y_2}\left[C_{i2k2}(y)\bar{\varepsilon}_{ij}(x,y)\right] \tag{5-1}$$

解该方程,其解如式(5-2)所示:

$$C_{i2k1}(y_2) - C_{i2k2}(y_2) x_{i2}^{kl} = B_i \quad (5-2)$$

如果弹性刚度 C_{i2k2} 可逆,则宏观结构的广义位移和刚度矩阵如式(5-3)、式(5-4)所示:

$$x_{i2}^{kl} = [C_{i2k1}]^{-1} C_{i2k2}(y_2) - [C_{i2k1}]^{-1} B_i \quad (5-3)$$

$$C_{ijkl}^{h} = C_{ijkl} - C_{ijkl} x_{i2}^{kl} \quad (5-4)$$

从式(5-1)~式(5-4)可知,在对材料进行单层弹性刚度研究时,应先求得 χ^{kl}。它通过求解微观单元所必须满足的方程得到,方程的微观平衡方程即微观本构方程。求出 χ^{kl} 后可求得有效弹性模量。用 ANSYS 有限元进行单元的计算时,选用 APDL(ANSYS 参数化设计语言)程序,在 ANSYS 中读入计算结果进行处理,并直接在 ANSYS 的输出窗口中得到程序的计算结果,通过施加荷载,就能计算生长轮单元材料的有效性能。

木材层合板单元的纤维和基体的物理参数详见表 5-1。第一组早材的纤维体积比是 0.4,第二组过渡材的纤维体积比是 0.6,第三组晚材的纤维体积比是 0.8。[在木材力学性能仿真计算中,需要给定的参数包括木纤维的直径、基体参数等,均可根据树种的需要进行调整。针对具体树种时,纤维体积比(即木纤维面积占基体面积的百分比)可根据给定的树种相关参数进行计算。由于本书没有针对具体树种,故根据经验设置了其相关纤维体积比。]所选的这三组实验中铺层和受力方式不同,材料的力学性能指标也不同。假定基体材料在拉伸和压缩时具有相同的非线性特性,材料的拟合力学参数见表 5-1。

表 5-1 纤维和基体比例及属性

编号		E_{11}/GPa	E_{22}/GPa	G_{12}/GPa	E_{12}/GPa	G_{22}/GPa	γ_{11}
早材	纤维	350	220	180	160	122	0.3
	基体	35	30	22	20	18	0.1
过渡材	纤维	450	325	215	195	145	0.3
	基体	45	40	31	22	16	0.1
晚材	纤维	550	410	300	216	185	0.3
	基体	50	45	40	33	30	0.1

5.1.2 单层生长轮模型单元的选取

有限元法的第一步是将一个连续体简化为由有限个单元组成的离散化模型,

也就是有限元模型。它由一些简单形状的单元组成，单元之间通过节点连接，并承受一定荷载。节点是空间中的坐标位置，具有一定自由度并存在相互物理作用，有限元分析就是求解节点处的自由度值。计算应力-应变场时，其自由度为位移。在有限元模型中，每个单元的特性都是通过一些线性方程，即形函数来描述的。单元形函数是一种数学函数，包含了从节点自由度值到单元内所有点处自由度值的计算方法，提供出一种描述单元内部结果的"形状"的方法。它与真实工作特性吻合的好坏程度直接影响求解精度。在 ANSYS 单元库中有一百多种不同的单元类型，每个单元类型有一个唯一的编号和一个标识单元类型的前缀，单元类型决定了单元的自由度以及单元是在二维空间还是三维空间。在实际选用单元类型时，需要考虑以下两个方面的内容：一方面需要确定自由度是否相容，根据自由度的不同可供选择的单元种类也不同，如线、面或体；另一方面还需要决定采用线形、四面体或 P 单元。线性单元和非线性单元之间明显的差别是：线性单元只存在"中间节点"，而高阶单元不存在"中间节点"。线性单元内的自由度按线性变化，而且具有求解收敛自动控制功能，能够自动确定在各位置上分析应当采用的阶数。在生长轮有限元分析中，单元的确定还要考虑到弯曲应力分析，因此所选用的分析单元必须有相对应的结构单元。根据这些因素，有限元计算模型可采用带转角的四节点二十自由度四边形层合板单元，层合板单元如图 5-1 所示。

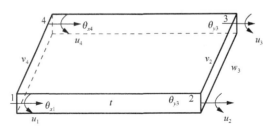

图 5-1　四节点二十自由度四边形层合板单元

有限元计算时，使用有限元软件 ANSYS 的用户子程序，调用依据单元模型所编制的用户自定义材料子程序。用户子程序能够实现用户自定义曲面单元的材料属性，选用合适的壳单元来模拟木材复合材料层合板，将计算所得的基体非线性参数作为有限元计算的输入数据，可以得到生长轮层合板的有限元解。在具体的计算过程中，以单层生长轮在各种受力状态下的应力-应变曲线为样本，通过程序运算，在一定范围内调节所需的基体材料的分段拉压屈服极限和弹性模量，并相应调整木纤维增强单元和基体的极限拉压强度，以单层板破坏的应力-应变曲线为拟合目标，最后得到较符合单层板破坏的这些基体材料非线性参数。在计算过程中使用第一强度破坏准则来判定单层板是否被破坏，再将计算得到的基体材料非线性参数输入宏观模型的程序中,就可以运算得到木材层合板宏观结构的解析解,流程图如图 5-2 所示。

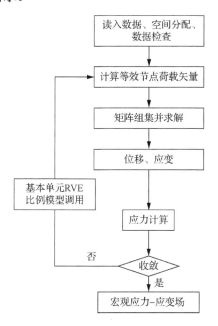

图 5-2　生长轮基本单元宏观应力计算流程图

计算所得的生长轮间基体非线性参数详见表 5-2,数值可直接代入有限元模型建立刚度约束。在有限元计算时,层合板的尺寸取为 1mm×1mm,使用 S4R 壳单元模拟,均匀划分成 64(8×8)个四边形单元,将计算所得的基体非线性参数作为有限元计算的输入数据,得到四组实验的有限元解。若将单元数减少至 16 个或增加至 256 个,计算结果不变,则说明此时有限元计算已经收敛。

表 5-2　基体弹塑性参数

基体弹塑性参数	拉伸		压缩	
	早材-过渡材层间	过渡材-晚材层间	早材-过渡材层间	过渡材-晚材层间
屈服极限 σ /MPa	30.5	48.9	69.5	73
弹性模量 E /GPa	1.685	2.78	2.536	3.62

在木材层合板的有限元分析中,运用基体刚度约束来研究材料的非线性特性,计算结果显示基体刚度模型理论作为用户自定义材料子程序,在有限元程序中能够方便地应用,并且计算结果基本上与解析解相一致,虽然这里只计算了简单的结构,但是在有限元程序中可以进一步扩展到复杂结构的计算,多层生长轮结构模型如图 5-3 所示。

图 5-3 多层生长轮结构模型

5.1.3 生长轮实体模型的网格划分

在 ANSYS 中划分网格的方式有两种，分别为自由网格划分和映射网格划分。自由网格对单元形状没有限制，用这种方式划分的网格排列不规则，可以应用于具有不规则几何形状的模型或者是需要网格过渡的区域。映射网格对包含的单元形状有限制，通常映射面网格只包含四边形或三角形单元，映射体网格只包含六面体单元。用映射网格划分方式得到的网格具有规则的几何形状，而且它对荷载的施加和收敛的控制相当有利，因而在实际应用中一般优先选用映射网格划分，当不能用映射网格划分时才考虑选用自由网格划分作为补充。在有限元分析中，网格划分得合适与否与计算结果的精度和计算效率息息相关。网格划分越细，计算精度越高，所花费的计算时间越长；反之，计算精度变低，所花费的时间越短。但网格的划分细到一定程度后，计算精度变化变小甚至不再发生变化。由于弯曲结构具有极大的应力梯度，因此需要密集的单元网格来拟合应力的剧烈变化。但实践计算显示，过密的网格不仅对计算精度的提高没有帮助，反而会增加额外的计算时间。

书中采用的弯曲模型为高斯曲面模型，能准确地反映木材弯曲应力分布特点，避免因单元数目的增大而使计算无法进行，因此合理选择单元尺寸是非常重要的。在对生长轮单元网格划分采用映射网格划分时，整体结构划分完网格后如图 5-4 所示。

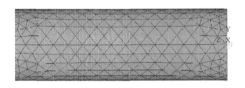

图 5-4 生长轮曲面结构网格划分

生长轮层间结构区采用自由网格划分，有限元计算中为防止单元层间发生刚体平移，将层间的基体设为节点固定，约束任意一个节点都不会影响轴向受力方向上的位移，在后处理时不影响轴向拉伸和压缩形变，进而得到对应于荷载的应变，单轴试验采用每步 5MPa 的增量加载计算。生长轮结构模型的网格划分如图 5-5 所示。

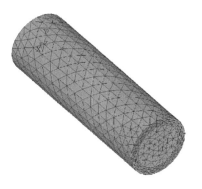

图 5-5　生长轮结构模型的网格划分

5.1.4　生长轮轴向荷载作用下的层间刚度

木材在具体工程应用中结构形式多种多样，受力状态也各不相同，但主要可以归结为受垂直于表面的轴向力作用，应用计算机进行模拟，必须使用合适的本构理论进行有限元计算。有限元计算可以在改进设计方面节省大量时间和费用，各种复杂的复合材料结构问题可以借助于商业软件加以解决。Kulakov 等（2004）用 NISA 软件计算了单向复合材料在单向拉伸时几何性质和材料参数对应力、应变的影响。Hasan 等（2001）用有限元方法分析了复合材料层合板的力学信息，材料属性由层合板中各层的材料属性加权平均得到。孙忠凯等（2002）采用基于逐层破坏分析方法，对含冲击损伤的复合材料层合板拉伸破坏进行了数值模拟。岑松等（2002）基于一阶剪切形变理论，构造了一种不存在剪切闭锁现象的可以计算任意铺层的层合板单元。综观这些对复合材料层合板的有限元模拟，所采用的复合材料模型理论种类较多，但都没有完全适合木材非线性特性理论模型，尤其是对计算过程中生长轮间的刚度矩阵和层合结构逐层破坏失效的研究较少。

1. 轴向荷载作用下的层间刚度

假设所研究的木材的各基本单元层为各向异性弹性体，弹性体的应力在线弹性范围之内，因而应力分量与应变分量呈线性关系，服从广义胡克定律。在直角坐标系中，处于平衡或运动的连续弹性体在外荷载的作用下，各向异性弹性体本构关系如式（5-5）所示：

$$\begin{Bmatrix} \sigma_1 \\ \sigma_2 \\ \sigma_3 \\ \sigma_4 \\ \sigma_5 \\ \sigma_6 \end{Bmatrix} = \begin{bmatrix} c_{11} & c_{12} & c_{13} & c_{14} & c_{15} & c_{16} \\ c_{21} & c_{22} & c_{23} & c_{24} & c_{25} & c_{26} \\ c_{31} & c_{32} & c_{33} & c_{34} & c_{35} & c_{36} \\ c_{41} & c_{42} & c_{43} & c_{44} & c_{45} & c_{46} \\ c_{51} & c_{52} & c_{53} & c_{54} & c_{55} & c_{56} \\ c_{61} & c_{62} & c_{63} & c_{64} & c_{65} & c_{66} \end{bmatrix} \begin{Bmatrix} \varepsilon_1 \\ \varepsilon_2 \\ \varepsilon_3 \\ \varepsilon_4 \\ \varepsilon_5 \\ \varepsilon_6 \end{Bmatrix} = [c]\{\varepsilon\} \quad (5\text{-}5)$$

式中，$[c]$——刚度矩阵。

对于完全弹性体，应用能量法，外力做功等于储存于弹性体内的弹性应变能，可以证明 $c_{ij}=c_{ji}$，即刚度矩阵具有对称性，因此只有 21 个刚度系数是独立的。绝大多数的工程材料具有对称的内部结构，因此材料具有弹性对称性。例如，木材纤维增强材料等，根据材料的结构特性可以推导出刚度系数，如式（5-6）所示：

$$[c_{14}]=[c_{15}]=[c_{24}]=[c_{34}]=[c_{35}]=[c_{46}]=[c_{56}]=0 \quad (5\text{-}6)$$

由式（5-6）可知刚度系数减少八个，只有 13 个是独立的。如果材料具有两个正交的弹性对称面，则同样可以证明，如式（5-7）所示：

$$[c_{14}]=[c_{16}]=[c_{24}]=[c_{26}]=[c_{34}]=[c_{36}]=[c_{45}]=[c_{56}]=0 \quad (5\text{-}7)$$

这样，正交各向异性材料只有九个独立的刚度系数，其刚度矩阵如式（5-8）所示：

$$[c]=\begin{bmatrix} c_{11} & c_{12} & c_{13} & 0 & 0 & 0 \\ c_{21} & c_{22} & c_{23} & 0 & 0 & 0 \\ c_{31} & c_{32} & c_{33} & 0 & 0 & 0 \\ 0 & 0 & 0 & c_{44} & 0 & 0 \\ 0 & 0 & 0 & 0 & c_{55} & 0 \\ 0 & 0 & 0 & 0 & 0 & c_{66} \end{bmatrix} \quad (5\text{-}8)$$

从式（5-8）中可以看出正交各向异性材料的重要性质：在线弹性范围内，若坐标方向为弹性主方向时，正应力只引起线应变，剪应力只引起剪应变，两者互不耦合。工程上常采用工程常数来表示材料的弹性特性。这些工程弹性常数包括广义的弹性模量 E_i、泊松比 μ_{ij} 和剪切模量 G_{ij}。这些常数可用简单的拉伸及剪切试验测定。

木材生长轮层间结构刚度相关内容详见 3.4.3 小节。

2. 轴向作用下层间等效刚度计算

如图 5-6 所示为所研究的生长轮多层结构模型，坐标轴方向分别为 x、y 和 z，设为 N 层，总厚度为 h，长度不计，宽度为 b，每两单层之间有一各向同性层，

试件在 x 轴方向受轴向外荷载作用。试验试样截取按 GB/T 1929—2009 第 3 章规定，试样的形状和尺寸按 GB/T 1938—2009 规定制作，试样制作要求和检查、试样含水率的调整分别按 GB/T 1928—2009 第 3 章和第 4 章的规定。试样的纹理必须通直，生长轮的切线方向垂直于试件的有效部分，试件有效部分于夹持部分之间过渡平滑，并与试样的中心线对称，试件加工图按图 5-7 所示。试验机测定荷载的精度应符合 GB/T 1928—2009 第 6 章的规定。拉断处不在有效部位，试验结果应舍弃。试验后立即在有效部位选取一段，按 GB/T 1931—2009 测定含水率。单层纤维方向与试件加载方向夹角为 θ，如图 5-8 所示。

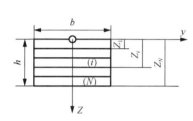

图 5-6　生长轮多层分布结构模型

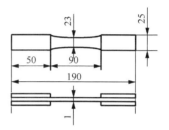

图 5-7　试样加工几何尺寸

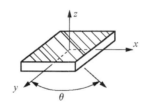

图 5-8　单层纤维夹角与坐标

下面以等效弯曲刚度为例拟合层间刚度值，拟合试件有三种层间铺设角度 θ_1（0~5°），θ_2（0~10°），θ_3（0~15°），平均厚度为 1.3mm，宽度为 20mm，三种试件确定层间刚度值详见表 5-3。

表 5-3　轴向荷载作用下层间刚度等效值

计算等效值	θ_1（0~5°）	θ_2（0~10°）	θ_3（0~15°）
E/GPa	175	110	89
G/GPa	3.5	3.8	12

从表 5-3 的数据来看，铺层角度对轴向刚度影响较大，对剪切刚度影响较小。第一种情况刚度的计算值与试验比较相差较大，说明了生长轮具有明显的各向异性特性；第三种情况剪切刚度值偏高；第二种情况与实际情况比较相符合，所得到的刚度与实测结果非常相近。

3. 等效刚度有限元模型

有限元计算采用二十节点三维 S4R 壳单元，x 方向单元个数为 10 个，y 方向为 27 个，z 方向每单层三个，三层生长轮单元共 16 个。单元在 x 方向靠近自由边沿逐渐加密，在 y、z 方向平分，各单层材料弹性常数为 $E_{11}=19.5\times 10^6\text{psi}=134.5\text{GPa}$，$E_{22}=E_{33}=1.55\times 10^6\text{psi}=10.7\text{GPa}$，$G_{12}=G_{13}=G_{23}=0.8125\times 10^6\text{psi}=5.6\text{GPa}$，$G_{12}=G_{13}=G_{23}=0.3$，层间为各向同性层，厚度 r =0.25mm，其材料性能参数 E=100MPa，γ = 0.3。由于各层材料的非线性性质，计算中对各向同性层进行非线性模拟；生长轮层合结构由纤维和基体组成，设基础纤维体积含量为 60%，非线性计算中采用自动荷载步长增量法控制迭代次数。轴向荷载增量为 10N/步，试验荷载可通过试件上的应变片测得的应变大小控制，施加的拉伸荷载为 0.50kN，轴向荷载有限元模型如图 5-9 所示。

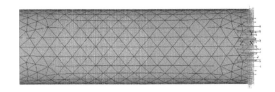

图 5-9 轴向荷载有限元模型

由于拟合的层与层之间弹性常数不匹配，应力在生长轮层合结构自由边附近层间急剧上升，层间应力的出现能使层合结构在较小的轴向荷载作用下出现脱层和失效，因此为了分析生长轮层合结构间应力，拟采用三维有限元法对层间应力奇异性进行分析。然而经典的层合结构分析应力状态时是以局部代表整体，生长轮所研究的层间应力与层合板的应力分布规律并不相同，构造合适的三维有限元模型是分析生长轮层合应力状态的一种有效方法。生长轮三维轴向荷载有限元模型如图 5-10 所示。

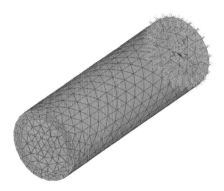

图 5-10 生长轮三维轴向荷载有限元模型

对生长轮施加荷载的非线性拟合计算是较复杂的有限元计算，同时还要组合层间铺设角度函数，铺层函数为 $f(0°/10°/-10°/5°/-5°)$，函数共九层，在有限元计算中划分成 352 个 S4R 壳单元，荷载增量为 10N/步，但这样计算量大而且速度较慢。为方便分析，只研究正交对称铺设的层合板，即每一单层均具有相同的厚度，且材料性能为预先赋值，如式（5-9）所示：

$$E_1/E_2 = 25, G_{12}/E_2 = 0.5, G_{23}/E_2 = 0.2, \gamma_{12} = 0.25, G_{13} = G_{12}, \gamma_{13} = \gamma_{12} \quad (5\text{-}9)$$

由于问题的对称性，可以取原结构 1/4 进行分析，再调用原函数拟合出整个生长轮数值分析，其应变分析结果如图 5-11 所示。

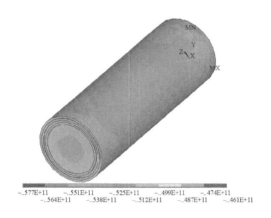

图 5-11 应变分析云图

由 y 方向的位移云图可以看出，试件不仅有平行于铺层方向的收缩位移，而且还存在层间剪切形变。在层与层交界处，特别是斜向纤维层与正向纤维层交界处等位移线发生了倾斜，说明这两种层接处有比较大的层间应力，是脱层的易发处。各层在拉伸作用下并不是等值收缩的，这种剪切形变在 z 方向位移中表现为条纹在层与层的交界处较密。

图 5-12 为应力分布云图，荷载为 0.5kN 时应力试件边沿位移达到最大，表示了层间应力和脱层的可能性，同时也可以看出外力作用下各单层的形变并不相同，用有限元模型计算得出的试件上半部沿叠层方向的位移分布曲线与应力变化云图数值结果趋势一致。

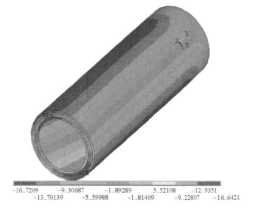

图 5-12 生长轮层间应力分布云图

5.2 木材纤维增强单元细观结构建模

木材复合结构特征需要在宏观和细观两个层次上进行力学分析，由增强相、介质相推算或设计出所需要的木材复合材料的宏观力学性能，同时可进一步进行刚度预测。细观力学在方法论上强调将微结构形态特征量与力学分析相结合，因此建立合理的计算模型是用细观力学方法研究复合材料力学性能的关键，对细观模型进行准确分析也直接影响到细观力学计算的有效性。根据木材宏观复合材料结构特征，提取木材细观增强单元结构，建立木材细观增强相模型。

木材细观模型的复杂性使得能够进行精确分析的弹性力学方法往往难以得到解析解，而简洁明了的材料力学方法又需要有较多简化假设，因此采用数值分析手段显得很有必要。国内外有很多学者进行过这方面的研究，但他们并没有给出一种方便易行的细观模型通用的计算格式，其主要问题是难以建立纤维增强体与介质的本构方程。如图 5-13 所示为木材微观结构图，木纤维以近似规则的结构重复排列，从而具有了纤维增强复合材料的特征，纤维之间的介质可视为基体材料，由此可抽象出木材基本单元的力学模型如图 5-14 所示。通常复合材料体内的增强相在基体内的分布是具有一定规律的，且具有统计均匀性，于是可以隔离出代表性体积元（RVE），整个复合材料体就可以看作是由 RVE 周期性排列而构成的。为了使结构简化，对于连续纤维增强相基本复合材料通常假设纤维所在的基体呈四边形排列。

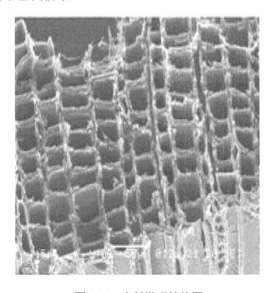

图 5-13 木材微观结构图

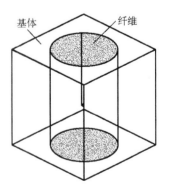

图 5-14 纤维增强单元模型

假设纤维增强体的体积为 V，截面是光滑的，并且形状任意，光滑的边界设为 A。在均匀的荷载作用下，纤维单元与基体材料体内产生复杂的细观应力-应变场，设纤维的应力与应变分别为 σ、ε。相应地有一个材质均匀的与之相互作用的基体，体积也设为 V，与纤维相互作用的边界也为 A。在均匀荷载边界条件作用下，该匀质等效体内显然会产生均匀的应力-应变场，应力、应变分别设为 σ'、ε'。如果该匀质等效体与复合材料体产生相同的弹性应变能，那么就可以把该匀质等效体所具有的弹性模量作为代表性体积元的有效弹性模量，即 $\sigma'=C^*\varepsilon'$，如图 5-15 所示。

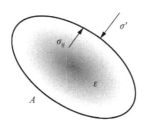

图 5-15 纤维增强等效体与基体作用原理图

若匀质基体中的均匀应力 σ' 等于增强体中的平均应力 σ，则 $\bar{\sigma}=\dfrac{1}{V}\int_V \sigma \mathrm{d}V$；若均匀应变 ε' 等于增强体中的平均应变 ε，则 $\bar{\varepsilon}=\dfrac{1}{V}\int_V \varepsilon \mathrm{d}V$；若匀质基体与增强体产生相同的弹性应变能，可将增强体的有效弹性模量定义为 $\sigma=C^*\varepsilon$，其中，σ 为增强体在均匀边界条件作用下的应力平均值，ε 为增强体在均匀边界条件作用下的应变平均值，C^* 为增强体的有效弹性刚度矩阵，有效弹性模量能通过其与刚度矩阵系数的关系获得。

5.2.1 纤维增强单元本构方程和边界条件的建立

在用单元的有效弹性模量进行木材宏观弹性分析时，单元体中产生的弹性应变能与考虑细观结构的体积单元中产生的真实弹性应变能相等，这是建立有效弹性模量以及本构方程的理想条件。在匀质等效体中，总应变能为 $U'=\dfrac{1}{2}\bar{\sigma}_{ij}\bar{\varepsilon}_{ij}V$；在复合材料体中，总应变能为 $U=\dfrac{1}{2}\int_V \bar{\sigma}_{ij}\bar{\varepsilon}_{ij}\mathrm{d}V$。考虑均匀边界荷载条件，力或位移边界条件由于匀质等效体与宏观材料体有相同的应力边界条件，即在边界 A 上有 $\sigma_{ij}=\sigma_{ji}$，$U-U'=0$，即复合材料体与匀质等效体的弹性应变能相等。有效弹性模量相等的前提条件是具有均匀的边界荷载，只有在均匀边界荷载作用下，才存在 $\sigma' = \sigma$，$\varepsilon' = \varepsilon$，而且也只有在均匀边界荷载条件下，才能保证上述弹性应变能相等。在均匀位移边界荷载条件下，设 $u_i(A) = \varepsilon_{ij}^o x_j$，匀质等效体显然了产生均匀的应变场，对于基体材料，其体内的应变如式（5-10）所示：

$$\begin{aligned}
\varepsilon' &= \frac{1}{V}\int_V \varepsilon_{ij} dV = \frac{1}{2V}\int_S (u_{ij} + u_{jii}) dS \\
&= \frac{1}{2V}\int_S (\varepsilon_{ik}^o x_{kj} + \varepsilon_{ik}^o x_{ki}) dS \\
&= \frac{1}{V}\int_V \varepsilon_{ij}^o dV = \varepsilon
\end{aligned} \tag{5-10}$$

在均匀位移边界荷载条件 $\mu_i(A) = \varepsilon_{ij}^o x_j$ 下，基体内的平均应变与增强体是相等的，于是匀质等效体内的均匀应变恰好就等于宏观结构体内的平均应变，此时只需令匀质等效体内的均匀应力等于木材宏观结构体内的平均应力，即可求得有效弹性刚度矩阵模量 $|C^*|$。

5.2.2 代表体积单元几何模型的有限元计算

有限元方法是模拟应力场的有效工具，目前所见的利用有限元模拟应力场的研究多采用二维模型，取代表体积单元为几何模型进行有限元计算，增强体为圆形，基体为正方形，模型具有对称性，建模时可采取 1/4 建模，模型采用增强复合基材料，增强体形状为圆形，截取单胞建立二维模型，有限元模型如图 5-16 所示。

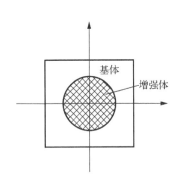
（a）代表体积单元的平面图

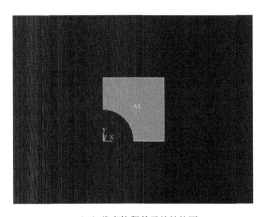
（b）代表体积单元的结构图

图 5-16 二维有限元模型

小形变时，各向异性弹性体本构方程的简缩符号表达式如式（5-11）所示：

$$\sigma_i = C_{ij}\varepsilon_j \quad (i,j=1,2,\cdots,6) \tag{5-11}$$

式中，C_{ij}——刚度矩阵。

C_{ij} 具有对称性。从 C_{ij} 的意义可以看出，通过施加一定数目的均匀位移边界条件即可确定单元的刚度矩阵。选择六种不相关的均匀位移边界，分别求出在每种情况下的平均应力 σ_i；由本构方程式可以得到应力-应变关系方程，总共得到六组这样的方程，由于方程不相关，可以从中解出六个 C_{ij} 的分量，用矩阵表示为式（5-12）：

$$\bar{\sigma}_i^k = \tilde{C}_{ij}\bar{\varepsilon}_j^k \quad (i,j,k=1,2,\cdots,6) \tag{5-12}$$

式中，上标 k 表示在均匀应变边界条件下；刚度矩阵 C 上面的"～"表示这是一个通过数值分析计算得出来的值。

根据平均应力、应变的定义式，有限元单元应力如式（5-13）所示：

$$\bar{\sigma}_{ij} = \frac{1}{V}\int_V \sigma_{ij}\mathrm{d}V = \frac{1}{V}\sum_{i_e=1}^{N_e}\int_{-1}^{1}\int_{-1}^{1}\int_{-1}^{1}\sigma_{ij}|J|\mathrm{d}\xi\mathrm{d}\eta\mathrm{d}\varsigma = \frac{1}{V}\sum_{i_e=1}^{N_e}\sum_{g1=1}^{N_{g1}}\sum_{g2=1}^{N_{g2}}\sum_{g3=1}^{N_{g3}}H_{g1}H_{g2}H_{g3}\sigma_{ij}|J| \tag{5-13}$$

式中，N_e——模型中单元数目；

N_{g1}、N_{g2}、N_{g3}——三个积分方向上的高斯点数目；

H_{gi}——加权系数；

V——总体积，如式（5-14）所示：

$$V = \sum_{i_e=1}^{N_e}\sum_{g1=1}^{N_{g1}}\sum_{g2=1}^{N_{g2}}\sum_{g3=1}^{N_{g3}}H_{g1}H_{g2}H_{g3}|J| \tag{5-14}$$

单元实体模型采用长径比为 1∶1、1.5∶1、2∶1、4∶1、8∶1 的五种增强体分别建立模型进行计算。增强体体积分数约为 50%。因为代表体积单元在微米级，网格部分采用四面体单元，无须对增强体与基体界面附近进行网格加密。剖分单元选取数值不宜过多（图 5-17）。计算中采用的参量值见应力场的计算及结果分析图，加载方式采用双向拉伸，端面沿增强体径向施加 200MPa 的均布压力。由于所建的模型完全轴对称，截取任一 1/4 纵剖面就可以反映各个方位应力状况。

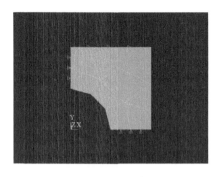

图 5-17　单元网格划分

由于需要对六种不同的边界条件进行六次计算，因此必须在编程上考虑如何避免六次有限元计算中的重复工作。分析所施加的边界条件可以看出，所有边界节点的位移全部被确定，不同的仅是在不同边界条件中各节点的位移值，即边界条件就节点自由度而言是相同的，没有发生变化。指定位移值的变化仅对平衡方程右端项有影响，因此完全可以做到在整个弹性模量计算中只形成并分解一次总体刚度矩阵，从而显著缩短解题时间，提高效率。根据刚度矩阵求出工程弹性常数，由均匀应变边界条件直接求出复合材料体的刚度矩阵 C_{ij}。要给出工程弹性常数 (E, G, μ)，还需再做一些运算。从刚度矩阵与弹性系数之间的关系式中进行求解是比较困难的，因为这些关系是多次非线性的，并且需要从多组解答中进行选择。但由刚度矩阵导出柔度矩阵非常方便，并且柔度矩阵中的元素与弹性系数间的关系比较简单，便于求解。假定材料为正交各向异性，如式（5-15）所示：

$$\begin{cases} S_{11} = (C_{22}C_{33} - C_{23}^2)/\Lambda \\ \quad {}_{22}^{33} \quad {}_{33\ 11}^{11\ 22} \quad {}_{31}^{12} \\ S_{23} = (C_{21}C_{31} - C_{23}C_{11})/\Lambda \\ \quad {}_{31}^{12} \quad {}_{32\ 13}^{12\ 23} \quad {}_{31\ 12}^{22\ 33} \\ S_{44} = 1/C_{44} \\ \quad {}_{55}^{66} \quad \ {}_{55}^{66} \\ \Lambda = C_{11}C_{22}C_{33} - C_{11}C_{23}^2 - C_{22}C_{31}^2 - C_{33}C_{12}^2 + 2C_{12}C_{23}C_{31} \end{cases} \qquad (5\text{-}15)$$

利用式（5-15）即可计算出柔度矩阵 S_{ij}，如式（5-16）、式（5-17）所示：

$$E_i = 1/S_{ii} \quad (i = 1, 2, \cdots, 6;\ 不求和) \qquad (5\text{-}16)$$

$$\mu_{ij} = -S_{ij}E_j \quad (i, j = 1, 2, 3;\ 不求和) \qquad (5\text{-}17)$$

综上，可求出所有的工程弹性常数，虽然在计算工程弹性常数时假设了复合材料体的弹性特征是正交各向异性体，但是整个分析过程直到计算工程弹性常数之前，并没有利用这个假设。因此，从刚度矩阵 C_{ij} 中可以验证细观计算模型是否表现为正交各向异性。图5-18显示的是所选模型的增强体附近最大主应力场的纵向剖面图。由于增强体的弹性模量远高于基体,对靠近界面的基体有应变约束,使得基体中靠近界面的Y方向局部区域形成高应力区,即红色区域,增强体X方向应力得到部分释放,在X方向边缘处形成低应力区,从而构成了由增强体到基体的应力过渡层,即界面力学过渡层,也是细观力学分布特征明显的区域。随着增强体的长径比变大,界面附近的基体中Y方向存在着明显的应力集中,基体中最大主应力峰值出现在Y方向边界附近,且在基体内部减缓。

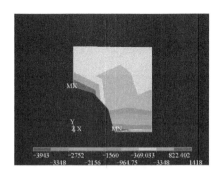

图5-18 X方向应力分布云图

图5-19所示的Y方向应力分布云图显示了基体和增强体中的最大主应力峰值分布情况,可见增强体长径比较小时,增强体内部的主应力值比较小。随增强体的长径比的增大,界面附近的应力过渡层变窄,应力过渡变陡,界面更容易开裂或脱离,X方向应变分布云图如图5-20所示。由此也可推断增强体内部的应力分布是不均匀的,增强体附近有很大的应力集中,可导致该处基体屈服并发生开裂。按照米塞斯(Mises)屈服判据,从对等效应力场的分析可见,在整体屈服之前,屈服已在界面附近的基体发生,取200MPa作为基体的屈服极限,图5-20中给出了增强体长径比对微区初始屈服形变时所需外荷载的影响。

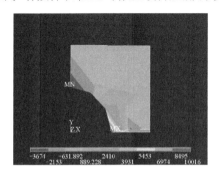 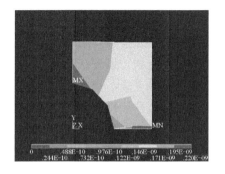

图5-19 Y方向应力分布云图　　　　图5-20 X方向应变分布云图

以基体为研究对象,单独研究增强体对基体的作用,分析基体中孔的形变及应力分布,图 5-21 给出了应力球张量场,可以看出颗粒顶端的应力球张量较大,当长径比达到 8 时,应力球张量较大的区域移入增强体内部,这种应力的转移减小了增强体对基体的作用,产生微孔缩小的倾向,长径比 8∶1 与长径比 4∶1 相比,基体最危险处的最大主应力和应力球张量较小,相对于增强体,基体处于相对安全的状态。可以看出,当长径比大于 4 时,增加增强体的长径比,一方面可以减少界面处基体的应力,另一方面可以增加增强体的分载应力,提高增强体强度的利用率。随着增强体长径比的增大,应力峰值增大,应力集中区的位置移向增强体内部,应力过渡更陡,增强体分担承载作用增大,但是增强体的断裂危险也变大,界面附近的基体在低外荷载应力下就会发生微屈服。

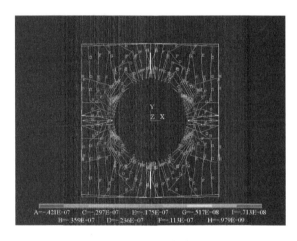

图 5-21 基体的应力球张量场

5.3 木材细观力学有效弹性模量的有限元预测

基于复合材料细观结构周期性假设,建立了一种数值型细观力学模型,通过将该细观力学模型与有限元分析相结合,建立了纤维增强复合材料结构的宏细观一体化分析方法。该方法在结构分析中能够在获得宏观应力、应变场的同时获得细观应力、应变场。该方法可用于复杂细观结构特征的复合材料结构分析,也能用于涉及材料非线性的复合材料结构分析。

随着木材在工程中日益广泛的应用,对木材形变行为及损伤失效行为的研究日益受到重视。由于木材既表现出宏观上的平均特征,又具有明显的细观特征,而且木材的宏观损伤失效通常是由细观结构上损伤失效发展而来的,因此,在木材强度分析中只研究木材宏观行为是不够的,还需要弄清木材细观尺度上的行为。

最好的方法是，在木材结构分析中，既能获得宏观应力-应变场，又能同时获得细观应力-应变场，这样就可以比较完整地研究木材的损伤失效行为。

在木材结构分析中，有限元法已成为一个强有力的分析工具，但是要用有限元法完成在宏观、细观两种尺度上对木材结构的分析，还存在两个问题需要解决：一是对木材宏观性能的预测；二是在用有限元法计算出木材结构宏观应力、应变场之后如何再获得细观应力、应变场。细观力学上的一些模型与方法在一定程度上提供了解决上述问题的办法，但是想要较好地实现木材结构宏细观一体化分析的细观力学模型，必须具备以下三个条件：

（1）模型计算效率高；

（2）能够在获得宏观应力-应变场的同时获得细观应力-应变场；

（3）能够很容易地融入常规的有限元程序中。

根据有限元法的基本方法和步骤，提出了一种建立木材结构宏细观一体化分析的方法，并以木纤维为增强单元进行了公式推导和算例分析。基本方法的建立对于木材而言，通常要求木纤维在基体内的分布是具有一定规律的，因此材料选取具有较强的统计均匀性的针叶材，这样可以隔离出代表性体积元（representative volume element，RVE），木材细观结构体就可以看作是木纤维 RVE 周期性排列而构成的，因此，可以对复合材料的细观结构做出周期性假设。由于所有的 RVE 都是相似的，当承受均匀边界荷载时，由 RVE 周期性扩展构成的细观结构体会表现出相似的应力-应变场，于是就可以用一个 RVE 中的平均应力-应变来反映细观结构体的平均应力-应变。

木材结构虽然具有复杂的几何形状，但是其局部仍具有复合材料细观结构的周期性，这里以单向连续纤维增强复合材料为例，其细观结构是比较简单的周期性结构，如图 5-22 所示。

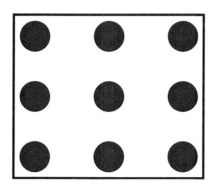

图 5-22 简单周期结构的 RVE 组合体

因为所有的 RVE 都是相似的，当承受均匀的远场外荷载时，由 RVE 周期性扩展构成的复合材料体，应该表现出相似的应力-应变场，于是就可以用一个 RVE 中的应力、应变场来反映复合材料体的细观应力-应变场。因此，可以在一个 RVE 上运用细观有限元法，计算出 RVE 的细观应力-应变场、体积，并得到 σ 与 ε，再应用于复合材料的有效弹性模量计算中。

5.3.1 木纤维的边界形变约束条件的确定

在对木材体施加均匀力边界荷载的条件下，用木纤维 RVE 来模拟木材对于研究木纤维 RVE 如何形变是十分重要的。木材承受均匀的外荷载时，假设所有的木纤维 RVE 都是相似的，那么它们应该表现出相似的应力-应变场，即应力-应变场也应表现出周期性，因此可用周期性条件与连续性条件来约束木纤维 RVE 的边界形变。

在轴向和横向作用荷载时，典型的木纤维 RVE 的边界保持平行形变，即平面仍保持为平面，如图 5-23 所示，这就是理想化模型的平面假设原理。在横向剪切荷载下，RVE 的边界即使发生扭曲形变，位移场仍能保持周期性。

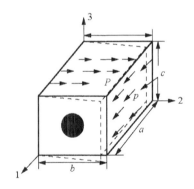

图 5-23　轴向和横向荷载作用下的木纤维 RVE 受力图

下面以图 5-23 所示的木纤维 RVE 为例，研究木纤维 RVE 的边界形变约束条件：

（1）在单独轴向荷载作用下，木纤维 RVE 的边界按保持与原边界平行的状态进行形变。考虑到木纤维 RVE 的几何形状和荷载形式的对称性，计算时可以取其 1/4 进行计算，具体边界形变约束条件见表 5-4。

（2）木纤维增强体在承受横向剪切荷载时，其应力-应变场与 x_1 方向无关，仅是 x_2 与 x_3 的函数，因此可以当作二维的平面应变或广义平面应变问题处理，取如图 5-23 所示的木纤维 RVE。单个木纤维 RVE 的合适的边界形变约束条件，可以从多个木纤维 RVE 构成的局部复合材料体的形变计算中确定。

(3)通过对图 5-22 所示的九个木纤维 RVE 集合体的形变分析可以得出,在承受横向剪切荷载下,单个木纤维 RVE 的边界形变,不必保持与原边界平行的直线,可以是弯曲的,只要能保证形变具有周期性即可。

通过对九个木纤维 RVE 集合体的形变分析得出木纤维径向、弦向和轴向对木纤维 RVE 荷载下边界形变约束条件,见表 5-4。

表 5-4 不同荷载下的边界约束条件

荷载	径向荷载	弦向荷载	轴向荷载
边界约束条件	$u_1(0,x_2,x_3)=0$	$u_2(-b,x_3)=u_2(b,x_3)$	$u_1(0,x_2,x_3)=u_1(a,x_2,x_3)$
	$u_1(a,x_2,x_3)=$ 常数1	$u_3(-b,x_3)=u_3(b,x_3)$	$u_2(0,x_2,x_3)=u_2(a,x_2,x_3)$
	$u_2(x_1,0,x_3)=0$	$u_2(x_2,-c)=u_2(x_2,c)$	$u_3(0,x_2,x_3)=u_3(a,x_2,x_3)$
	$u_2(x_1,b,x_3)=$ 常数2	$u_3(x_2,-c)=u_3(x_2,c)$	$u_1(x_1,0,x_3)=0$

5.3.2 木纤维 RVE 细观结构几何模型

按二维问题建立模型,在图 5-22 所示的复合材料细观结构中取一个木纤维 RVE(称单个 RVE 为一个细观单元),如图 5-23 所示。将一个细观单元分为四个子单元,其中,f 子单元代表纤维,其余 b 子单元代表基体。在各子单元内建立细观上的局部坐标系,为与整体坐标系 X_1-X_2-X_3 相区别,记细观局部坐标系为 $\bar{x}_2$-$\bar{x}_3$($b,f=1,2$)。首先,在子单元中假设位移模式。考虑细观结构体在均匀边界荷载作用下单个细观单元的位移响应。在均匀位移边界荷载 $u_i=\varepsilon_{ij}^o x_j$ 作用下,假如细观单元是均匀的,细观单元内会产生均匀的位移场,但是实际上细观单元是不均匀的,由于细观结构上的不均匀性,细观单元在 $u_i=\varepsilon_{ij}^o x_j$ 作用下会产生不均匀的位移场,在这种情况下,细观单元中各子单元内位移场如式(5-18)所示:

$$u_i^{(b,f)}=\varepsilon_{ij}^o x_j+\delta_i^{(b,f)} \quad (i,j=1,2,3;\ b,f=1,2) \tag{5-18}$$

式中,$\delta_i^{(b,f)}$——由于细观结构不均匀性而产生的增量。

进一步对位移增量 $\delta_i^{(b,f)}$ 做位移假设,假设各子单元的 $\delta_i^{(b,f)}$ 是细观局部坐标系 $\bar{x}_2$-$\bar{x}_3$ 的线性函数,于是各子单元细观结构基本方程如式(5-19)所示:

$$u_i^{(b,f)}=\varepsilon_{ij}^o x_j+\eta_i^{(b,f)}\bar{x}_2+\varphi_i^{(b,f)}\bar{x}_3 \quad (i,j=1,2,3;\ b,f=1,2) \tag{5-19}$$

细观应力-应变场在小形变范围内,子单元内应变与位移如式(5-20)所示:

$$\varepsilon_{ij}^{(b,f)}=\frac{1}{2}\left(\partial u_i^{(b,f)}+\partial u_j^{(b,f)}\right) \quad (i,j=1,2,3;\ b,f=1,2) \tag{5-20}$$

利用各子单元的材料本构方程，可得到子单元内应力，如式（5-21）所示：

$$\sigma_{ij}^{(b,f)} = C_{ijkl}^{(b,f)} \varepsilon_{kl}^{(b,f)} \quad (i,j,k,l=1,2,3;\ b,f=1,2) \tag{5-21}$$

各子单元内的应力场，应满足平衡方程，如式（5-22）所示：

$$\partial_j \sigma_{ij}^{(b,f)} = 0 \quad (\text{不考虑体力}; i,j=1,2,3;\ b,f=1,2) \tag{5-22}$$

由于在式（5-19）表示的位移模式条件下，各子单元内应变是常应变，相应各子单元内应力也是常应力，因此各子单元内应力场都是满足式（5-22）的平衡方程。

在各子单元内，由式（5-19）所表示的位移显然是连续的，这里考虑各子单元之间以及各细观单元之间的位移连续性。在各子单元之间以及各细观单元之间的交界面上，位移应满足连续性条件。但是，要使各子单元之间以及各细观单元之间的交界面上位移满足逐点连续是十分困难的，因此，这里对位移连续性条件略为放宽，只要求各子单元之间以及各细观单元之间边界上的位移均值连续即可。在有限元法中，也只是要求各单元在节点上位移连续。于是，各子单元之间以及各细观单元之间的位移连续性可表示如下：

当 $b=2$ 时，$b+1=1$；

当 $f=2$ 时，$f+1=1$。

同样，在子单元与子单元之间的交界面上，要求应力在边界上的应力均值连续。于是，各子单元之间的应力连续性可表示为：细观位移系数方程组下面建立关于式（5-19）中细观位移系数的方程组，在求解出细观位移系数之后，就可以利用式（5-20）、式（5-21）求解出细观单元的细观应力-应变场，如式（5-23）、式（5-24）所示。

$$\frac{1}{l_b} \int_{-\frac{l_b}{2}}^{\frac{l_b}{2}} u_i^{(f,b)}\left(\frac{h_f}{2}, \bar{x}_3\right) d\bar{x}_3 = \frac{1}{l_b} \int_{-\frac{l_b}{2}}^{\frac{l_b}{2}} u_i^{(f+1,b)}\left(-\frac{h_{f+1}}{2}, \bar{x}_3\right) d\bar{x}_3 \tag{5-23}$$

$$\frac{1}{h_f} \int_{-\frac{h_f}{2}}^{\frac{h_f}{2}} \sigma_{3j}^{(f,b)}\left(\bar{x}_2, \frac{l_b}{2}\right) d\bar{x}_2 = \frac{1}{h_f} \int_{-\frac{h_f}{2}}^{\frac{h_f}{2}} \sigma_{3j}^{(f,b+1)}\left(\bar{x}_2, -\frac{l_{b+1}}{2}\right) d\bar{x}_2 \tag{5-24}$$

对于图 5-26 所示的细观单元模型，共有 24 个细观位移系数。将式（5-19）代入式（5-23）、式（5-24）可以得到 12 个线性无关的方程组，如式（5-25）、式（5-26）所示：

$$\frac{1}{l_b} \int_{-\frac{l_b}{2}}^{\frac{l_b}{2}} \sigma_{2j}^{(f,b)}\left(\frac{h_f}{2}, \bar{x}_3\right) d\bar{x}_3 = \frac{1}{l_b} \int_{-\frac{l_b}{2}}^{\frac{l_b}{2}} \sigma_{2j}^{(f+1,b)}\left(-\frac{h_{f+1}}{2}, \bar{x}_3\right) d\bar{x}_3 \tag{5-25}$$

$$\frac{1}{h_f}\int_{-\frac{h_f}{2}}^{\frac{h_f}{2}} \sigma_{3j}^{(f,b)}\left(\bar{x}_2, \frac{l_b}{2}\right)\mathrm{d}\bar{x}_2 = \frac{1}{h_f}\int_{-\frac{h_f}{2}}^{\frac{h_f}{2}} \sigma_{3j}^{(f,b+1)}\left(\bar{x}_2, -\frac{l_{b+1}}{2}\right)\mathrm{d}\bar{x}_2 \quad (j=1,2,3) \quad (5\text{-}26)$$

将式（5-19）与式（5-20）代入式（5-21），然后再将式（5-21）代入式（5-25）、式（5-26）可以得到 12 个线性方程组。但是，由于在线性位移模式下，子单元内应力是常应力，于是有子单元（1, 1）的 $\bar{x}_2 = \frac{h}{2}$ 边界上的 σ_{23} 与 $\bar{x}_3 = \frac{l}{2}$ 边界上的 σ_{32} 相等，其他子单元也存在类似的情况，这样就导致所得到的 12 个线性方程组中只有 11 个线性无关的方程。因此，为使方程组可解，还需要补充一个方程，如式（5-27）所示：

$$\bar{\varepsilon}_{ij} = \frac{1}{V}\sum_{(f,b)}\int \varepsilon_i^{(f,b)}\mathrm{d}V \quad (5\text{-}27)$$

在承受均匀的位移边界条件下，假设各个细观单元是匀质材料，则应有刚体转动分量 $\omega = \partial_j u_i - \partial_i u_j$ 为零，对于实际上细观结构不均匀的细观单元，可令 ω 在细观单元内的平均值等于零。于是可以得到如下的方程式中：V 为细观单元的体积；$V(b,f)$ 为子单元的体积。将式（5-19）代入式（5-25）又可以得到一个关于细观位移系数的线性方程。

至此，总共得到了关于 24 个细观位移系数的 24 个线性无关的方程，在给定初始常应变 ε_{ij}^o 之后，就可以通过求解线性方程组得出子单元的细观位移系数，进而可以利用式（5-20）与式（5-21）得到细观单元的细观应力-应变场，如式（5-28a）、式（5-28b）所示：

$$\bar{\sigma}_{ij} = \frac{1}{V}\sum_{(f,b)}\int \varepsilon_{ij}^{(f,b)}\mathrm{d}v \quad (5\text{-}28\text{a})$$

$$\bar{\sigma}_{ij} = C_{ijkl}^* \bar{\varepsilon}_{kl} \quad (5\text{-}28\text{b})$$

5.3.3 木纤维 RVE 细观结构有限元模型仿真

在基于大型通用有限元计算软件 ANSYS，对基床式大直径薄壁圆筒结构进行的数值分析中，用于模拟结构特性的单元主要有：模拟薄壁壳结构的 SHELL63 单元、模拟筒内填料结构的 SOLID45，以及模拟基床对结构作用的线性弹簧单元 COMBIN14，各自的单元特性简介如下。

1. SHELL63 单元

SHELL63 单元既具有弯曲能力又具有膜力，可以承受平面内荷载和法向荷载。本单元每个节点具有六个自由度：沿节点坐标系 X、Y、Z 方向的平动和沿节点坐

标系 X、Y、Z 轴的转动。应力刚化和大形变能力已经考虑在其中。在大形变分析（有限转动）中可以采用不变的切向刚度矩阵。

2. SOLID45 单元

SOLID45 单元被用于三维的实体模型，有八个节点，每个节点有三个自由度：X、Y、Z 方向的位移。这种单元有塑性、延性、应力硬化、大形变、大应变的性能。

3. COMBIN14 单元

COMBIN14 单元可应用于一维、二维或三维空间在纵向或扭转的弹性-阻尼效果。元素是单轴向受拉力或压缩，每个节点可具有 X、Y、Z 位移方向的自由度，不考虑弯曲及扭转。当考虑为扭转弹性-阻尼时，该元素承受纯扭转，每个节点可具有 X、Y、Z 角度旋转方向的自由度，不考虑弯曲及轴向荷载。木纤维 RVE 细观结构模型仿真。

4. 木纤维 RVE 细观结构模型仿真

基于有限元软件 ANSYS 建模，采用自上而下的建模技术，即先生成实体圆柱，柱体采用实体单元 SOLID45 剖分，如图 5-24 所示。

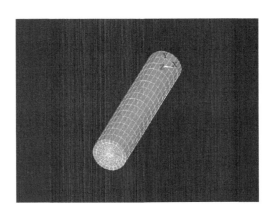

图 5-24　木纤维实体网格剖分图

柱体的表面采用平板壳单元 SHELL63 剖分，如图 5-25 所示。实体单元与壳单元之间耦合共用节点，节点作用力可使结构形变，用于仿真木纤维的多种结构形式。根据木纤维的结构形变，可以沿整个圆筒环向划分为 14~20 个单元，沿纤维方向可根据纤维高度划分为 6~10 个单元，但需保证每个单元的长宽比不大于 2.0，以避免求解过程中出现奇异性。

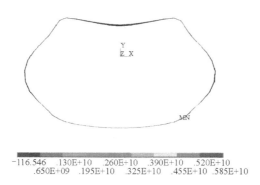

图 5-25 薄壳结构剖分图

根据上述分析，以 ANSYS 为计算与开发平台，利用 APDL（ANSYS 参数化设计语言），建立了可适用于木材宏观力学分析的薄壁结构木纤维数值分析模型，数值分析模型如图 5-26 所示。根据木纤维应力状态动态修正的迭代算法和结果的自动提取功能，利用 ANSYS-APDL 参数化建模完成增强单元，实现增强单元与基体间相互作用的数值分析。在具体计算中，需要给定的参数包括有剪切模量、泊松比，木纤维的直径、高度、壁厚和基体参数均可根据树种的需要进行调整。

图 5-26 木纤维实体仿真模型结构

建立模型后，首先进行初步试算，给定初始模型刚度参数，计算后，利用 APDL 提取结果功能，取得木纤维上各点位移，由式（5-28a）取得各点应力状态。根据此应力状态，由式（5-28a）、式（5-28b）求得下次迭代时木纤维的刚度，对模型中现有木纤维的刚度进行修正，然后进行下次计算。直至两次刚度修正小于误差允许值，迭代结束。最后，根据需要，取得有关后处理图形和结果，并利用 APDL 得到如壳单元弯矩、各个节点的各种应力结果以及结构的形变图、应力云图（图 5-27）。读取应力云图文件，写至外部文件，在获得细观应力-应变场之后，就可以通过均匀化方法，得到复合材料的宏观应力-应变关系。

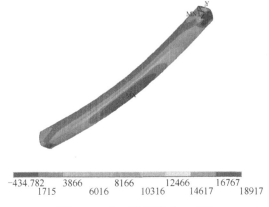

图 5-27　木纤维模型应力云图

由于细观结构体中 RVE 的周期性,可以用一个 RVE 中应力-应变场的体积平均值作为细观结构体中应力-应变场的体积平均值,即是宏观复合材料体中某一点的宏观应力、应变。细观单元内平均应变为宏细观一体化分析方法在上述宏细观一体化模型基础上对复合材料结构进行的宏细观一体化分析。

5.3.4　木纤维 RVE 增强单元缺陷问题

由于木材内部结构固有的复杂性,目前还没有一种理论和方法能很好地解决带缺陷的木材的断裂问题。木材是典型的纤维增强复合材料,由纤维、基体和界面三相组成,木材宏观裂纹是木材的破坏源,缺陷裂纹的扩展很可能导致木材强度失效,这就需要研究木材中缺陷的扩展规律,但由于木材内部结构固有的复杂性,不能套用现有的断裂力学方法对木材的断裂行为进行分析。木材纤维增强复合材料是典型的各向异性和非均匀材料,如图 5-28 所示。将来用有限元方法来计算和模拟带有裂纹的木材断裂问题。

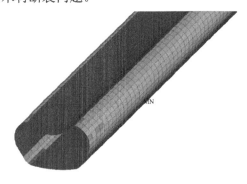

图 5-28　含有缺陷的木纤维单元

为了直接考虑裂纹尖端区材料的非均匀行为,将数学模型和复合材料的各种微观机理失效过程结合起来,我们试采用一种宏微观结合模型将带缺陷的木材体分成不同的区,在每一个区中插入不同的缺陷模型来模拟,缺陷微元模拟裂纹的尖端或其他高应力外区(外区是指围绕裂纹尖端以外的区域)。

这种缺陷区模型的有限元网格如图 5-29 所示,缺陷内区的单元采用"阻尼弹簧"单元,每个单元具有四个自由度,并且在四个角点连接在一起,拉伸刚度由四个拉伸阻尼器提供。这些连接器类似于简单的阻尼弹簧,但是它们也有横向收缩或泊松效应。由连接阻尼器组成的材料在单向拉伸时的行为就像均匀正交各向异性材料一样,单元的剪切刚度由阻尼器的转动来体现,弹簧常数是材料弹性常数,主要模量计算如式(5-29)所示:

$$\begin{cases} E_1 = E_f V_f + E_m V_m \\ E_2 = \dfrac{V_f}{E_f} + \dfrac{V_m}{E_m} \\ \gamma_{12} = v_f V_f + v_m V_m \\ G_{12} = \dfrac{V_f}{G_f} + \dfrac{V_m}{G_m} \end{cases} \quad (5\text{-}29)$$

式中,E_1——纤维方向的模量;

E_2——径向模量;

γ_{12}——纤维方向泊松比;

G_{12}——面内剪切模量;

E_f、V_f、v_f、G_f——无缺陷时的纤维百分比;

E_m、V_m、v_m、G_m——含缺陷时的纤维体积百分比,取值见表 5-5。

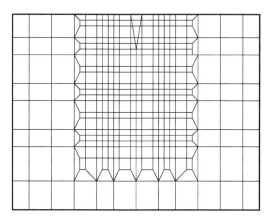

图 5-29 缺陷区微元分布图

表 5-5 缺陷材料组分比例值

缺陷材料组分	弹性模量 E/MPa	泊松比 γ	临界应变能密度/(MN/mm^3)
纤维	350	0.3	3.528
基体	248	0.3	0.076
界面	296	0.3	0.083

缺陷区由纤维和基体两种材料组成，取裂纹方向作为 x 方向，垂直于裂纹方向为 y 方向建立坐标系，对于有一垂直于纤维方向的裂纹的问题，外区等效的材料常数如式（5-30）所示：

$$\begin{cases} E_x = 235\text{MPa} \\ E_y = 124\text{MPa} \\ V_{xy} = 0.3 \\ G_{xy} = 10^3\text{MPa} \end{cases} \quad (5\text{-}30)$$

外区单元采用精度较高的八节点四边形等参单元来模拟。通过改变每种组分的断裂特性，木材纤维增强复合材料的各种局部断裂都可以用含有缺陷的木纤维单元模型来进行模拟，如纤维折断、界面破坏和基体劈裂等。典型的基体劈裂发生在纤维材料相对于基体材料强度和刚度都较高的复合材料中，发生在基体内的大量局部破坏被近似地看成基体断裂或劈裂。在平行或垂直于荷载方向上形成裂纹，以引起损伤扩展。

5.4 木材宏观结构分层失效机理模型

木材宏观结构具有各向异性，其损伤形式与均质各向同性材料相比有很大的区别，所涉及的问题也更为复杂。例如，分层失效这种层合结构常见的损伤形式，对木材层合结构强度和刚度的影响十分复杂，分析起来难度较大。存在分层失效的木材层合结构强度和刚度将被削弱，在外荷载作用下将导致层合结构的性能退化或发生破坏。考虑了含分层失效层合板横向剪应力分布，对层合结构分层区域的刚度进行了修正，并在此基础上建立了含分层失效木材层合结构的高阶有限元模型，编制了相应的计算程序，分析了分层失效对木材层合结构形变和应力的影响。

5.4.1 层合结构层间线性黏弹本构方程

木材的力学性能对时间、温度和环境因素的依赖性较强，具有显著的黏弹性行为，以往关于木材结构的设计理论都忽略其黏弹性，近似地将其视为线性弹性体。木材的线弹性简化模型在纤维方向上基本符合实际，而在垂直于纤维方向及面内层间形变情况上则存在较大的误差。因此在考虑木材黏弹性的基础上，对依赖于时间、温度或环境因素的材料的黏弹性行为和力学进行分析，对结构尺寸稳定性和长期强度做出可靠预测极为重要。

用有限元方法对复合材料层合结构进行线性黏弹性分析。以黏弹性材料松弛型积分本构关系为基础，给出了复合材料层合板的有限元控制方程及相应的有限元分析程序。由于木材层合结构复杂的本构关系和记忆特性与松弛特性，黏弹性问题分析起来比较困难。以拉普拉斯（Laplace）变换边界积分本构关系为基础，基于一阶剪切形变理论，采用有限元分析方法导出木材层合结构积分松弛型本构方程及其递推公式，分别在时间域和空间域上用差分法和有限元法离散，由虚功原理导出黏弹性问题的有限元控制方程，各向异性线性黏弹材料其本构关系用拉普拉斯（Laplace）单积分表示如式（5-31）所示：

$$\sigma_i(T,t) = \int_{-\infty}^{t} \bar{Q}_{ij}(T_0, \xi_{ij}(t) - \xi_{ij}(\tau)) \frac{\partial \epsilon_j^T(t)}{\partial \tau} d\tau \tag{5-31}$$

式中，T——温度；

T_0——自由应力状态下的温度；

t——时间；

σ_i、ξ_{ij}——应力分量和总应变分量；

ϵ_j^T——自由应力状态下的热应变分量；

τ——折减时间；

$\bar{Q}_{ij}$——材料的松弛模量函数。

$\bar{Q}_{ij}$反映了材料随时间和温度变化的黏弹性力学参量，为便于计算，将其展成级数，如式（5-32）所示：

$$\bar{Q}_{ij}(T_0, \xi_{ij}(t) - \xi_{ij}(\tau)) = \sum_{r=1}^{6} \eta_{ijr} \left(Q_{r0} + \sum_{n=1}^{NF} Q_{rw} e^{\xi_{ij}(t) - \xi_{ij}(\tau)/\lambda_{rw}} \right) \tag{5-32}$$

式中，η_{ijr}——坐标转换系数；

NF——级数展开项数；

λ_{rw}——松弛时间。

以上材料参数均由试验确定。将时间域 t 离散为 p 个时刻，若选取 Δt_k 充分小，可假设在每个时间间隔 Δt_k 内，应变呈线性关系，采用线性拉格朗日插值函数，得到 t_p 时刻层间线性热黏弹本构关系的递推公式，如式（5-33）所示：

$$\sigma_i(t_p) = \sum_{r=1}^{6} \eta_{ijr} \left\{ \left[Q_{r0} + \sum_{w=1}^{NF} Q_{rw} h_{rw}(\Delta t_p) \right] \Delta \epsilon_j^*(t_p) + \left[Q_{r0} \epsilon_j^*(t_{p-1}) + \sum_{w=1}^{NF} Q_{rw} C_{jrw}(t_p) \right] \right\}$$

(5-33)

考虑层合结构在温度场中横向剪切形变的影响，采用一阶剪切形变理论，由此可得到 t_p 时刻第 k 层上应力表达式，如式（5-34）所示：

$$\{\sigma\}^{(K)} = [G]^{(k)} \overline{\{\Delta \epsilon^o\}} + Z[G]^{(K)} \overline{\{\Delta x\}} + \{\sigma^H\}^{(K)} - \{\sigma^T\}^{(K)} \quad (5\text{-}34)$$

沿板厚积分可得到层合板线性热黏弹本构方程，如式（5-35）所示：

$$\{\bar{\sigma}\} = \begin{Bmatrix} N \\ M \\ Q \end{Bmatrix} = \sum_{K=1}^{NZ} \int_{z_{k-1}}^{z_k} \{\sigma\}^{(K)}(1, z, 1) \mathrm{d}z \quad (5\text{-}35)$$

5.4.2 层合结构黏弹性有限元控制方程

由于黏弹性材料的特点，对材料施加荷载，弹性会有瞬间的响应，此后维持荷载一定，随着时间的延长便会产生蠕变或松弛响应。将外加荷载按作用时间域划分成若干个有限长的时间段，荷载仅在时段的开始发生变化，再将每个时段分割成若干个小的时间增量步，这样在每个有限长的时段的开始时刻，材料在变化后的荷载作用下的响应是弹性的。由虚功原理，在 t_p 时刻单元控制方程如式（5-36）所示：

$$\int_{\Omega} \{\delta \epsilon\}^{\mathrm{T}} \{\bar{\sigma}\} \mathrm{d}x \mathrm{d}y = \int_{\Gamma} \{\delta u\}^{\mathrm{T}} \{P\} \mathrm{d}\Gamma \quad (5\text{-}36)$$

式中，$\{\delta u\}$、$\{\delta \epsilon\}$ ——虚位移及相应的虚变量；

$\{P\}$ ——边界 Γ 上的面力。

在弹性步中，荷载发生变化，但时间不变，荷载应变关系图如图 5-30 所示；在黏性步中，荷载不变，时间的变化如图 5-31 所示。

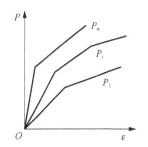

图 5-30 线弹性荷载应变关系图

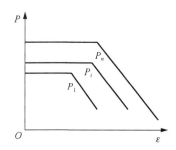

图 5-31 黏弹性荷载应变关系图

5.4.3 分层失效仿真计算

采用结构分析软件 ANSYS 为分析平台，ANSYS 构架分为两层，一是起始层，二是处理层。当一个操作命令输入时，通过起始层过滤和分流，进入到处理层中不同的程序求解器，包括前处理器、求解器和后处理器。求解器可视为解决问题步骤中的组合代码，执行特定的指令，解决问题的一个部分。分析的不同阶段需要进入不同的求解器进行操作。ANSYS 有两种操作方式，既可以通过命令流操作，也可以通过 GUI 图形用户界面操作，ANSYS 有限元分析过程图如图 5-32 所示。

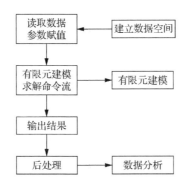

图 5-32 ANSYS 有限元分析过程图

在 ANSYS 程序中，复合材料可以使用各向异性单元进行分析，与一般的各向同性材料相比，复合材料的建模、求解及结果查看要相对复杂。根据复合材料的强度理论，对于正交各向异性材料，ANSYS 中支持最大应力准则、最大应变准则、HILL 强度失效准则等，另外，也可以通过分析应力结果，用户自己编写程序采用其他准则来判断。采用 ANSYS 程序对复合材料进行刚、强度分析的步骤如下。

（1）建立几何模型：由于复合材料分析单元一般都是六面体单元，在划分网格时，不同的建模方法会产生不同的单元坐标系，因此，在建立几何模型时要特别考虑到网格划分的便捷性。

（2）建立材料模型：根据复合材料参数建立单向复合材料模型，对于纤维增强复合材料，有两种建立方法：若选择各向异性单元，则根据单向复合材料的刚度矩阵或柔度矩阵建立各向异性材料模型；若选择层合结构单元，则可以建立正交各向异性材料模型，输入九个弹性常数，包括三个主方向的弹性模量、三个泊松比、三个剪切模量。

（3）选择单元类型并设置相关属性：根据结构特征和计算要求，选择上述不同的单元类型并设置单元属性，设置实常数。

(4) 网格划分：在对实体模型划分网格后，通过命令显示单元坐标系的方向，查看是否与预定的相符，否则需要做相应的调整，可以重新划分单元或旋转单元的坐标系到指定的方向。

(5) 施加荷载及设定约束条件：根据实际情况定义边界条件。

(6) 设定求解控制定选项：设定分析类型，选择分析方法，设定质量矩阵，大形变、大应变设定，应力刚化设置，选择求解器等，涉及黏性相关的一些参数。

(7) 结果后处理：在对复合材料结构的求解结果进行后处理时，选择合适的并与计算时所用的坐标一致的结果坐标系是非常重要的。

ANSYS 可以提供多种坐标系下的计算结果，复合材料结构的分析结果在进行后处理时，默认情况 POST1 后处理器所输出的结果是在总体笛卡儿坐标系下的，而研究人员感兴趣的是在材料坐标系下的各主应力方向的结果。此时，可以通过 ANSYS 命令转换结果到指定的坐标系，显示各单层在材料坐标系下的结果。另外，对于用各向异性单元模拟得到的计算结果，在后处理时需要注意在不同种复合材料层间或者同一种复合材料不同铺层方向层之间界面的应力应变情况。根据给定的失效准则和单层材料的黏弹性刚度弱化准则，可以通过有限元法计算得层合结构的最终失效强度，层合板逐步失效强度预测流程如图 5-33 所示。

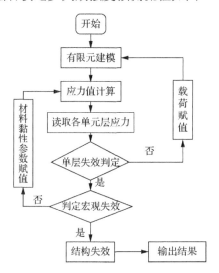

图 5-33 层合板逐步失效强度预测流程图

具体实现时要根据所研究的层合结构的材料参数、铺层方向、几何参数等在 ANSYS 中建立层合板有限元模型，并且施加约束边界条件和初始荷载等，采用 ANSYS 对层合结构分析，获得各层应力分布。根据计算所得的应力和应变，应用失效准则,判断层合板中各层是否有失效发生,若结构发生失效,记录此时的荷载记作初始失效强度。根据失效的类型记录弱化参数,重新进行结构分析,计算弱化后材料的刚度;若结构无失效发生,则将荷载增加一个子步,重新进行应分析,当层合结构满足总体破坏准则,则认为发生了整体结构破坏,输出此时的荷载和弱化参数,记作最终失效强度。由于计算最终失效荷载需要循环很多次,而每一次只需要在上一循环的基础上改动相应层的材料参数和荷载,运用 APDL 语言中的参数与分支功能计算弱化系数,根据试验选取三层结构试件,设定每层间夹角为 5°,层合结构中主轴方向的体积分数设为 0.2,材料参数和主轴方向弱化参数函数见表 5-6,参数可取临近的三个生长轮的参数为理论值,由计算值拟合出黏性参数和铺层角的关系。

表 5-6　木材材料参数表

铺层	E_{11}/GPa	E_{22}/GPa	μ_{21}	G_{12}/GPa	X_t/MPa	X_c/MPa	Y_t/MPa	Y_c/MPa	$\beta_{yy}=f(\beta_{xx})$
15（0°）	17.5	11.5	0.42	1.17	135.5	70.5	45.5	20.0	$\beta_{yy}=\dfrac{2\beta_{xx}}{1+\beta_{xx}}$
16（2.5°）	18.2	12.0	0.40	1.18	136.0	71.0	46.0	20.5	
17（5°）	19.6	12.5	0.38	1.19	136.5	71.5	46.5	21.0	

由图 5-34 可见随着形变的增加黏性系数将增大,当某层达到极限强度时,黏性系数达到极值,由此可见黏性系数反映了产生强度的变化,但是如果直接将系数代入层合结构的强度计算中,理论值与实际测试值将有很大的偏差,理论上该层的 $Q_{ij}^n=0$,上标 n 表示铺层在层合板中的序号,但按此求得的最大强度值往往

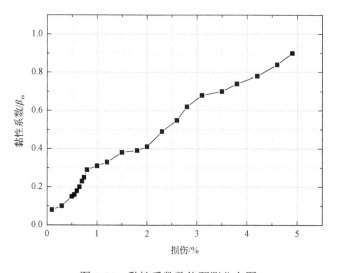

图 5-34　黏性系数数值预测分布图

与试验值不符，层合结构中的每一层不但承载一定的荷载，而且还起到传递荷载和均衡荷载的作用，当某层破坏后，该层对整体结构性能有反作用，单层性能的失效会引起整体结构性能的突然降低，整体结构弱化可用黏性刚度系数表示，如式（5-37）所示：

$$Q'_{ij} = \beta_{ij} Q_{ij} \tag{5-37}$$

式中，Q'_{ij}、Q_{ij}——失效后和失效前的刚度系数；

β_{ij}——刚度黏性系数。

如果黏性系数与铺层的体积分数无关，则通过改变体积分数计算 β_{ij}，但是该项计算过于复杂，由于 Q'_{ij} 和 Q_{ij} 的值本身很小，单层的弱化程度对于层合结构剪切和耦合刚度影响不大，因此可假设黏性系数在该方向为恒定的值，简化该系数的计算，把 β_{xy} 表示成 β_{yy} 的函数，即 $\beta_{xy} = f(\beta_{yy})$，且满足式（5-38）：

$$f(0) = 0, f(1) = 1, f' \geqslant 0 \tag{5-38}$$

构造函数 $f(\beta_{yy})$ 显然满足式（5-38）的要求，由此黏性系数中只考虑主方向上的作用，一个独立方程便能求解，在实际计算中可代入式（5-38）中的一组数据通过编程计算求解，研究黏性系数对各层强度的作用，如图 5-35 所示。

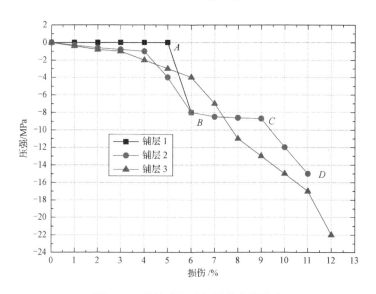

图 5-35　黏性系数对各层强度的影响

修正黏性参数后，再重新代入强度计算程序中，结果显示修正后曲线对应的强度值与试验值更接近，而修正前曲线偏离试验值较大，这是因为黏性系数只有在发生开裂时起作用，单层断裂后影响减弱，修正后的强度值接近于试验值，但是还有一定的偏差，因为黏性系数还和铺层角度也相关。试验时心材试件符合试验要求的较少，大部分含有较大偏角的试件被舍掉，因此拟合后的强度曲线更接近于真实强度值。由此可见，纤维增强型材料的纤维在主方向起承载作用，当纤维与主方向角度增加时，其在主方向的承载能力下降，研究同时发现黏性系数也与基体的开裂相关，基体在层合结构中起到平衡层间内力和形变耦合的作用，破坏也都是由于基体开裂引发的，裂纹开裂处将产生应力集中，黏性系数必然会增大。

5.4.4 木材宏观结构强度失效

ANSYS 中没有提供材料失效后的退化处理，只能通过失效准则判断单层是否失效，然后重新输入参数，对失效单元重新分析。单层结构的破坏可能会导致层合结构的整体破坏，单层结构失效，其承担的荷载会突加在剩余的材料上，为计算层合板的极限荷载，需要对初始层破坏之后的结构进行强度分析，层合结构的强度分析要比单向复合材料的强度分析复杂。根据大量试验观察，层合结构的破坏不是突然发生的，破坏首先是从最先达到破坏应力的单层开始，一旦发生初始层的破坏，层合结构整体刚度将发生变化，各层的应力也将重新分布，需要重新计算层合结构的刚度，从而确定其他单层内的应力。如果层合结构的总体刚度发生变化，那么各层的应力重新分配，材料在宏观上表现为"屈服"。当荷载继续增大时，结构的另一单层达到相应的极限应力，即发生第二层破坏，层合结构的刚度再一次重新分配，继续增大荷载，直到发生第三层破坏，这个过程反复进行，由此可以确定最后层破坏强度。

纤维增强复合材料与普通材料最明显的区别就是具有各向异性，其性能不仅与复合结构有关，而且还与方向有关，因此研究纤维增强复合材料的强度时，只有在考虑其方向后才有计算的价值。木材具有一定的层合结构，为计算其主要方向上的强度失效，不但要计算第一层失效，还要考虑第二、第三层失效，以及单层失效对整个结构强度的弱化作用，因为第一层结构失效后，突加荷载将引起层合结构的强度降低，而且还将对其他层耦合作用，考虑弱化效应对准确判定木材最终强度具有重要意义。由于目前广泛采用的失效判据多数与实际情况有偏差，因此，基于复合材料理论的木材层合结构强度弱化的研究具有一定的研究价值，对于工程设计来说，计算其最大承载能力也是十分必要的，这就使得对木材层合结构在达到其最大承力以前的破坏过程的研究具有实际意义。

在对称性假设和连续性假设的前提下，层合结构的面内合力和应变的关系如式（5-39）所示：

$$\{N_i\} = [A_{ij}]\{\varepsilon^o\} \quad (i, j = 1, 2, 6) \tag{5-39}$$

式中，A_{ij}——联系面内力与中面应变的刚度系数，称为拉伸刚度。

具体计算值详见表 5-7。

表 5-7 铺层模量的计算值

计算值	U_1	U_2	U_3
Q_{11}	$-\cos\theta$	$\cos 2\theta$	$\cos 4\theta$
Q_{22}	$-\cos\theta$	$\cos 2\theta$	$\cos 4\theta$
Q_{12}	$\cos\theta$	$-\cos 2\theta$	$-\cos 4\theta$
Q_{66}	$\cos\theta$	$-\cos 2\theta$	$-\cos 4\theta$
Q_{16}	$\sin\theta$	$0.5\sin 2\theta$	$\sin 4\theta$
Q_{26}	$\sin\theta$	$0.5\sin 2\theta$	$\sin 4\theta$

表 5-7 中，Q_{ij} 为铺层模量；θ 为铺层角度；U_i 为面内模量。层合板中某层发生破坏后，Q_{ij} 将生变化，因此破坏后 Q_{ij} 将沿厚度方向的位置而变化，设层合结构由 $2m$ 层厚度为 t 的单层结构组成，其中第 i 层 A_{ij} 计算如式（5-40）所示：

$$\begin{aligned} A_{ij} &= 2\int_0^{mt} Q_{ij} \mathrm{d}z \\ &= 2\int_0^{mt} [U_1(z) + U_2(z)\cos 2\theta + U_3(z)\cos 4\theta] \mathrm{d}z \\ &= 2t\left(\sum U_{1i} n_i + \sum U_{2i} n_i \cos 2\theta + \sum U_{3i} n_i \cos 4\theta\right) \end{aligned} \tag{5-40}$$

式中，n_i——铺层的层数。

式（5-40）两边除以层合板厚度 $h = 2tm$ 后，得式（5-41）：

$$\frac{A_{ij}}{h} = \sum U_{1i} v_i + \sum U_{2i} v_i \cos 2\theta + \sum U_{3i} v_i \cos 4\theta \tag{5-41}$$

其中，$v_i = n_i / m$，为第 i 层的体积分数。

同理可计算 A_{ij}/h，以上面内模量计算公式没有对铺层性质加以限制，因此对纤维增强材料的性质也是适用的，由式（5-41）可得式（5-42）：

$$\{\varepsilon_i^o\} = [A_{ij}]^{-1}\{N_i\} = [a_{ij}]\{N_i\} \tag{5-42}$$

式中，$[a_{ij}]$——面内柔性矩阵。

在单向拉伸时，N_2 和 N_6 都为零，如式（5-43）所示：

$$\varepsilon_i^o = a_{11}N_1, \quad N_1 = a_{11}^{-1}\varepsilon_i^o = E_{11}\varepsilon_i^o \tag{5-43}$$

其中，a_{11}^{-1} 可以通过层合结构拉伸试验确定的模量值，详见表 5-8。

表 5-8 单元黏性指数分布值

单元数 2n	n=2	n=3	n=4	n=5	文献[3]
2	5.2625	6.0844	6.3920	7.2399	7.7661
4	2.7686	2.7736	2.4738	2.8967	2.9091
10	0.9950	1.0616	1.0775	1.0832	1.0900
20	0.5844	0.7276	0.7643	0.7742	0.7760
50	0.2351	0.5118	0.6203	0.6592	0.6838
100	0.0811	0.3270	0.4951	0.5851	0.6705

下降的程度与分层尺寸、分层层数、层板铺层方式等诸多因素有关。对一个具体结构，在给定几何、外荷载、约束等条件后，可通过方法分析分层年度对结构强度、刚度削弱的情况，详见表 5-9。

表 5-9 分层层数不同对黏性指数的影响

分层层数	[±5°]	[±10°]
1	0.3852	0.7050
2	0.3921	07161
3	0.3901	0.7388
4	0.4059	0.7649
5	0.4013	0.7945
6	0.4065	0.8153
7	0.4077	0.8523
8	0.4262	0.8703

5.4.5 木材宏观层间分层失效修正模型

层合结构层间剪切和挤压对结构的形变影响较大，特别是含分层失效的层合结构，层间应力的存在是造成分层扩展的主要因素，且层合结构在本质上具有局部细观和三维应力状态的特性，因此采用以拉格朗日多项式形式，拟合位移沿层间方向分布规律的高阶位移模式,以经典的分层区域层间应力沿厚度分布规律为模型,对层合结构分层区域的刚度进行修正,并在此基础上建立了相应的有限元计算模型,分析分层失效对层合结构形变和应力的影响,如式(5-44)所示:

$$u_i(x_1,x_2,x_3) = u_{oi}(x_1,x_2) + \left(\frac{h}{2}\right)p_1(\xi)\varphi(x_1,x_2) + \left(\frac{h}{2}\right)^2 p_2(\xi)\psi_i(x_1,x_2)$$
$$+ \left(\frac{h}{2}\right)^3 p_3(\xi)\zeta_i(x_1,x_2) \qquad (5\text{-}44)$$

根据层合结构间自由表面横向剪应力为零的边界条件,将式(5-44)进一步简化并用矩阵表示,如式(5-45)所示:

$$\{f\} = \{u_1,u_2,u_3\}^T = \left[B_1^*\right]\{d\} \qquad (5\text{-}45)$$

根据应变-位移关系,可得层合板的应变场如式(5-46)所示:

$$\{\epsilon\} = \{\epsilon_{11},\epsilon_{22},\epsilon_{33},\gamma_{12}\gamma_{13}\gamma_{23}\}^T = [L_2]\left[B_2^*\right]\{d\} \qquad (5\text{-}46)$$

由式(5-45)和式(5-46)可导出无损伤区域的横向剪应变,如式(5-47)所示:

$$\gamma_{i3} = \left[1 - p_2(\xi)\right]\left[\frac{5}{6}\left(\varphi_i + \frac{\partial u_{03}}{\partial x_i}\right) - \frac{h^2}{24}\frac{\partial \psi_3}{\partial x_i}\right] \quad (i=1,2) \qquad (5\text{-}47)$$

考虑到在分层处横向剪应力τ_{13}、τ_{23}为零,也就是横向剪应变$\gamma_{13}=\gamma_{23}=0$,并加上每一分层区间横向剪应变成抛物线分布,可将分层区域的横向剪应变强制修正为式(5-48):

$$\gamma_{i3} = \left[1 - p_2(\xi')\right]\left[\frac{5}{6}\left(\varphi_i + \frac{\partial u_{03}}{\partial x_i}\right) - \frac{h^2}{24}\frac{\partial \psi_3}{\partial x_i}\right] \quad (i=1,2) \qquad (5\text{-}48)$$

模型暂时不考虑温、湿效应,并将其设为恒定值,复合材料层合板第k层单层板的本构关系如式(5-49)所示:

$$\{\sigma\}_k = \{\sigma_{11},\sigma_{22},\sigma_{33},\tau_{12},\tau_{13},\tau_{23}\}^T = \left[\overline{Q}_k\right]\{\epsilon\}_k \qquad (5\text{-}49)$$

由式(5-49)计算层合结构总应变能如式(5-50)所示:

$$U = \frac{1}{2}\int_V \{\epsilon\}_k^T \{\sigma\}_k \, dV = \frac{1}{2}\int_A \{d\}^T \left[B_2^*\right]^T [D]\{d\} \, dx_1 dx_3 \qquad (5\text{-}50)$$

对含分层损伤区域广义刚度矩阵修正如式（5-51）所示：

$$[D'] = \sum_{k=1}^{n} \int_{x_{3(k-1)}}^{x_{3k}} [L'_2]^T [\bar{Q}_k][L'_2] dx_3 \tag{5-51}$$

式中，n——层合板单层总数；

$[\bar{Q}_k]$——第 k 层单层板材料的偏轴刚度。

若层合结构所受外荷载为$\{F\}$，采用六节点三角形单元形式，单元的广义位移可通过节点的位移插值函数以节点的广义位移向量表示，对独立自变量变分，可得系统离散的静力平衡方程，由单元刚度矩阵组集而成总刚度修正矩阵，如式（5-52）所示：

$$[K] = \sum_{e=1}^{NE} [k]^e = \sum_{e=1}^{NE} \int_{A^e} [B_2]^T [D][B_2] dx_1 dx_2 \tag{5-52}$$

含分层失效的单元的系统节点荷载向量可由系统各单元的节点荷载向量组集而成。

5.5 本章小结

木材宏观强度主要体现在弹性模量上，它是通过对复合材料细观结构代表性体积元的力学响应的计算而得到，通过施加边界荷载以及必要的边界形变约束条件，验证数值计算结果与试验结果的一致性，证明了该方法计算复合材料的宏观有效弹性模量的可靠度。为从理论上计算木材宏观有效弹性模量，应先从细观力学的角度建立有效弹性模量。

木材的细观结构及微观单元的力学性能结合解析法和有限元法能够预测木材宏观性能。初始阶段多采用解析法，解析法是基于单元应力、应变场的假设来预测宏观平均性能的一种方法，其不足之处在于预测精度有限，且当遇到十分复杂的细观结构时则无能为力；而现在研究多采用有限元法，因为有限元法能解决解析法出现的问题。将有限元法用到木材复合材料细观结构上，建立"代表性体积单元"，通过对单元的应力-应变响应的有限元计算结果，进而计算出宏观有效性能。通过对木材宏观结构分层失效机理模型的建立和细观力学的有限元弹性模量的预测，能够从宏细观的角度对力学行为进行更好的研究。

参 考 文 献

鲍甫成，江泽慧，等，1998．中国主要人工林树种木材性质[M]．北京：中国林业出版社．
曹军，2013．问题导向教学法在 Photoshop 图像处理教学中的应用[J]．商情（19）：244．
岑松，龙驭球，姚振汉，2002．基于一阶剪切变形理论的新型复合材料层合板单元[J]．工程力学（1）：1-8．
戴澄月，梁北红，1987．长期载荷下木材粘弹性质的研究[J]．东北林业大学学报（5）：53-60．
高希光，孙志刚，廉英奇，等，2009．弱界面黏结通用单胞模型数值分析[J]．航空动力学报，24（9）：2019-2025．
顾炼百，2011．木材加工工艺学[M]．北京：中国林业出版社．
郭明辉，孙伟伦，2017．木材干燥与炭化技术[M]．北京：化学工业出版社．
侯秀英，黄祖泰，杨文斌，2005．改善模压成型木塑复合材料力学性能的途径[J]．森林工程，21（1）：46-48．
侯祝强，姜笑梅，骆秀琴，等，2003．针叶树木材细胞力学及纵向弹性模量的计算：试件纵向弹性模量的预测[J]．林业科学，29（2）：123-129．
胡丽娟，张少睿，李大永，等，2008．细观参数对纤维增强金属基复合材料宏细观力学性能的影响[J]．上海交通大学学报，42（3）：475-479．
江泽慧，费本华，侯祝强，等，2002．针叶树木材细胞力学及纵向弹性模量计算：纵向弹性模量的理论模型[J]．林业科学（5）：101-107．
李大纲，2001．杨树新无性系木材物理力学性质的研究[J]．江苏林业科技（4）：10-13．
李坚，2013．木材保护学[M]．北京：科学出版社．
李坚，2014．木材科学[M]．北京：科学出版社．
李静辉，刘广仁，卢宝贤，等，1992．受剪薄木板在变载下的挠度[J]．东北林业大学学报（5）：94-100．
李兴艳，吴章康，2008．木塑复合材料力学性能影响因素研究[J]．木材加工机械，19（6）：9-11．
李雪梅，2009．基于有限元法木材力学性能模拟及优化设计研究[D]．呼和浩特：内蒙古农业大学．
李岩，李倩，2017．植物纤维增强复合材料力学高性能化与多功能化研究[J]．固体力学学报，38（3）：215-243．
李喆，孙凌玉，2011．复合材料薄壁管冲击断裂分析与吸能特性优化[J]．复合材料学报，28（4）：212-218．
梁军，方国东，2014．三维编织复合材料力学性能分析方法[M]．哈尔滨：哈尔滨工业大学出版社．
林金国，陈慈禄，张兴正，等，1999．福建省杉木人工林材性产区效应的研究Ⅱ：木材力学性质[J]．福建林学院学报（4）：375-377．
林金国，许春锦，陈慈禄，等，1999．格氏栲人工林和天然林木材物理力学性质的比较[J]．浙江林学院学报（4）：69-72．
林金国，郑郁善，董建文，等，2000．杉木人工林木材力学性质与纤维形态关系的研究[J]．生物数学学报，15（3）：281-285．
林兰英，秦理哲，傅峰，2015．微观力学表征技术的发展及其在木材科学领域中的应用[J]．林业科学，51（2）：121-128．
刘力，李明万，贾粮棉，2007．基于 ANSYS 的有限元分析在工程中的应用[J]．湖北理工学院学报，23（5）：31-34．
刘麟，2016．基于精化整体局部高阶理论的层合板热力问题有限元分析[D]．南京：东南大学．
刘明，潘峤，高蒙，等，2016．碳纤维增强树脂基复合材料层压板冲击损伤模式的试验研究[J]．失效分析与预防，11（5）：283-288．
刘雪，堵同亮，彭雄奇，等，2012．PP 木纤维复合材料热粘弹性力学特性研究[J]．功能材料，43（9）：1099-1101．

刘元, 2000. 试样尺寸对木材物理力学性质的影响[J]. 中南林学院学报 (4): 46-50.
卢晓宁, 黄河浪, 杜以诚, 2003. 速生杨木单板横纹弹性模量预测模型[J]. 南京林业大学学报 (自然科学版), 27 (2): 21-24.
卢子兴, 杨振宇, 李仲平, 2004. 三维编织复合材料力学行为研究进展[J]. 复合材料学报, 21 (2): 1-7.
骆秀琴, 管宁, 张寿槐, 等, 1997. 杉木材性株内变异的研究Ⅰ: 木材力学性质和木材密度[J]. 林业科学 (4): 349-355.
吕建雄, 蒋佳荔, 2010. 干燥处理木材的浸注性和黏弹性[M]. 北京: 科学出版社.
吕志军, 2006. 不同材料嵌体修复的三维有限元分析[J]. 山东大学学报, 25 (5): 445-446.
马岩, 2002. 木材横断面六棱规则细胞数学描述理论研究[J]. 生物数学学报, 17 (1): 64-68.
潘斌, 程放, 李小群, 2005. 数字化木材显微图像分析仪的开发与应用[J]. 木材工业, 19 (6): 12-14.
庞宝君, 曾涛, 杜善义, 2001. 三维多向编织复合材料有效弹性模量的细观计算力学分析[J]. 计算力学学报, 18 (2): 231-234.
彭新未, 2016. 复合材料层合板胶接修理强度研究[D]. 南京: 南京航空航天大学.
秦楠, 2013. 木塑复合材料力学性能影响因素的研究[D]. 哈尔滨: 东北林业大学.
任丹, 余雁, 2014. 木塑复合材料力学性能影响因子研究进展[J]. 世界林业研究, 27 (2): 45-50.
任宁, 刘一星, 巩翠芝, 2008. 木材微观构造与拉伸断裂的关系[J]. 东北林业大学学报, 36 (2): 25-29.
邵卓平, 2009. 木材和竹材的断裂与损伤[D]. 合肥: 安徽农业大学.
邵卓平, 任海青, 江泽慧, 2003. 木材横纹理断裂及强度准则[J]. 林业科学, 39 (1): 119-125.
宋迎东, 雷友锋, 孙志刚, 等, 2003. 一种新的纤维增强复合材料细观力学模型[J]. 南京航空航天大学学报, 35 (4): 435-440.
孙开俊, 顾伯勤, 周剑锋, 等, 2011. 单向短纤维增强复合材料纵向弹性模量预测[J]. 南京工业大学学报 (自然科学版), 33 (2): 85-88.
孙忠凯, 李书, 章怡宁, 2002. 基于逐步破坏方法的复合材料层板拉伸破坏数值模拟[J]. 飞机设计 (3): 6-8.
唐占文, 2013. 考虑界面相的复合材料宏—细观渐进损伤解析模型研究[D]. 哈尔滨: 哈尔滨工业大学.
田亮, 王振军, 周金秋, 等, 2018. 基于细观力学有限元法的碳纤维增强铝合金复合材料横向拉伸行为研究[J]. 失效分析与预防, 13 (2): 83-88.
王传贵, 柯曙华, 杨强, 1997. 黄山松木材物理力学性质研究[J]. 安徽农业大学学报 (4): 68-70.
王宏棣, 王子奇, 王春明, 2000. 幼龄落叶松木材力学性能的试验[J]. 林业科技 (3): 44-46.
王金满, 1994. 短周期工业材材性变异与材质早期预测的研究[D]. 哈尔滨: 东北林业大学.
王淑娟, 李黎, 鹿振友, 等, 2001. 五种白桦木材的抗弯强度和抗弯弹性模量的研究[J]. 中国林业 (9): 28-29.
王淑娟, 鹿振友, 王洁瑛, 等, 2001. 5种木源白桦木材干缩性的研究[J]. 北京林业大学学报 (4): 87-89.
王魏, 2012. 基于复合材料理论的木材微观力学建模研究[D]. 哈尔滨: 东北林业大学.
王魏, 2012. 基于通用单胞模型木材细观力学建模[D]. 哈尔滨: 东北林业大学.
王郁涛, 2003. 最新常用建筑材料试验计算应用速查手册[M]. 北京: 清华同方光盘电子出版社.
温晓萌, 韩咏, 丁著明, 2015. 生物质改性聚氨酯材料的研究进展[J]. 热固性树脂, 5 (3): 55-62.
吴华利, 王钧, 杨小利, 2007. 三维缝合复合材料微观力学模型研究进展[J]. 纤维复合材料, 24 (1): 52-54.
羡瑜, 王翠翠, 李海栋, 等, 2016. 芯壳结构竹塑复合材料密度及微观结构的CT分析[J]. 高分子材料科学与工程, 32 (9): 113-118.
肖力光, 赵洪凯, 汪丽梅, 等, 2016. 复合材料[M]. 北京: 化学工业出版社.
徐曼琼, 金观昌, 鹿振友, 2003. 数字散斑面内相关法测量木材抗压弹性模量[J]. 林业科学 (2): 174-176.

徐曼琼，鹿振友，2002．木材顺纹弹性模量的细观分析[J]．力学与实践，24（3）：38-41．

徐曼琼，鹿振友，2003．火炬松木材剪切弹性模量的测试研究[J]．力学与实践（5）：57-60．

徐曼琼，鹿振友，李黎，等，2001．火炬松木材的抗弯弹性模量和抗弯强度的变异[J]．北京林业大学学报（4）：56-59．

许广珍，刘翔，徐德良，等，2015．高温热泵在木材加工行业中的应用[J]．能源工程，5（1）：73-76．

杨忠，江泽慧，费本华，等，2005．近红外光谱技术及其在木材科学中的应用[J]．林业科学，41（4）：177-183．

余雁，2003．人工林杉木管胞的纵向力学性质及其主要影响因子研究[D]．北京：中国林业科学研究院．

曾月星，许明坤，丁水汀，2003．木材显微切片制作技术[J]．国际木业，33（4）：10-11．

翟明普，2016．森林培育学[M]．北京：中国林业出版社．

张斌，卢宝贤，李静辉，1987．木材弯曲蠕变的试验研究[J]．东北林业大学学报（1）：90-94．

张波，2007．马尾松木材管胞形态及微力学性能研究[D]．北京：中国林业科学研究院．

张博明，唐占文，刘长喜，2013．基于细化单胞模型的复合材料层合板强度预报方法[J]．复合材料学报，30（1）：201-209．

张博明，唐占文，赵琳，2012．考虑单向复合材料复杂微观结构的细化单胞模型[J]．工程力学，29（11）：46-52．

张超，许希武，许晓静，2015．三维多向编织复合材料宏细观力学性能有限元分析研究进展[J]．复合材料学报，32（5）：1241-1251．

张冬妍，林晓涵，宋现铭，2017．基于计算机仿真分析的碳系木质复合材料的电学性能研究[J]．黑龙江大学自然科学学报，34（3）：372-378．

张雷，2017．木材的力学性质试验研究及数值模拟方法[D]．北京：北京交通大学．

张娜，2014．景观生态学[M]．北京：科学出版社．

张淑琴，2008．杉木木材细观纵向抗拉弹性模量预测模型构建[D]．北京：中国林业科学研究院．

张甜，程小武，陆伟东，等，2016．超声波法评估杉木原木力学性能研究[J]．公路工程，41（5）：66-71．

张晓虎，孟宇，张炜，2004．碳纤维增强复合材料技术发展现状及趋势[J]．纤维复合材料，21（1）：50-53．

赵钟声，2013．木材薄板横纹压缩强化的微观结构变化与拉伸弯曲性能[J]．东北林业大学学报，41（12）：77-79．

中国国家标准化管理委员会，2009．GB/T 1928—2009 木材物理力学试验方法总则[S]．北京：中国标准出版社．

中国国家标准化管理委员会，2009．GB/T 1929—2009 木材物理力学试材锯解及试样截取方法[S]．北京：中国标准出版社．

中国国家标准化管理委员会，2009．GB/T 1931—2009 木材含水率测定方法[S]．北京：中国标准出版社．

中国国家标准化管理委员会，2009．GB/T 1935—2009 木材顺纹抗压强度试验方法[S]．北京：中国标准出版社．

中国国家标准化管理委员会，2009．GB/T 1936.1—2009 木材抗弯强度试验方法[S]．北京：中国标准出版社．

中国国家标准化管理委员会，2009．GB/T 1936.2—2009 木材抗弯弹性模量测定方法[S]．北京：中国标准出版社．

中国国家标准化管理委员会，2009．GB/T 1937—2009 木材顺纹抗剪强度试验方法[S]．北京：中国标准出版社．

中国国家标准化管理委员会，2009．GB/T 1938—2009 木材顺纹抗拉强度试验方法[S]．北京：中国标准出版社．

中国国家标准化管理委员会，2009．GB/T 1939—2009 木材横纹抗压试验方法[S]．北京：中国标准出版社．

钟景兵，李英键，1997．酸枣木材物理力学性质试验[J]．广西林业科学（1）：45-47．

钟云娇，边文凤，2017．高模碳纤维细观力学分析[J]．复合材料学报，34（3）：668-674．

周兆兵，2008．速生杨木微观力学性能及其表面动态润湿性[D]．南京：南京林业大学．

Alibeigloo A, 2014. Free vibration analysis of functionally graded carbon nanotube-reinforced composite triangular plates using theFSDT and element-free IMLS-Ritz method[J]. European Journal of Mechanics / A Solids, 44 (1): 104-115.

Amiri A, Fakhari M, Jafarsadeghi-Pournaki I, et al, 2015. Vibration Analysis of Circular Magneto-electro-elastic Nano-plates based on Eringen's Nonlocal Theory[J]. Salud Pública De México, 50(1): 69-77.

Beever E A, Woodward A, 2011. Design of ecoregional monitoring in conservation areas of high-latitude ecosystems under contemporary climate change[J]. Biological Conservation, 144(5): 1258-1269.

Behera L, Chakraverty S, 2016. Recent researches on nonlocal elasticity theory in the vibration of carbon nanotubes using beam models: A review[J]. Archives of Computational Methods in Engineering, 24(3): 1-14.

Bellifa H, Benrahou K H, Hadji L, et al, 2016. Bending and free vibration analysis of functionally graded plates using a simple shear deformation theory and the concept the neutral surface position[J]. Journal of the Brazilian Society of Mechanical Sciences and Engineering, 38(1): 265-275.

Bergander A, Salmén L, 2002. Cell wall properties and their effects on the mechanical properties of fibers[J]. Journal of materials science, 37(1): 151-156.

Bollinger S R, Engers D W, Ennis E A, et al, 2015. Synthesis and structure–activity relationships of a series of 4-methoxy-3-(piperidin-4-yl)oxy benzamides as novel inhibitors of the presynaptic choline transporter[J]. Bioorganic & Medicinal Chemistry Letters, 25(8): 1757-1760.

Cave I D, 1968. The anisotropic elasticity of the plant cell wall[J]. Wood Science and Technology, 2(4): 268-278.

Cave I D, 1969. The longitudinal Young's modulus of Pinus radiata[J]. Wood Science and Technology, 3(1): 40-48.

Cave I D, 1976. Modelling the structure of the softwood cell wall for computation of mechanical properties[J]. Wood Science and Technology, 10(1): 19-28.

Cave I D, 1978a. Modelling moisture-related mechanical properties of wood Part I: Properties of the constituents[J]. Wood Science and Technology, 12: 75-86.

Cave I D, 1978b. Modelling moisture-related mechanical properties of wood Part II: Computation of properties of a model of wood and comparison with experimental data[J]. Wood Science and Technology, 12: 127-139.

Challamel N, Mechab I, Elmeiche N, et al, 2013. Buckling of generic higher-order shear beam/columns with elastic connections: Local and nonlocal formulation[J]. Journal of Engineering Mechanics, 139 (8): 1091-1109.

Chou P C, Carleone J, 1972. Elastic constants of layered media[J]. Journal of Composite Materials, 6: 80-93.

Côté W A, Robert B H, 1983. Ultrastructural characteristics of wood fracture surface[J]. Wood and Fiber Science, 15(2): 135-163.

Coureau J L, Gustafsson P J, Persson K, 2006. Elastic layer model for application to crack propagation problems in timber engineering[J]. Wood Science & Technology, 40(4): 275-290.

Cousin W J, 1976. Elastic modulus of lignin as related to moisture content[J]. Wood Science and Technology, 10(1): 9-17.

Cousins W J, 1978. Young's modulus of hemicellulose as related to moisture content[J]. Wood Science and Technology, 12: 161-167.

Dinwoodie J M, Robson D J, Paxton B H, et al, 1991a. Creep in chipboard. Part 8. The effect of steady-state moisture content, temperature and level of stressing on the relative creep behaviour and creep modulus of a range of boards[J]. Wood. Sci. Technol., 25: 225-238.

Dinwoodiec, 1974. Failure in timber, Part 2: The angle of shear through the cell wall during longitudinal compression stressing[J]. Wood Sci. Technol., 8: 56-67.

DiVincenzo D P, Alerhand O L, Schlüter M, et al, 1986. Electronic and structural properties of a twin boundary in Si[J]. Physical review letters, 56(18): 1925.

Doltsinis I, Kang Z, 2006. Perturbation-based stochastic FE analysis and robust design of inelastic deformation processes[J]. Computer Methods in Applied Mechanics & Engineering, 195(19): 2231-2251.

Federici G, Bachmann C, Biel W, et al, 2016. Overview of the design approach and prioritization of R&D activities towards an EU DEMO[J]. Fusion Engineering & Design, (109-111): 1464-1474.

Gao Q, Pitt R E, 1991. Mechanics of parenchyma tissue based on cell orientation and microstructure[J]. Transactions of the ASAE, 34(1): 232-238.

Gao Y, Zhao B S, 2009. A refined theory of elastic thick plates for extensional deformation[J]. Archive of Applied Mechanics, 79(1): 5-18.

Gassan J, Bledzki A K, 2015. Alkali treatment of jute fibers: Relationship between structure and mechanical properties[J]. Journal of Applied Polymer Science, 71(4): 623-629.

Gassan J, Chate A, Bledzki A K, 2001. Calculation of elastic properties of natural fibers[J]. Journal of Materials Science, 36: 3715-3720.

Gassan J, Gutowski V S, 2000. Effects of corona discharge and UV treatment on the properties of jute-fibre epoxy composites[J]. Composites Science & Technology, 60(15): 2857-2863.

Gibson L J, Ashby Michael Farries, Schajer G S, et al, 1982. The mechanics of two-dimensional cellular materials[J]. Proc. R. Soc. Lond. A, 382: 25-42.

Hajikazemi M, Sadr M H, Talreja R, 2014. Variational analysis of cracked general cross-ply laminates under bending and biaxial extension[J]. International Journal of Damage Mechanics, 24(4): 267-784.

Hanhijarvi, Hunt D, 1998. Experimental indication of interaction between viscoelastic and mechano-sorptive creep[J]. Wood Science and Technology, 32(1): 57-70.

Harrington J J, Booker R, Astley R J, 1998a. Modelling the elastic properties of softwood Part Ⅰ: The cell wall lamellae[J]. Holz als Roh-und Werkstoff, 56(1): 37-41.

Harrington J J, Booker R, Astley R J, 1998b. Modelling the elastic properties of softwood Part Ⅱ: The cellular microstructure[J]. Holz als Roh-und Werkstoff, 56(1): 43-50.

Hasan Yildiz, Mehmet Sarikanat, 2001. Finite element analysis of thick composite beams and plates[J]. Composites Science and Technology, (61): 1723-1727.

Hoffmeyerr, 1990. Failure in wood as influenced by moisture and duration of load[D]. Syracuse: State University of New York.

Ishii I, Fujita T, Mori I, et al, 2008. Temperature dependence of elastic modulus on PrFe4Sb12Single crystal[J]. Journal of the Physical Society of Japan, 77(Suppl. A): 303-305.

Jayne B A, 1959. Mechanical properties of wood fiber[J]. Tappi, 42(6): 461-467.

Kahle E, Woodhouse J, 1994. The influence of cell geometry on the elasticity of softwood[J]. Journal of Materials Science, 29(5): 1250-1259.

Keith, 1971. The anatomy of compression failure in relation to creep-inducing stresses[J]. Wood Science, 4(2): 71-82.

Kim K H, Park J C, Yong S S, et al, 2016. Interactive robust optimal design of plastic injection products with minimum weldlines[J]. International Journal of Advanced Manufacturin, 88(5-8): 1-12.

Klauditz W, Marschall A, Ginzel W, 1947. Zur Technology verholzter pflanzlicher Zellwande[J]. Holzforschung, 1(4): 98-103.

Klaus Fruhmanna, 2003. Detection of the fracture path under tensile loads through in situ tests in an ESEM chamber[J]. Holzforschung, 57: 326-332.

Kohji Tashiro, Masamichi Kobayashi, 1991. Theoretical evaluation of three-dimensional elastic constants of native and regenerated celluloses: Role of hydrogen bonds[J]. Polymer, 12(8): 1516-1526.

Koponen S, Toratti T, Kanerva P, 1991. Modelling elastic and shrinkage properties of wood based on cell structure[J]. Wood Science and Technology, 25(1): 25-32.

Koran, 1967. Electron microscopy of radial tracheid surfaces of black spruce produced by tensile failure at various temperatures[J]. Tappi, 50(2): 60-67.

Kucera, Barisk, 1982. On the fracture morphology in wood. Part 1: A SEM-study of deformation in wood of spruce and aspen upon ultimate axial compression load[J]. Wood Sci. Technol., 16: 241-259.

Kulakov V L, Tarnopol'skii Y M, Arnautov A K, et al, 2004. Stress strain state in the zone of load transfer in a composite specimen under uniaxial tension[J]. Mechanics of Composite Materials, 40(2): 91-100.

Lau K T, Hui D, 2007. The revolutionary creation of new advanced materials—carbon nanotube composites[J]. Composites Part B Engineering, 33(4): 263-277.

Leopold C, Schütt M, Liebig W V, et al, 2017. Compression fracture of CFRP laminates containing stress intensifications[J]. Materials, 10(9): 1039.

Lezgy-Nazargah M, Shariyat M, Beheshti-Aval S B, 2011. A refined high-order global-local theory for finite element bending and vibration analyses of laminated composite beams[J]. Acta Mechanica, 217(3-4): 219-242.

Lin C, Li Y, 2015. Decomposition of bipartite and multipartite unitary gates into the product of controlled unitary gates[J]. Physical Review A, 91(3): 320-308.

Mark R E, 1967. Cell wall mechanics of trachieds[M]. New York: Yale Univ. Press.

Mark R E, Gills P P, 1970. New models in cell-wall mechanics[J]. Wood and Fiber, 2(2): 79-95.

Merja Sippola, Klaus Frtihmann, 2002. In situ longitudinal tensile tests of pine wood in an environmental scanning electron microscope[J]. Holzforschung, 56: 669-675.

Miyano Y, Nakada M, Nishigaki K, 2006. Prediction of long-term fatigue life of quasi-isotropic CFRP laminates for aircraft use[J]. International Journal of Fatigue, 28(10): 1217-1225.

Mosconi M, 2005. Multifield hyperelasticity: Variational theorems for complex bodies[J]. Mechanics Research Communications, 32(5): 525-535.

Nguyen K T, Tai H T, Vo T P, 2015. A refined higher-order shear deformation theory for bending, vibration and buckling analysis of functionally graded sandwich plates[J]. Steel & Composite Structures, 18(1): 91-120.

Nishino T, Takano K, Nakamae K, 2015. Changes in wood properties and those in structures of cellulose microfibrils in wood cell walls after the chemical treatments[J]. Springer Berlin Heidelberg, 10(2): 465-474.

Ogi K, Yashiro S, Takahashi M, et al, 2009. A probabilistic static fatigue model for transverse cracking in CFRP cross-ply laminates[J]. Composites Science & Technology, 69(3): 469-476.

Onkar A K, Upadhyay C S, et al, 2007. Probabilistic failure of laminated composite plates using the stochastic finite element method[J]. Composite Structures, 77(1): 79-91.

Page D H, EI-Hosseiny F, Winkler K, et al, 1977. Elastic modulus of single wood pulp fibers[J]. Tappi, 60(4): 114-117.

Paley M, Aboudi J, 1992. Micro mechanical analysis of composite by the generalized method of cell model[J]. Mech. Mater, 14: 127-139.

Paley M, Aboudi J, 2015. Viscoplastic bifurcation buckling of plates[J]. Aiaa Journal, 29(4): 627-632.

Pupurs A, Varna J, Loukil M, et al, 2014. Damage development and stiffness reduction in laminates in out-of-plane loading[J]. Canadian Journal of Human Sexuality, 16(3): 3-4.

Qiao P, Davalos J F, Barbero E J, 2014. Design optimization of fiber reinforced plastic composite shapes[J]. Journal of Composite Materials, 32(2): 177-196.

Robinson, 1920. The microscopical features of mechanical strains in timber and the bearing of these on the structure of the cell-wall plants[J]. Philos. Trans. Soc. London., B210: 49-82.

Salmén L, Carlsson L, de Ruvo A, et al, 1984. A treatise on the elastic and hygroexpansional properties of paper by a composite laminate approach[J]. Fibre Science and Technology, 20(4): 283-296.

Schniewind, Barrett J D, 1969. Cell wall model with complete shear restraint[J]. Wood and Fiber, 1(3): 205-214.

Shen Y H, Rakesh G, 1997. Evaluation of creep behavior of structural lumber in a natural environment[J]. Forest Products Journal, 47(1): 89-96.

Shooshtari A, Razavi S, Shooshtari A, et al, 2015. Vibration analysis of a magnetoelectroelastic rectangular plate based on a higher-order shear deformation theory[J]. Lat. am. j. Solids Struct, 13(3): 554-572.

Skinner A J, Newell V A, Sanchez R, 2009. Unbiased bases (Hadamards) for six-level systems: Four ways from Fourier[J]. Journal of Mathematical Physics, 50 (1): 570.

Srinivasan, 1941. The elastic and thermal properties of timber[J]. Quart. J. India Inst. Sci., 4(2): 222-314.

Tang R C, Hsu N N, 1973. Analysis of the relationship between microstructure and elastic properties of the cell wall[J]. Wood and Fiber Science, 5(2): 139-151.

Tay T E, Liu G, Tan V B C, et al, 2008. Progressive failure analysis of composites[J]. Journal of Composite Materials, 42(18): 1921-1966.

Thuvander F, Berglund L A, 2000. In situ observations of fracture mechanisms for radial cracks in wood[J]. Journal of Materials Science, 35: 6277-6283.

Thuvander F, Berglund L A, 2000. In situ observations of fracture mechanisms for radial cracks in wood[J]. Journal of Materials Science, 35(24): 6277-6283.

Vavouliotis A, Paipetis A, Kostopoulos V, 2011. On the fatigue life prediction of CFRP laminates using the electrical resistance change method[J]. Composites Science & Technology, 71(5): 630-642.

Viswanathan K K, Javed S, Prabakar K, et al, 2015. Free vibration of anti-symmetric angle-ply laminated conical shells[J]. Composite Structures, 122(5): 488-495.

Viswanathan K, Javed S, Aziz Z A, et al, 2015. Free vibration of symmetric angle-ply laminated annular circular plate of variable thickness under shear deformation theory[J]. Meccanica, 50(12): 3013-3027.

Wang W, Zhang Y, Cao J, et al, 2018. Robust optimization for volume variation in timber processing[J]. Journal of Forestry Research, (2): 1-6.

Wardrop A B, 1951. Cell wall organization and the properties of xylem[J]. Australian Journal of Scientific Research(Series B), 3(1): 1-13.

Xu Y, Yuan X, Wang N, et al, 2014. Comparison of bending properties co-woven-knitted and multi-layered biaxial weft-knitted fabric reinforced composites[J]. Fibers & Polymers, 15(6): 1288-1294.

Yamamoto H, Kojima Y, 2002. Properties of cell wall constituents in relation to longitudinal elasticity of wood formulation of the longitudinal elasticity of an isolated wood fiber[J]. Wood Science & Technology, 36(1): 55-74.

Yan X, 2008. Finite element simulation of cure of thick composite: Formulations and validation verification[J]. Journal of Reinforced Plastics Composites, 27(4): 339-355.

Yang W, Zhang L, Liu Y, et al, 2007. Preparation and mechanical properties of carbon fiber reinforced (BC x-SiC) n multilayered matrix composites[J]. Applied Composite Materials, 14(4): 277-286.

Yoshihara, Hiroshi, Hisashi Ohsaki, et al, 2001. Comparisons of shear stress/shear strain relations of wood obtained by iosipescu and torsion tests[J]. Wood and Fiber Science, (33): 275-283.

Zang C, Friswell M I, Mottershead J E, 2005. A review of robust optimal design and its application in dynamics[J]. Pergamon Press, 83 (4-5): 315-326.

Zhou A, Tam L H, Yu Z, et al, 2015. Effect of moisture on the mechanical properties of CFRP-wood composite: An experimental and atomistic investigation[J]. Composites Part B Engineering, 71(3-4): 63-73.

Zhu J F, Gu Y, Tong L, 2005. Formulation of reference surface element and its applications in dynamic analysis of delaminated composite beams[J]. Composite Structures, 68(4): 481-490.

Zink A G, Pelikane P J, Shuler C E, 1994. Ultrastructural analysis of softwood fracture surfaces[J]. Wood Sci. Technol., 28: 329-338.